J. F. Koksma

Diophantische Approximationen

Reprint

Springer-Verlag
Berlin Heidelberg New York 1974

AMS-Subject Classifications (1970) 10F99

ISBN-13:978-3-540-06300-1   e-ISBN-13:978-3-640-65618-7
DOI: 10.1007/978-3-640-65618-7

ERGEBNISSE DER MATHEMATIK
UND IHRER GRENZGEBIETE
HERAUSGEGEBEN VON DER SCHRIFTLEITUNG
DES
„ZENTRALBLATT FÜR MATHEMATIK"
VIERTER BAND

— 4 —

DIOPHANTISCHE APPROXIMATIONEN

VON

J. F. KOKSMA

BERLIN
VERLAG VON JULIUS SPRINGER
1936

Vorwort.

Wie der Titel besagt, beabsichtigt das vorliegende Heft, über jenes ausgedehnte Problemgebiet zu berichten, das von der alten Frage der angenäherten Darstellung irrationaler Zahlen durch rationale beherrscht wird.

In der Einleitung (Kap. I) wird das Thema näher abgegrenzt.

An erster Stelle steht die Theorie der linearen Diophantischen Approximationen, wo einerseits (Approximation der einzelnen Zahl) die Lehre von den Kettenbrüchen und andererseits (Approximation linearer Formen mehrerer Veränderlicher an die Null) die von DIRICHLET, HERMITE und MINKOWSKI geschaffenen Methoden von zentraler Bedeutung sind. Zu diesem linearen Fall kann man auch die Lehre von den Transzendenzkriterien rechnen, die ja zu der Approximation linearer Formen in innigster Beziehung steht und mit der Kettenbruchlehre durch die Theorie der arithmetischen Kriterien für die algebraischen Zahlen verknüpft ist.

Von den nichtlinearen Problemen wurde die arithmetische Theorie der quadratischen und höheren Formen so gut wie außer acht gelassen, weil hier mehrere geschlossene Darstellungen zur Verfügung stehen. Ausführlich wird dagegen von den in den letzten Dezennien entstandenen Problemen und Methoden gehandelt, welche mit der asymptotischen Verteilung reeller Zahlfolgen modulo Eins zusammenhängen.

Innerhalb der gewählten Begrenzung des Stoffes ist ein gewisses Maß der Vollständigkeit angestrebt worden, wenn nicht immer in der Beweiswiedergabe, so doch in der Literatur.

Auf Methoden und Ergebnisse wurde gleich viel Gewicht gelegt; aus Raumgründen ist aber auf Wiedergabe der Anwendungen auf andere Gebiete verzichtet worden. Um eine schnelle Orientierung über das bisher Erreichte zu ermöglichen, wurde versucht, die Haupteinteilung des Berichts nicht auf die Methoden, sondern auf die formale Gestalt der Probleme zu basieren, Resultate tunlichst als geschlossene Sätze zu formulieren, und bei den Arbeiten des Literaturverzeichnisses anzugeben, wo diese im Bericht zitiert sind (so daß sich dieses Verzeichnis auch als Namenregister verwenden läßt).

Um Anfängern die Einführung in das Gebiet zu erleichtern, wurden an wichtigen Stellen die Beweise oder Beweisskizzen nicht allzu knapp gehalten.

Viele Literaturhinweise und wertvolle Verbesserungsvorschläge verdanke ich den Herren J. G. VAN DER CORPUT, K. MAHLER und J. PÖPKEN.

Herr MAHLER hatte überdies die Liebenswürdigkeit, den Text in sprachlicher Hinsicht zu korrigieren. Außer von diesen Herren wurde ich bei der Korrektur in verständnisvoller Weise von den Herren G. H. A. GROSHEIDE, F. W. ZN. und J. KOKSMA unterstützt. Herr GROSHEIDE hatte sich schon zuvor der Mühe unterzogen, die Reinschrift meines Manuskriptes herzustellen.

Ihnen allen danke ich für ihr Interesse an meiner Arbeit. Mein Dank gilt weiter den Beamten der Städtischen Universitätsbibliothek zu Amsterdam, sowie endlich dem Verlag und seiner Schriftleitung für ihr freundliches Entgegenkommen.

Amsterdam, im September 1935

J. F. KOKSMA.

Inhaltsverzeichnis.

Seite

Kapitel I: Einleitung 1
§ 1. Allgemeine Fassung der Hauptprobleme 1
§ 2. Der lineare Fall 5
§ 3. Bemerkungen zu einigen Methoden 8
§ 4. Der allgemeine Fall 10

Kapitel II: Die Geometrie der Zahlen. Systeme linearer Formen 12
§ 1. Die MINKOWSKISche Geometrie der Zahlen 12
§ 2. Der MINKOWSKISche Linearformensatz 15
§ 3. Der MINKOWSKISche Satz über inhomogene Linearformen 18
§ 4. Systeme linearer Formen 20
§ 5. Die BLICHFELDTSche Methode in der Geometrie der Zahlen 20
§ 6. Summen von Potenzen linearer Formen. Positiv-definite quadratische
Formen 22

Kapitel III: Der homogene lineare Fall (I): Der eindimensionale
homogene lineare Fall und die Kettenbrüche 24
§ 1. Die regelmäßigen Kettenbrüche 24
§ 2. Die MARKOFF-HURWITZSche Methode. Die Funktion $M(\theta)$ 29
§ 3. Die BORELsche Methode. Verallgemeinerungen des HURWITZSchen
Satzes. Die Aufgabe $A\,2$ 33
§ 4. Die Folgen $\mathfrak{S}_\varrho$ und Verwandtes. Geometrische Methoden 37
§ 5. Mengentheoretisches. (Metrische Sätze.) 43

Kapitel IV: Der homogene lineare Fall (II): Irrationalität und Transzendenz 49
§ 1. Kettenbruchähnliche Algorithmen. Approximationen in komplexen
und anderen Zahlkörpern 49
§ 2. Irrationalitätsuntersuchungen 53
§ 3. Das Irrationalitätsmaß. Anwendung auf Diophantische Gleichungen 55
§ 4. Transzendenzuntersuchungen 58

Kapitel V: Der homogene lineare Fall (III): Zahlensystem und
Näherungsform 66
§ 1. Das KHINTCHINESche Übertragungsprinzip 66
§ 2. Die Aufgabe $A\,2$ 68
§ 3. Simultane Approximationen 70

Kapitel VI: Der eindimensionale inhomogene lineare Fall 75
§ 1. Vorbemerkungen 75
§ 2. Klassische Approximationssätze und Verschärfungen 76
§ 3. Die Aufgabe $A\,2$ 79

Kapitel VII: Der n-dimensionale inhomogene lineare Fall 81
§ 1. Inhomogene und homogene Form 81
§ 2. Der KRONECKERSche Approximationssatz 83

Kapitel VIII: Asymptotische Verteilung reeller Zahlen (mod 1) . . 86
§ 1. Verteilungsfunktionen (mod 1) 86
§ 2. Die allgemeine Definition der Gleichverteilung (mod 1) 90
§ 3. Das WEYLSche Kriterium für die Gleichverteilung (mod 1) 91

Seite

§ 4. Die elementare Methode VINOGRADOFFS und die VAN DER CORPUT-
sche Verschärfung 95

§ 5. Das Analogon zum WEYLschen Kriterium bei anderen Verteilungsfunktionen (mod 1) 96

Kapitel IX: Abschätzungen des Fehlergliedes und verwandter
Größen 97

§ 1. Vertiefung des WEYLschen Ansatzes. Polynome vom Grade $k \geqq 2$.
Ein allgemeiner Satz 97

§ 2. Polynome ersten Grades. (Der lineare Fall.) 102

§ 3. Polynome zweiten Grades 110

§ 4. Summen und Reihen, die denen der Paragraphen 2 und 3 verwandt
sind 113

§ 5. Trigonometrische Summen der Gestalt I (11) für andere Funktionen $f(x)$ 114

§ 6. Metrische Sätze über die Gleichverteilung gewisser Folgen. Asymptotische Verteilung der Ziffern in Dezimalbrüchen 116

Kapitel X: Diophantische Ungleichungen 118

§ 1. Anwendung der Gleichverteilungsmethoden 118

§ 2. Eine elementare SKOLEMsche Methode 122

§ 3. Die VAN DER CORPUTsche Theorie der rhythmischen Funktionensysteme 123

Literaturverzeichnis 126

Sachverzeichnis 155

Bezeichnungen.

In jedem Kapitel (I, II, . . ., X) werden kleinere Abschnitte („*Nummern*" **1**, **2**, . . .), *Formeln* [(1), (2), . . .], *Sätze* (1, 2, . . .), *Definitionen* (1, 2, . . .) und Fußnoten ([1], [2], . . .) von neuem und fortlaufend [d. h. von der Einteilung der Paragraphen (§ 1, § 2, . . .) unabhängig] numeriert. Nummern, Formeln usw. aus einem *anderen* Kapitel werden nur mit Erwähnung dieses Kapitels zitiert, z. B. I 4; II (4); III Satz 8; IV Def. 1; V [1]; VI § 7.

Die Ziffern **1**, **2**, . . . zwischen [ ] hinter Personennamen deuten auf das Literaturverzeichnis hin.

Wenn nicht ausdrücklich das Gegenteil gesagt wird, so bedeuten immer:

n; m; q, q_1, q_2, . . . natürliche Zahlen,

p, p_1, p_2, . . . ganze rationale Zahlen,

x, x_1, x_2, . . .; y, y_1, y_2, . . . ganzzahlige Veränderliche,

α, α_1, α_2, . . .; β, β_1, β_2, . . .; γ, γ_1, γ_2, . . . reelle Zahlen,

θ, θ_1, θ_2, . . . reelle Irrationalzahlen,

ε, ε_1, ε_2, . . .; δ, δ_1, δ_2. . . . positive Zahlen,

(G_ν) das System der n Größen G_1, . . ., G_n,

also:

(α_ν) ein n-gliedriges System reeller Zahlen,

(θ_ν) ein n-gliedriges System reeller Irrationalzahlen, das überdies *eigentlich* angenommen wird (I Def. 4),

$\left(\dfrac{p_\nu}{q}\right)$ ein System von n Brüchen $\dfrac{p_1}{q}$, . . ., $\dfrac{p_n}{q}$ $(q \geq 1)$, für das überdies der G.G.T. $(p_1, p_2, \ldots, p_n, q) = 1$ angenommen wird (entsprechend bedeutet $\dfrac{p}{q}$ einen gekürzten Bruch),

R_n den n-dimensionalen Raum der Punkte $P \equiv (u_1, \ldots, u_n)$, wo die $u_1, \ldots, u_n$ *Parallelkoordinaten* und in den Kapiteln III bis X sogar stets *kartesische* Koordinaten bezeichnen (sind $u_1, \ldots, u_n$ ganz rational, so heißt P ein *Gitterpunkt*),

$[u]$ für reelles u die größte ganze Zahl $\leqq u$,

$(u) = u - [u]$ den *Rest* (*mod* 1) von u,

$\{u\} = \text{Min}\,((u), 1 - (u))$ den Abstand von u zu der zu u nächstliegenden ganzen Zahl, und besagt

a/b, daß a ein Teiler von b ist,

$a \nmid b$, daß a kein Teiler von b ist,

θ hat b.T., daß die *Teilnenner* in der regelmäßigen Kettenbruchentwicklung der Irrationalzahl θ *beschränkt* sind,

$\mathfrak{M}_1 \subset \mathfrak{M}_2$, daß die Menge $\mathfrak{M}_1$ in der Menge $\mathfrak{M}_2$ enthalten ist,

$$f(t) = O\big(g(t)\big), \text{ bzw. } = o\big(g(t)\big), \text{ bzw. } = \Omega\big(g(t)\big)$$

für beliebiges $f(t)$ und positives $g(t)$, die für alle großen t (eventuell: für eine Folge positiver $t \to \infty$) definiert sind, daß

$$\varlimsup_{t \to \infty} \frac{|f(t)|}{g(t)} < \infty, \text{ bzw. } = 0, \text{ bzw. } > 0 \text{ ist.}$$

Druckfehlerberichtigungen.

S. 37, Zeile 14 von unten lies: §§ 3, 4, statt: §§ 4, 5.

S. 58, Zeile 11 von unten lies: MAHLER [2, 4, 5, 8], statt: MAHLER [5].

S. 76, Zeile 1 von unten lies:), statt: (.

Auf S. 82, Zeile 2 von unten ist der Buchstabe y beschädigt.

Nachtrag zum Literaturverzeichnis.

MOLLERUP, J. [1]: Sur l'approximation d'un nombre irrationnel par des carrés rationnels. Kgl. Danske Vid. Selsk. Math. Fys. Meddelelser. Bd. 7 (1926) Nr 7 (14 S.).

Kapitel I.

Einleitung.

§ 1. Allgemeine Fassung der Hauptprobleme.

1. In dem Problemgebiet, über das in diesem Heft berichtet wird, begegnet man überall der Aufgabe, möglichst genaue Schranken für die Absolutbeträge veränderlicher Ausdrücke *bei lauter ganz-rational-zahligen Werten der Variablen* zu bestimmen. Die Lösung dieser Aufgabe besteht im allgemeinen in der Aufstellung von *Ungleichungen*, durch die die fraglichen Schranken zum Ausdruck gebracht werden. Derartige Ungleichungen wurden von MINKOWSKI als „*Diophantische Approximationen*" bezeichnet[1]; dieser Name ist heutzutage besonders dann gebräuchlich, wenn die betreffende Aufgabe zum Problem der angenäherten Darstellung reeller Zahlen α durch rationale Zahlen $\frac{y}{x}$ in Beziehung steht. Auf diesen Fall beschränkt sich der Bericht; die betrachteten Probleme sind nämlich Verallgemeinerungen der „Grundaufgabe": Bei gegebenem α den *Approximationsfehler* $\left| \alpha - \frac{y}{x} \right|$ durch geeignete Wahl ganzer $x > 0$ und y kleiner als eine gegebene Schranke zu machen, dabei aber den Nenner x möglichst klein zu wählen.

Wir deuten in **2, 3** die beiden wichtigsten Verallgemeinerungsrichtungen an und geben unseren Hauptproblemen in **4** ff. eine gemeinsame Fassung.

2. Legt man statt einer einzelnen Zahl α ein n-gliedriges System $(\alpha_\nu) = (\alpha_1, \ldots, \alpha_n)$ von n reellen Zahlen zugrunde, so wird man einerseits geführt auf die schon von DIRICHLET [2] weitgehend gelöste Aufgabe, die *lineare homogene*[2] *Näherungsform*

$$L \equiv \alpha_1 x_1 + \cdots + \alpha_n x_n - y$$

durch geeignete Wahl von Gitterpunkten $(x_1, \ldots, x_n, y) \neq (0, \ldots, 0, 0)$ absolut möglichst klein zu machen, während man andererseits auf das von HERMITE [3] hervorgehobene und in bedeutendem Umfang gelöste Problem der *simultanen Approximation* der Zahlen $\alpha_1, \ldots, \alpha_n$ durch Brüche $\frac{y_1}{x}, \ldots, \frac{y_n}{x}$ gleichen Nenners $x > 0$ stößt.

---

[1] MINKOWSKI [2], S. 234.

[2] *Homogen* in bezug auf die Variablen $x_1, \ldots, x_n, y$, aber offenbar *inhomogen* in bezug auf die Zahlen $\alpha_1, \ldots, \alpha_n$.

Beide Aufgaben erscheinen als homogene Spezialfälle

$$\beta_1 = \beta_2 = \cdots = \beta_n = 0$$

der allgemeineren, von KRONECKER [2, 3, 4, 5] eingehend untersuchten Aufgabe, das System der linearen Gleichungen

$$(1) \qquad \sum_{\mu=1}^{m} \alpha_{\nu\mu} x_\mu - y_\nu - \beta_\nu = 0 \qquad (n \geqq 1;\ m \geqq 1;\ \nu = 1, 2, \ldots, n;\ \alpha_{\nu\mu}, \beta_\nu \text{ reell})$$

in ganzen $x_1, \ldots, x_m, y_1, \ldots, y_n$ näherungsweise aufzulösen.

Spezielle Fälle dieser Fragen gehen auf LAGRANGE und JACOBI zurück[3].

3. Eine Verallgemeinerung anderer Art ist die Aufgabe, die Zahl α durch Brüche $\dfrac{y}{g(x)}$ zu approximieren, deren Nenner $g(x)$ zu dem Wertevorrat einer gegebenen, für alle natürlichen Zahlen x definierten reellen Funktion $g(x)$ gehören. M. a. W., es soll der Ausdruck

$$\alpha g(x) - y$$

absolut möglichst klein gemacht werden.

Das allgemeine Interesse für Probleme dieser Art begann 1912—1916 mit dem Erscheinen der grundlegenden Arbeiten von HARDY-LITTLEWOOD, WEYL und anderen[4].

4. DEFINITION 1. *Ist $(x_1, \ldots, x_m)$ ein Gitterpunkt, so heißt die Zahl $X = \mathrm{Max}(|x_1|, \ldots, |x_m|)$ seine Höhe[5].*

DEFINITION 2. *Ist (F_ν) ein System nicht unbedingt reeller Funktionen $F_\nu = F_\nu(x_1, \ldots, x_m, y_1, \ldots, y_r)$ $(\nu = 1, 2, \ldots, n;\ n \geqq 1;\ m \geqq 1;\ r \geqq 1)$ der ganzzahligen reellen Veränderlichen $x_1, \ldots, x_m$ und $y_1, \ldots, y_r$, ist (φ_ν) ein System positiver Funktionen $\varphi_\nu = \varphi_\nu(t)$ des positiven Arguments t, so bedeute die Aussage: „das System (F_ν) läßt in bezug auf $x_1, \ldots, x_m$ die Approximation $(\varphi_\nu(t))$ an die Null zu", oder kurz: „(F_ν) läßt die Approximation (φ_ν) zu", daß es zu jedem $A > 0$ wenigstens einen Gitterpunkt $(x_1, \ldots, x_m)$ der Höhe $X \geqq A$ und wenigstens einen Gitterpunkt $(y_1, \ldots, y_r)$ gibt, für welche die n Ungleichungen*

$$(2) \qquad |F_\nu(x_1, \ldots, x_m, y_1, \ldots, y_r)| < \varphi_\nu(X) \qquad (\nu = 1, 2, \ldots, n)$$

simultan erfüllt sind.

---

[3] Näheres über diese Probleme und ihre Einteilung im Bericht findet man in § 2. Vgl. zu ihrer Geschichte u. a. die folgenden Darstellungen: DICKSON [1] (insbesondere Vol. II, 93—99); BACHMANN [3]; ENCYKLOPAEDIE DER MATH. WISS. (Bd. I, 118 ff., 582 ff., 667 ff.), FRANZ. Ausgabe der ENCYKLOPAEDIE (Tome I, Vol. 3, 89—97).

[4] Näheres in § 4.

[5] Französisch: *la hauteur*. Vgl. zu diesem Begriff u. a.: CANTOR [1], BOREL [8] und [11]. In der Literatur spielen die Zahlen

$$R = \sqrt{x_1^2 + \cdots + x_m^2};\qquad H = |x_1| + \cdots + |x_m|$$

oft eine ähnliche Rolle wie X.

Ist es möglich, zu jedem $A > 0$ diese Gitterpunkte so zu bestimmen, daß neben (2) *überdies simultan gilt:*

$$(3) \qquad |F_\nu(x_1, \ldots, x_m, y_1, \ldots, y_r)| > 0 \qquad (\nu = 1, 2, \ldots, n),$$

so sagen wir: „(F_ν) *läßt die* eigentliche *Approximation* (φ_ν) *zu“.*

BEMERKUNG 1. Läßt (F_ν) die Approximation (φ_ν) zu, wo

$$\varphi(t) \equiv \varphi_1 \equiv \varphi_2 \equiv \cdots \equiv \varphi_n,$$

so sagen wir auch: „(F_ν) läßt die Approximation $\varphi(t)$ zu“[6].

BEMERKUNG 2. Sind $\beta_1, \ldots, \beta_n$ reelle Zahlen, und läßt $(F_\nu - \beta_\nu)$ die Approximation (φ_ν) zu, so sagen wir bisweilen auch: „(F_ν) läßt die Approximation (φ_ν) an die Zahlen (β_ν) (bzw. an den Punkt $P \equiv (\beta_1, \ldots, \beta_n)$) zu“.

BEMERKUNG 3. Ähnlich im Fall *eigentlicher* Approximationen.

BEMERKUNG 4. Ein Gitterpunktspaar $(x_1, \ldots, x_m)$, $(y_1, \ldots, y_r)$ mit (2), bzw. (3), bzw. (2) u n d (3) heißt eine Lösung von (2), bzw. (3), bzw. (2) u n d (3); der betreffende Gitterpunkt $(x_1, \ldots, x_m)$ heißt eine Lösung $(x_1, \ldots, x_m)$. Die Aussage „(F_ν) läßt die Approximation (φ_ν) zu (bzw. nicht zu)“ ist gleichbedeutend mit: „(2) hat *unendlich viele* (bzw. *höchstens endlich viele*) Lösungen $(x_1, \ldots, x_m)$“. Entsprechend im Fall eigentlicher Approximation. Speziell ist die Aussage: „(F_ν) läßt die eigentliche Approximation (φ_ν) nicht zu“ gleichbedeutend mit: (2) mit (3) hat höchstens endlich viele Lösungen $(x_1, \ldots, x_m)$; ausführlicher: es gibt ein $A > 0$, so daß für alle Paare von Gitterpunkten $(x_1, \ldots, x_m)$ der Höhe $X \geqq A$ und $(y_1, \ldots, y_r)$ wenigstens ein $\nu (1 \leqq \nu \leqq n)$ existiert, für das *entweder* gilt:

$$(4) \qquad F_\nu(x_1, \ldots, x_m, y_1, \ldots, y_r) = 0$$

oder:

$$(5) \qquad |F_\nu(x_1, \ldots, x_m, y_1, \ldots, y_r)| \geqq \varphi_\nu(X).$$

Von einer Lösung von (2), bzw. (2) mit (3) sagen wir auch, daß dieselbe die Approximation (φ_ν), bzw. die eigentliche Approximation (φ_ν) *realisiert.* Man könnte, in Hinsicht auf die Grundaufgabe in **1**, die $x_1, \ldots, x_m$ als „Nenner“, die $y_1, \ldots, y_r$ als „Zähler“ bezeichnen.

5. Die von uns betrachteten Probleme lassen sich auf die Untersuchung solcher Ungleichungssysteme (2) bzw. (2) mit (3) zurückführen, wo $\varphi_\nu(t)$ $(1 \leqq \nu \leqq n)$ entweder eine von t unabhängige positive Zahl bedeutet oder eine „*Approximationsfunktion*“, d. h. eine *positive Funktion des positiven t, die mit unbeschränkt wachsendem t nach Null strebt.* Wir begegnen meistens monotonen Approximationsfunktionen. Die Approximation $\varphi(t)$ heißt *schärfer* (bzw. *schwächer*) als die Approximation $\varphi_1(t)$, wenn es ein t_0 gibt, so daß $\varphi < \varphi_1$ (bzw. $\varphi > \varphi_1$) für $t \geqq t_0$. Entsprechend reden wir bei Vergleichung verschiedener Systeme (φ_ν) miteinander von „*scharfen*“ oder „*schwachen* Approximationen (φ_ν)“[7].

---

[6] Obwohl diese Ausdrucksweise nicht ganz einwandfrei ist, nennen wir, wo keine Zweideutigkeit auftreten kann, das System (φ_ν) bzw. $\varphi(t)$ „die Approximation (φ_ν) bzw. $\varphi(t)$“. — Eigentlich ist ja (φ_ν) nur ein Maß für die Genauigkeit, mit der die n Ausdrücke $F_1, \ldots, F_n$ simultan die Null zu approximieren vermögen.

[7] Der Sinn dieser Worte muß für $n > 1$ in jedem Einzelfall präzisiert werden.

Es treten zwei verschiedene Fragestellungen in den Vordergrund, hier mit A und B angedeutet:

AUFGABE A 1. *Bei gegebenem System (F_ν) eine möglichst scharfe Approximation (φ_ν) anzugeben, die von (F_ν) zugelassen wird.*

AUFGABE B. *Bei gegebenem System (F_ν) eine möglichst schwache Approximation (φ_ν) anzugeben, die von (F_ν) nicht zugelassen wird.*

An diese Aufgaben knüpfen sich weitere Fragen. So interessieren solche Systeme (F_ν), wo die Gleichung (4) für kein ν und keinen Gitterpunkt $(x_1, \ldots, x_m)$ genügend großer Höhe X erfüllt sein kann; läßt ein derartiges „*echtes*" System die Approximation (φ_ν) zu, so läßt es die *eigentliche* Approximation (φ_ν) zu.

Weiter fragt es sich, wie häufig die Lösungen $(x_1, \ldots, x_m)$ vorkommen, und man wird geführt zu Aufgaben des Typus:

AUFGABE A 2. *Bei gegebenem (F_ν) eine möglichst scharfe Approximation $(\varphi_\nu(t))$ und eine möglichst langsam mit t nach Unendlich strebende positive Funktion $\psi(t)$ des positiven Arguments t folgender Eigenschaft zu bestimmen:*

Für alle großen t (eventuell nur: für eine Folge positiver $t \to \infty$) gibt es Gitterpunkte $(x_1, \ldots, x_m)$ der Höhe X und Gitterpunkte $(y_1, \ldots, y_r)$ mit

$$1 \leqq X \leqq \psi(t); \; |F_\nu(x_1, \ldots, x_m, y_1, \ldots, y_r)| < \varphi_\nu(t) \qquad (\nu = 1, 2, \ldots, n).$$

VARIANTE 1. Man setze $\varphi_\nu(t) \equiv \dfrac{1}{t}$ $(\nu = 1, 2, \ldots, n)$ und bestimme $\psi(t)$ gemäß Aufgabe A 2.

VARIANTE 2. Man setze $\psi(t) \equiv t$ und bestimme $(\varphi_\nu(t))$ gemäß Aufgabe A 2.

6. Die obigen Aufgaben, sowie die von ihnen verlangten Diophantischen Approximationen heißen *linear*, wenn sämtliche Funktionen F_ν $(\nu = 1, 2, \ldots, n)$ des betrachteten Systems (F_ν) in den Variablen $x_1, \ldots, x_m, y_1, \ldots, y_r$ linear sind. Sie heißen eindimensional, wenn $m = n = r = 1$ ist, sonst mehrdimensional.

Wir beschränken uns fast ausschließlich auf solche Spezialfälle der Aufgaben A und B, wo F_ν die spezielle Gestalt

$$f_\nu(x_1, \ldots, x_m) - y_\nu \qquad (\nu = 1, 2, \ldots, n)$$

hat und drücken dann jene Aufgaben auch so aus: *es soll die Approximation der reellen Funktionen $f_\nu(x_1, \ldots, x_m)$ (mod 1) $(\nu = 1, 2, \ldots, n)$ an die Null untersucht werden.* Neben (2) untersuchen wir Ungleichungssysteme der Gestalt

$$(6) \qquad \alpha_\nu < f_\nu(x_1, \ldots, x_m) < \beta_\nu \;(\text{mod } 1) \qquad (\nu = 1, 2, \ldots, n),$$

wo die α_ν und β_ν reell sind mit $\alpha_\nu < \beta_\nu \leqq \alpha_\nu + 1$. [Das Erfülltsein von

$$(7) \qquad \alpha < f < \beta \;(\text{mod } 1)$$

bedeutet, daß für geeignetes ganzes y die Ungleichungen

$$\alpha < f - y < \beta$$

gelten. Nach VAN DER CORPUT [**12**] nennen wir die beiden Ungleichungen (7) *„eine Diophantische Ungleichung".*]

Die Beispiele in **2**, **3** können offenbar als Probleme dieser Art aufgefaßt werden.

Verwandte Problemgebiete, wo die (F_ν) nicht derart eingeschränkt sind (allgemeine Gitterpunktslehre, arithmetische Theorie der quadratischen Formen usw.), werden, wenn der Zusammenhang es fordert, berührt, sonst außer acht gelassen. (Für die quadratischen Formen sei z. B. auf DICKSON [**1**] und BACHMANN [**3**] verwiesen.)

Auch auf *Anwendungen* Diophantischer Approximationen[8] wird nur flüchtig eingegangen.

7. Es folge eine kurze Bemerkung über die Anordnung des Stoffes[9]. Kap. II bringt eine knappe Übersicht über die (auch später zu benutzende) von MINKOWSKI geschaffene Methode, die er *„Geometrie der Zahlen"* nannte. Als Anwendung folgen einige klassische Sätze über lineare Formen. Von den Aufgaben A und B ist aber erst in den folgenden Kapiteln die Rede. Näheres über III bis VII (linearer Fall) in §§ 2, 3 dieser Einleitung, über VIII bis X (allgemeiner Fall) in § 4. Man wird auch in VIII bis X lineare Probleme antreffen, jedoch im Rahmen allgemeinerer Fragestellungen.

§ 2. Der lineare Fall.

8. In **2** wurden schon die Untersuchungen von DIRICHLET und anderen erwähnt. DIRICHLET benutzt dabei sein in unserem Gebiet sehr fruchtbares *Schubfachprinzip:* „Werden $n + 1$ Dinge auf n Schubfächer verteilt, so enthält wenigstens eines der Schubfächer mindestens zwei dieser Dinge." HERMITE findet seinen Satz über simultane Approximationen als Anwendung seines grundlegenden Satzes über das Minimum positiv-definiter quadratischer Formen (II **17**, **18**). Das DIRICHLETsche Prinzip führt aber auch hier zu einem (etwas schärferen) Ergebnis, wie von KRONECKER gezeigt wurde; es gilt im homogenen Fall[10]:

SATZ 1: *Ist* $n \geqq 1$, $m \geqq 1$, $\alpha_{\nu\mu}$ *reell* $(\nu = 1, 2, \ldots, n; \mu = 1, 2, \ldots, m)$, $t \geqq 1$, $T = -[-t]$, *so gibt es wenigstens ein Paar von Gitterpunkten*

---

[8] Eine wichtige Anwendung Diophantischer Approximationen findet man schon in der klassischen Arbeit von JACOBI [2].

[9] Paragraphenüberschriften!

[10] Literatur wurde schon in **2** gegeben. Satz 1 wurde im wesentlichen schon von DIRICHLET gezeigt, von KRONECKER ausführlich formuliert und angewandt. Analoga im *inhomogenen* Fall bringt VII § 2. — Vgl. zu den KRONECKERschen Untersuchungen auch die wesentlich vereinfachte Darstellung bei PERRON [5].

$(x_1, \ldots, x_m)$ *der Höhe* X *und* $(y_1, \ldots, y_n)$ *mit*

$$1 \leq X \leq T^{\frac{n}{m}}; \quad \left| \sum_{\mu=1}^{m} \alpha_{\nu\mu} x_\mu - y_\nu \right| < \frac{1}{t} \qquad (\nu = 1, 2, \ldots, n).$$

BEWEIS: Ist $h \geq 1$ und ganz, so gibt es $(h+1)^m$ verschiedene Gitterpunkte $(\varrho_1, \varrho_2, \ldots, \varrho_m)$ mit $0 \leq \varrho_\mu \leq h$, im R_n also $(h+1)^m$ Punkte $P \equiv (\omega_1, \omega_2, \ldots, \omega_n)$ mit $\omega_\nu = \sum_{\mu=1}^{m} \alpha_{\nu\mu} \varrho_\mu$ $(\nu = 1, 2, \ldots, n)$. Ist l_ν die ganze Zahl mit $0 \leq l_\nu - \omega_\nu < 1$, so liegen die $(h+1)^m$ Punkte $Q \equiv (l_1 - \omega_1, l_2 - \omega_2, \ldots, l_n - \omega_n)$ sämtlich im Einheitswürfel W: $0 \leq u_\nu < 1$ von R_n.

Wählen wir jetzt $h = \left[T^{\frac{n}{m}} \right]$, so ist

$$(h+1)^m = \left\{ \left[T^{\frac{n}{m}} \right] + 1 \right\}^m > T^n,$$

also die Anzahl der Q in W mindestens gleich $T^n + 1$. Zerlegen wir W auf bekannte Weise in T^n achsenparallele kongruente Teilwürfel der Kante $\frac{1}{T}$, so müssen also wenigstens zwei der Punkte Q in ein- und demselben dieser Teilwürfel liegen; d. h. es gibt vier Gitterpunkte (die ersten beiden sind verschieden)

$$(\varrho_1, \varrho_2, \ldots, \varrho_m), \quad (\varrho_1', \varrho_2', \ldots, \varrho_m'), \quad (l_1, l_2, \ldots, l_n), \quad (l_1', l_2', \ldots, l_n')$$

mit der Eigenschaft

$$0 \leq |\varrho_\mu - \varrho_\mu'| \leq h = \left[T^{\frac{n}{m}} \right]; \quad \left| (l_\nu - l_\nu') - \sum_{\mu=1}^{m} \alpha_{\nu\mu} (\varrho_\mu - \varrho_\mu') \right| < \frac{1}{T} \leq \frac{1}{t},$$

so daß Satz 1 mit $x_\mu = \varrho_\mu - \varrho_\mu'$, $y_\nu = l_\nu - l_\nu'$ gezeigt worden ist.

9. Läßt das Formensystem $(\alpha_\nu x - y_\nu)$ die Approximation $(t \varphi_\nu(t))$ $(n \geq 1; \nu = 1, 2, \ldots, n)$ zu, so sagen wir auch, daß die Zahlen $\alpha_1, \ldots, \alpha_n$ die simultane Approximation $(\varphi_\nu(t))$ zulassen [daß das System (α_ν) die Approximation (φ_ν) zuläßt]. Das bedeutet, daß es zu jedem A Brüche $\frac{y_1}{x}, \ldots, \frac{y_n}{x}$ mit

$$x > A, \quad \left| \alpha_\nu - \frac{y_\nu}{x} \right| < \varphi_\nu(x) \qquad (\nu = 1, 2, \ldots, n)$$

gibt. Wenn wenigstens eine der n Zahlen α_ν irrational ist und die φ_ν monoton-nichtzunehmend sind, bedeutet es auch, daß es unendlich viele Systeme $\left(\frac{p_1}{q}, \ldots, \frac{p_n}{q} \right)$ mit

$$\left| \alpha_\nu - \frac{p_\nu}{q} \right| < \varphi_\nu(q); \quad q > 1, \quad (p_1, \ldots, p_n, q) = 1 \qquad (\nu = 1, 2, \ldots, n)$$

gibt. Aus Satz 1 folgt sofort:

SATZ 2. *Jedes reelle* α *läßt die Approximation* $\frac{1}{t^2}$ *zu.*

SATZ 3. *Jede Form* $L \equiv \alpha_1 x_1 + \cdots + \alpha_n x_n - y$ *läßt die Approximation* $\frac{1}{t^n}$ *zu.*

SATZ 4. *Jedes System (α_ν) $(\nu = 1, 2, \ldots, n)$ läßt die Approximation $\dfrac{1}{t^{1+\frac{1}{n}}}$ zu.*

10. Die Kap. III und (teilweise) IV befassen sich mit Verschärfungen oder Vertiefungen von Satz 2 gemäß den Aufgaben A und B. Derartige Untersuchungen bieten nur wenig Interesse dar, falls $\alpha = \dfrac{a}{b}$ $(b > 0)$ rational ist, denn dann ist ja für jedes Paar ganzer $x > 0$, y entweder $\left| \alpha - \dfrac{y}{x} \right| = 0$ oder $\left| \alpha - \dfrac{y}{x} \right| \geqq \dfrac{1}{bx}$.

Obwohl eine rationale Zahl jede Approximation $\varphi(t)$ zuläßt, läßt sie sich also nur sehr schwach eigentlich approximieren; eine irrationale Zahl dagegen, welche die Approximation $\varphi(t)$ zuläßt, läßt auch die eigentliche Approximation $\varphi(t)$ zu.

DEFINITION 3. *Läßt die Zahl α die Approximation $\varphi(t)$ nicht zu, so heißt die Approximationsfunktion $\varphi(t)$ ein Irrationalitätsmaß für α.*

D. h.: es ist der Zahl α ein $x_0 = x_0(\alpha)$ zuzuordnen, derart, daß $\varphi(x)$ eine positive untere Schranke von $\left| \alpha - \dfrac{y}{x} \right|$ für alle ganzen x und y mit $x \geqq x_0$ ist.

11. Kap. V (und teilweise schon IV) bringen die analogen Untersuchungen für Zahlensysteme (α_ν) und homogene Formen

$$L \equiv \alpha_1 x_1 + \cdots + \alpha_n x_n - y \,.$$

Die Aufgabe B führt hier u. a. zur Bestimmung einer positiven unteren Schranke für $|L|$, gültig für alle Gitterpunkte $(x_1, \ldots, x_n)$ genügend großer Höhe X und alle ganzen y. Eine solche Schranke existiert dann und nur dann, wenn die Form *echt* ist (vgl. **5**), und das ist offenbar dann und nur dann der Fall, wenn

$$L \neq 0 \quad \text{für alle Gitterpunkte } (x_1, \ldots, x_n, y) \neq (0, \ldots, 0, 0).$$

DEFINITION 4. *Das Zahlensystem (α_ν) heißt eigentlich, wenn die zugehörige Form $L \equiv \alpha_1 x_1 + \cdots + \alpha_n x_n - y$ echt ist $(\alpha_1, \ldots, \alpha_n$, 1 sind dann linear unabhängig in bezug auf den Körper der rationalen Zahlen).*

Die eigentlichen Systeme (θ_ν) spielen für $n > 1$ eine ähnliche Rolle wie die Irrationalzahlen θ im Falle $n = 1$; sämtliche θ_ν eines eigentlichen Systems sind offenbar irrational.

Obwohl bis jetzt nur von reellen Zahlen die Rede war, kann man Definition 4 für komplexe $\xi_1, \ldots, \xi_n$ statt $\alpha_1, \ldots, \alpha_n$ gelten lassen. Alsdann ist der Fall $\xi_\nu = \xi^\nu$ (ξ beliebig, reell oder nicht reell) wichtig. Ist die zugehörige Form

$$L^{(n)} \equiv x_0 + x_1 \xi + \cdots + x_n \xi^n$$

(wo wir also x_0 statt $-y$ geschrieben haben) für irgend ein $n = n_0 \geqq 1$ unecht, so ist sie für jedes ganze $n \geqq n_0$ unecht. Es gibt also ein kleinstes $n = g \geqq 1$, wofür L unecht ist. *ξ heißt dann algebraisch vom*

Grade g und genügt der (bekanntlich eindeutig bestimmten, im Körper der rationalen Zahlen unzerlegbaren [irreduziblen]) *kanonischen Gleichung:*

$$a_0 + a_1 z + \cdots + a_g z^g = 0$$

$$(g \geqq 1; \; a_0, \ldots, a_g \text{ ganz rational}; \; a_g \geqq 1; \; (a_0, \ldots, a_g) = 1).$$

Die Zahl $a = \mathrm{Max}(|a_0|, \ldots, |a_g|)$ heißt *die Höhe dieser Gleichung* bzw. *die Höhe von ξ.*

Es interessiert nun die Aufgabe B in folgender Gestalt:

Zu gegebenem ξ und n $(n \geqq 1)$ eine von ξ und n abhängige Approximationsfunktion $\varphi(n; t)$ anzugeben, derart, daß $L^{(n)}$ in bezug auf $x_0, x_1, \ldots, x_n$ die eigentliche Approximation $\varphi(n; t)$ nicht zuläßt.

Ist ξ *transzendent* (d. h. nicht algebraisch), so gibt es eine nur von ξ und n abhängige Zahl $X_n(\xi) > 0$ derart, daß $\varphi(n; X)$ eine positive untere Schranke von $|L^{(n)}|$ für alle Gitterpunkte $(x_0, x_1, \ldots, x_n)$ der Höhe $X \geqq X_n(\xi)$ ist (bei geeignetem nur von ξ und n abhängigen $c_n = c_n(\xi) > 0$ ist $c_n \varphi(n; X)$ sogar eine positive untere Schranke von $|L^{(n)}|$ für *alle* Gitterpunkte $(x_0, x_1, \ldots, x_n)$ der Höhe $X \geqq 1$).

DEFINITION 5. *Eine für jedes $n \geqq 1$ definierte Approximationsfunktion $\varphi(n; t)$ dieser Eigenschaft heißt ein Transzendenzmaß der (transzendenten) Zahl ξ.*

Obwohl ein kleiner Unterschied gegenüber der Definition 3 des Irrationalitätsmaßes besteht, liefert ein Transzendenzmaß $\varphi(n; t)$ von ξ sofort ein Irrationalitätsmaß von ξ. Es liefert aber mehr:

Sei α eine algebraische Zahl mit der kanonischen Gleichung $P(z) = 0$, der Höhe $H \geqq 1$ und vom Grade $g \geqq 1$. Wenn c_n und $\varphi(n; t)$ die obige Bedeutung haben, gilt für die Zahl ξ entweder $|\xi - \alpha| > 1$, oder

$$c_g \varphi(g; H) \leqq |P(\xi)| = |P(\xi) - P(\alpha)| \leqq |\xi - \alpha| \cdot g^2 \cdot (|\xi| + 1)^{g-1} \cdot H,$$

d. h.

$$|\xi - \alpha| > c_g' \frac{\varphi(g; H)}{H},$$

wo $c_g' = c_g'(\xi) > 0$ nur von ξ und g abhängt. Wir haben also eine untere Schranke für den Abstand von ξ zu einer algebraischen Zahl α hergeleitet (was im Fall $g = 1$ ein Irrationalitätsmaß bedeutet)[11].

Kap. IV bringt die Untersuchungen über Irrationalität und Transzendenz.

12. Kap. VI $(n = 1)$ und Kap. VII $(n \geqq 1)$ bringen Näheres über den inhomogenen Fall.

§ 3. Bemerkungen zu einigen Methoden.

13. Wie aus dem Beweis des Satzes 1 schon hervorgeht, ist das *Schubfachprinzip* besonders geeignet für lineare Probleme: die Anwendung beruhte auf der *Moduleigenschaft* der linearen Ausdrücke ω_ν.

---

[11] Probleme dieser Art wurden vor allem von BOREL [**1, 2, 5, 6, 7, 8, 14, 15**] hervorgehoben, der in dieser Beziehung ausdrücklich die Bedeutung des Begriffs „Höhe" betont.

Wie oben, wird in unserem Gebiet häufig die Ausdruckweise der Geometrie benutzt (siehe u. a. III § 4).

Daß man durch räumliche Anschauung zu tiefen arithmetischen Sätzen gelangen kann, lehrt die berühmte MINKOWSKISCHE Geometrie der Zahlen (Kap. II). Diese Sätze kann man auch auf rein analytisch-arithmetischem Wege herleiten; dabei spielt das Schubfachprinzip eine große Rolle.

Einige für die Geometrie der Zahlen wichtige Eigenschaften des *Punktgitters* (= System aller Gitterpunkte im R_n) wurden im R_2 und R_3 schon von BRAVAIS [1] eingehend studiert. Wesentlich ist, daß die Gitterpunkte eine *Modulmenge* bilden.

Die Eigenschaften der Moduln spielen in diesem Gebiete überhaupt eine wichtige Rolle; BERGSTRÖM [1] gab von diesem Standpunkt aus eine einheitliche und einfache Darstellung mehrerer Sätze aus der Theorie der Diophantischen Approximationen (vgl. auch CHÂTELET [3], NIELSEN [1]).

14. Die genannten Methoden haben vor allem bei den Aufgaben A Erfolg: sie eignen sich nämlich besonders zur Auffindung von Approximationen, die von gegebenen Systemen (F_ν) zugelassen werden. Solange aber dahingestellt bleibt, ob man diese Approximationen noch verschärfen kann, sagt das Ergebnis nichts über die Aufgabe B aus.

Diese ist oft schwierig, sogar schon im eindimensionalen Fall: Nach Satz 2 (Schubfachprinzip) läßt jedes α die Approximation $\frac{1}{t^2}$ zu. Nach III Satz 9 gibt es zu jeder noch so scharfen Approximation $\varphi(t)$ Irrationalzahlen θ, die $\varphi(t)$ zulassen; d. h. es gibt kein Irrationalitätsmaß $\varphi(t)$, das für *alle* Irrationalitäten gültig ist. In die Bestimmung eines Irrationalitätsmaßes gehen die feineren Eigenschaften der betrachteten Zahl θ wesentlich ein.

15. Nun hat man im eindimensionalen Spezialfall sehr scharfe Hilfsmittel, wie die *Kettenbruchalgorithmen* und die FAREY-*Brüche*. Vor allem führt die Theorie der regelmäßigen Kettenbrüche zu scharfen Sätzen. Diese sind offenbar dann besonders nützlich, wenn die betrachtete Zahl von vornherein als regelmäßiger Kettenbruch gegeben ist (wie in III fast durchwegs der Fall).

Es interessieren jedoch nicht weniger diejenigen Zahlen, die auf andere Art definiert sind: als Grenzwerte gewisser Folgen, als Werte bekannter Funktionen an gegebenen Stellen des Arguments, als Elemente gewisser Körper, als Lösungen gewisser Gleichungen usw. Hier kommt man manchmal mit Kettenbruchmethoden nicht durch (Kap. IV).

16. Ein wesentlicher Nachteil der Kettenbruchmethode ist, daß sie einseitig eindimensional ist: von Sätzen, welche nur mit Kettenbrüchen bewiesen worden sind, kann man meistens nicht ohne weiteres mehrdimensionale Analoga zeigen. Es gibt viele Versuche, mehrdimensionale Analoga zum Kettenbruchalgorithmus aufzustellen. Abgesehen von ihrem theoretischen Interesse scheinen die bis jetzt bekannten Algorithmen für die praktischen Approximationsfragen weniger gut brauchbar zu sein: sie sind meistens analytisch schwer zu handhaben. HERMITE [2[II], S. 389] sagt in einem Brief an STIELTJES: „La recherche des fractions $\frac{p'}{p}, \frac{p''}{p}$ qui approchent le plus de deux nombres donnés n'a cessé depuis plus de 50 ans de me préoccuper et aussi de me désesperer".

Wir gehen auf die Algorithmen nicht ein, geben aber in IV § 1 Literatur an.

17. Die genannten Nachteile der Kettenbruchmethoden machen sich vor allem bei der Aufgabe B fühlbar (vgl. **14**). Hier führen bisweilen u. a. algebraische Hilfsmittel zum Ziel (vgl. Kap. IV **20**).

§ 4. Der allgemeine Fall.

18. In **3** wurde als Verallgemeinerung der Grundaufgabe das Problem der Annäherung von $\alpha g(x) - y$ an die Null aufgeworfen. Allgemeiner ist die zugehörige (in ihrer Allgemeinheit auf HARDY-LITTLE-WOOD zurückgehende) „inhomogene" Frage über die Annäherung dieses Ausdrucks an eine beliebige reelle Zahl β, die wir ohne Beschränkung der Allgemeinheit im Einheitsintervall $0 \leqq \beta < 1$ annehmen dürfen. Im linearen Fall $g(x) = x$ läßt sich, falls α irrational ist, jedes β beliebig genau annähern; es gilt der bekannte, wohl zuerst von JACOBI bewiesene

SATZ 5. *Bei jedem irrationalen θ liegen die Zahlen $(\theta x) = \theta x - [\theta x]$ $(x = 1, 2, \ldots)$ im Einheitsintervall überall dicht; anders gesagt: es liegen die Zahlen θx (mod 1) überall dicht.*

BEWEIS. Nach Satz 2 gibt es zu jedem noch so kleinen $\varepsilon > 0$ ganze $q > 1, p$ mit $0 < \theta q - p < \varepsilon$, also $(\theta q) < \varepsilon$. Die Zahlen $\xi \cdot (\theta q)$ $\left(\xi = 1, 2, \ldots, \left[\frac{1}{(\theta q)}\right]\right)$ sind alle von der Gestalt (θx), während jedes Teilintervall des Einheitsintervalles der Länge $l \geqq \varepsilon$ wenigstens eine solche Zahl enthält, q. e. d. (Satz 5 ist der Spezialfall $n = 1$ des KRON-ECKERschen Approximationssatzes VII Satz 5).

Im nicht-linearen Fall liegen die Verhältnisse manchmal ganz anders. Sogar schon, falls

$$(8) \qquad 0 < g(1) < g(2) < \cdots \qquad \text{und } g(x) \text{ ganz}$$

ist, brauchen die Zahlen $\theta g(x)$ $(x = 1, 2, \ldots)$ nicht (mod 1) überall dicht zu liegen: (a) wie aus der Exponentialreihe unmittelbar hervorgeht, ist $(ex!) \to 0$ für $x \to \infty$, (b) man konstruiert leicht Dezimalbrüche θ mit $\operatorname*{Lim\,sup}_{x \to \infty}(\theta \cdot 10^x) = \frac{1}{10}$. FATOU [2] zeigte auf sehr elementare Weise, daß es zu jeder Folge (8), zu der ein von x unabhängiges $k > \cdot$ mit $\frac{g(x+1)}{g(x)} > k$ existiert, eine Menge $\mathfrak{M}$ überall dicht liegender

Irrationalzahlen θ gibt, so daß für jedes feste θ von $\mathfrak{M}$ die *Reste* *(mod* 1*)*: $(\theta g(x))$ $(x = 1, 2, \ldots)$ *nicht im Einheitsintervall überall dicht liegen.* Nach KHINTCHINE [**10**] trifft das schon für $k > 1$ zu.

Demgegenüber zeigen HARDY-LITTLEWOOD [**1**[III]], daß bei gegebenem $g(x)$ mit (8) *für fast alle festen* θ die Zahlen $\theta g(x)$ (mod 1) überall dicht liegen. „*Fast alle*" Zahlen meint: „alle Zahlen bis auf eine Menge vom BOREL-LEBESGUEschen Maß Null". Teilergebnisse schon bei BERNSTEIN [**1**]. Kap. VIII bringt Verfeinerungen dieser Ergebnisse; vgl. speziell VIII Satz 15 von WEYL [**3**].

19. Als Verfeinerung der obigen Fragestellung wird man auf das Problem geführt, wie sich die Reste (mod 1) $(f(x))$ der Glieder einer gegebenen reellen Folge $f(1), f(2), \ldots$ asymptotisch über das Einheitsintervall verteilen. Hierüber belehrt VIII. Speziell ist der Fall wichtig, daß $f(x)$ *gleichverteilt* *(mod* 1*)* ist, d. h. daß für jedes feste Teilintervall (α, β) des Einheitsintervalles die Anzahl N' der ganzen x mit $1 \leqq x \leqq N$ und

$$(9) \qquad \alpha \leqq f(x) < \beta \quad (\text{mod } 1)$$

der Bedingung

$$(10) \qquad \frac{N'}{N} \to \beta - \alpha \quad \text{für } N \to \infty$$

genügt. Man nennt

$$R = R(N) = N' - (\beta - \alpha)N$$

das *Fehlerglied* in der Gleichverteilung (mod 1) von $f(x)$ [bezüglich (9)]. In Kap. VIII § 2ff. wird von verschiedenen Folgen $f(1), f(2), \ldots$ nachgewiesen, daß sie gleichverteilt (mod 1) sind. Man könnte diese Untersuchungen „qualitativ" nennen gegenüber den „quantitativen" des Kap. IX, wo schärfere Abschätzungen des Fehlergliedes als die aus (10) folgende Abschätzung:

$$R = o(N)$$

und Abschätzungen verwandter Ausdrücke hergeleitet werden.

In X wird u. a. gemäß den Aufgaben A die Schärfe der Annäherung von $f(x)$ (mod 1) an gegebene reelle Zahlen untersucht.

20. Neben den in § 3 genannten Methoden bedient man sich bei den Problemen obiger Art mit Erfolg ganz anderer, und zwar transzendenter Methoden, die auf der Tatsache beruhen, daß die Exponentialfunktion $e^{2\pi i t}$ die eigentliche Invariante der Zahlklassen (mod 1) ist. Je regelmäßiger nämlich die N Reste $(f(1)), \ldots, (f(N))$ über das Einheitsintervall verteilt sind, um so regelmäßiger sind die Glieder der Summe

$$(11) \qquad \sum_{x=1}^{N} e^{2\pi i f(x)}$$

über den Einheitskreis verteilt, und um so kleiner ist also der Absolutwert dieser Summe.

Nach einem wichtigen WEYLschen Prinzip zeigt man, daß dieser Sachverhalt bei geeigneten Einschränkungen umkehrbar ist (vgl. VIII **6, 7**).

Es besteht auf diese Weise eine enge wechselseitige Beziehung zwischen den Approximationseigenschaften reeller Zahlen und dem Verhalten trigonometrischer Summen der Gestalt (11). Diese Summen (11) spielen eine wichtige Rolle in vielen Gebieten der analytischen Zahlentheorie: Gitterpunktslehre, DIRICHLETsche Reihen, WARINGsches Problem usw. Wir werden auf die Anwendungen meistens nicht eingehen und solche Summen nur vom Standpunkt der Diophantischen Approximationen betrachten.

Kapitel II.

Die Geometrie der Zahlen. Systeme linearer Formen.

§ 1. Die MINKOWSKISche Geometrie der Zahlen.

1. Die klassische Geometrie der Zahlen ist ausführlich dargestellt bei MINKOWSKI [**1, 2, 3**]; vgl. auch die Bücher von BACHMANN [**3**], CHÂTELET [**3**].

Bei gegebenem $n \geqq 1$ bedeute $f(u_1, \ldots, u_n)$ eine reelle Funktion der reellen Variablen $u_1, \ldots, u_n$ mit folgenden Eigenschaften:

$$(1) \qquad f(u_1, \ldots, u_n) > 0, \quad \text{wenn} \quad (u_1, \ldots, u_n) \neq (0, \ldots, 0),$$

$$(2) \qquad f(tu_1, \ldots, tu_n) = t f(u_1, \ldots, u_n) \quad \text{für alle} \quad t \geqq 0,$$

$$(3) \qquad f(u_1 + u'_1, \ldots, u_n + u'_n) \leqq f(u_1, \ldots, u_n) + f(u'_1, \ldots, u'_n),$$

$$(4) \qquad f(-u_1, \ldots, -u_n) = f(u_1, \ldots, u_n).$$

Deutet man die $u_1, \ldots, u_n$ als Parallelkoordinaten im R_n, so heißt $f(u_1 - u'_1, \ldots, u_n - u'_n)$ die *Strahldistanz* der Punkte $P \equiv (u_1, \ldots, u_n)$ und $P' \equiv (u'_1, \ldots, u'_n)$. Die Menge der Punkte mit

$$(5) \qquad\qquad f(u_1, \ldots, u_n) \leqq c \qquad\qquad (c > 0)$$

(nach diesem „Distanz"begriff eine „*Kugel*" mit „Radius" c) stellt einen *konvexen Körper K mit Mittelpunkt in O* dar. Änderung von c hat homologe Dilatation von K zur Folge. Für $c = 1$ heißt K der zu f gehörige *Eichkörper*. MINKOWSKIS grundlegender Satz lautet nun:

SATZ 1. *Jeder konvexe Körper K im R_n mit Mittelpunkt in O und vom Volumen $V \geqq 2^n$ enthält noch weitere Gitterpunkte.*

Dabei wird das Volumen V definiert als das über Bereich (5) erstreckte n-fache Integral

$$V = \int \int \cdots \int du_1 \, du_2 \ldots du_n,$$

wo das Element des Integrals wesentlich positiv zu nehmen ist.

Um Satz 1 analytisch zu fassen, sei bemerkt, daß (5) für kleines c nur O als Gitterpunkt enthält. Es sei M der kleinste c-Wert, für den die Oberfläche von K zum erstenmal an einen Gitterpunkt stößt; der zugehörige Körper (5) heißt *der maximale M-Körper*[1]; sein Volumen ist $M^n J$, wo

$$(6) \quad J = \int \int \cdots \int du_1 \, du_2 \ldots du_n \quad (\text{erstreckt über } f(u_1, \ldots, u_n) \leqq 1)$$

das Volumen des zugehörigen Eichkörpers bedeutet. Satz 1 besagt dann, daß $M^n J \leqq 2^n$, also $M \leqq \dfrac{2}{\sqrt[n]{J}}$ ist. Es gilt deshalb:

SATZ 2. *Genügt f den Bedingungen* (1), (2), (3), (4), *und wird J durch* (6) *definiert, so gibt es wenigstens einen Gitterpunkt positiver Höhe X mit*

$$0 < f(x_1, \ldots, x_n) \leqq \frac{2}{\sqrt[n]{J}} \, .$$

Durch Zugrundelegung von Eichkörpern verschiedener Gestalt gewinnt MINKOWSKI eine Fülle von Approximationssätzen.

Zum MINKOWSKIschen Beweis des Satzes 1, den wir übergehen, vgl. man die Vereinfachung durch HAJÓS [1], sowie den Bericht über die Theorie der konvexen Körper von BONNESEN-FENCHEL [1]. Wir geben einen einfachen Beweis in 3 (MORDELL-VAN DER CORPUT) und einen anderen (älteren) in § 5 (BLICHFELDT-SCHERRER). Beide Beweise enthalten Verallgemeinerungen der Sätze 1 und 2.

2. MINKOWSKI [1] zeigt noch verschiedene Zusätze über die Anzahl der Gitterpunkte in einem konvexen Körper K oder auf seiner Oberfläche, und überdies eine grundlegende Verallgemeinerung[2] des Satzes 1:

Man dilatiere den konvexen Körper K im R_n mit Mittelpunkt O und Volumen V von O aus so lange homolog, bis der entstehende Körper K_1 in seinem Innern außer O keinen, auf seinem Rande aber wenigstens einen Gitterpunkt enthält. P_1 sei einer dieser Gitterpunkte. Man dilatiere nun weiter so lange, bis der nun entstehende Körper K_2 auf seinem Rande wenigstens einen Gitterpunkt P_2 enthält, der nicht der Geraden $\overline{OP_1}$ angehört, dagegen in seinem Innern keine anderen Gitterpunkte als solche auf dieser Geraden (es ist dabei möglich, daß $K_1 \equiv K_2$ ist). Allgemein: man dilatiert K_ν ($\nu = 1, 2, \ldots, n-1$) von O

---

[1] Wir nennen den Körper (5) auch den „c-Körper". Für $c = \dfrac{M}{2}$, wo M wie oben definiert ist, heißt (5) auch „maximaler $\dfrac{M}{2}$-Körper".

[2] Er benutzt dieselbe bei der Herleitung seines Kriteriums für algebraische Zahlen (s. IV 8).

aus so lange, bis der entstehende Körper $K_{\nu+1}$ auf seiner Oberfläche wenigstens einen Gitterpunkt $P_{\nu+1}$ enthält, der nicht dem linearen Raum durch $O, P_1, \ldots, P_\nu$ angehört, während alle Gitterpunkte im Innern von $K_{\nu+1}$ diesem Raum wohl angehören.

Ist γ_ν das Dilatationsverhältnis von K zu K_ν ($\nu = 1, 2, \ldots, n$), so zeigt MINKOWSKI neben anderen Abschätzungen die wichtige Ungleichung

$$V \gamma_1 \gamma_2 \cdots \gamma_n \leqq 2^n,$$

in der Satz 1 wegen $\gamma_n \geqq \gamma_{n-1} \geqq \cdots \geqq \gamma_1 > 0$ enthalten ist.

PIPPING [**1, 6, 7, 8**] gibt einen kürzeren Beweis für die schwächeren Ungleichungen

$$V \gamma_1 \gamma_2 \cdots \gamma_n \leqq n! \, 2^n, \quad V \gamma_1 \gamma_2^{n-2} \gamma_n \leqq 2^n, \quad V \gamma_1^{n-1} \gamma_2 \leqq 2^n,$$

und beweist ferner u. a. die Abschätzung

$$V \gamma_1 \cdots \gamma_n \geqq \frac{2^n}{n!}.$$

BEMERKUNG. MINKOWSKI [**6**] zeigt als Gegenstück zu Satz 1:

SATZ 3. *Hat im R_n der konvexe Körper K mit Mittelpunkt O das Volumen*

$$V < 2 \left(1 + \frac{1}{2^n} + \frac{1}{3^n} + \cdots \right) \qquad (n \geqq 2),$$

so kann man K durch eine homogene lineare unimodulare Transformation immer in eine solche Lage bringen, daß K außer O keine weiteren Gitterpunkte enthält.

3. Bemerkenswert ist der ganz kurze arithmetische Beweis des Satzes 1 von MORDELL [**11**], der das Schubfachprinzip benutzt; die Forderung der Konvexität wird von ihm durch eine allgemeinere ersetzt und die Symmetrie fallen gelassen. Die MORDELLsche Methode führt VAN DER CORPUT [**14**] zum allgemeinen

SATZ 4. *Ist M eine im Raum R_n liegende Menge vom Volumen $V > k_1 k_2 \ldots k_n$, wo $k_1, k_2, \ldots, k_n$ positive Zahlen bedeuten, und hat jedes zu M gehörige Punktepaar $(u_1, \ldots, u_n)$ und $(u_1', \ldots, u_n')$ die Eigenschaft, daß der Punkt $\left(\dfrac{u_1 - u_1'}{k_1}, \ldots, \dfrac{u_n - u_n'}{k_n} \right)$ einer gewissen Menge N angehört, dann enthält N außer dem Koordinatenursprung noch mindestens einen weiteren Gitterpunkt.*

BEWEIS. Ist A_l für ganzes $l > 0$ die Anzahl der Punkte $\left(\dfrac{k_1 u_1}{l}, \ldots, \dfrac{k_n u_n}{l} \right)$ von M mit ganzen $u_1, \ldots, u_n$, so strebt $\dfrac{A_l}{l^n}$ bei unbeschränkt wachsendem l nach $\dfrac{V}{k_1 k_2 \ldots k_n}$. Wegen $V > k_1 k_2 \ldots k_n$ ist somit $A_l > l^n$ bei hinreichend großem l. Die betrachteten Punkte $(u_1, u_2, \ldots, u_n)$ gehören zu höchstens l^n verschiedenen Restklassen modulo l, so daß wenigstens eine dieser Restklassen zwei verschiedene dieser A_l Punkte: $(u_1, \ldots, u_n)$ und $(u_1', \ldots, u_n')$ enthält. Die n Zahlen $\dfrac{u_\nu - u_\nu'}{l}$ $\nu = 1, 2, \ldots, n$) sind dann ganz und nicht alle gleich Null. Da

$\left(\dfrac{k_1 u_1}{l},\ \ldots,\ \dfrac{k_n u_n}{l}\right)$ und $\left(\dfrac{k_1 u_1'}{l},\ \ldots,\ \dfrac{k_n u_n'}{l}\right)$ der Menge M angehören, ist

$\left(\dfrac{u_1 - u_1'}{l},\ \ldots,\ \dfrac{u_n - u_n'}{l}\right)$ ein Punkt von N, womit Satz 4 bewiesen ist.

BEMERKUNG 1. Ist die Menge N beschränkt und abgeschlossen, so kann man in Satz 4 die Voraussetzung $V > k_1 k_2 \ldots k_n$ durch $V \geqq k_1 k_2 \ldots k_n$ ersetzen (für nicht abgeschlossenes N gibt es Gegenbeispiele).

BEMERKUNG 2. Satz 1 ist offenbar eine leichte Folge von Satz 4. Man setze in Satz 4 für M und N den Körper K ein und setze $k_1 = k_2 = \cdots = k_n = 2$.

BEMERKUNG 3. Aus Satz 4 kann man Satz 2 und analoge Sätze herleiten (vgl. MORDELL [11], VAN DER CORPUT [14]).

§ 2. Der MINKOWSKIsche Linearformensatz.

4. Als Anwendung von Satz 2 zeigte MINKOWSKI [1, 2]:

SATZ 5. *Sind* $\xi_1, \ldots, \xi_n$ *n homogene lineare Formen in den n Veränderlichen* $x_1, \ldots, x_n$ *mit beliebigen reellen Koeffizienten der Determinante* $\Delta \neq 0\,(n \geqq 2)$, *und sind* $t_1, \ldots, t_n$ *positiv mit* $|\Delta| = t_1 t_2 \ldots t_n$, *so gibt es wenigstens einen Gitterpunkt* $(x_1, \ldots, x_n)$ *positiver Höhe X mit*

(a) $\qquad\qquad |\xi_1 \xi_2 \ldots \xi_n| < |\Delta|,\qquad$ *sogar mit*

(b) $\qquad\qquad |\xi_1| \leqq t_1,\quad |\xi_\nu| < t_\nu \qquad\qquad (\nu = 2, 3, \ldots, n).$

(a) folgt aus (b). Zum *Beweise* von (b) betrachten wir die Formen $\dfrac{\xi_1}{t_1}, \ldots, \dfrac{\xi_n}{t_n}$ der Determinante $\Delta' = \pm 1$ und setzen in Satz 2

$$f = \underset{1 \leqq \nu \leqq n}{\text{Max}}\ \left|\frac{1}{t_\nu}\,\xi_\nu (u_1, \ldots, u_n)\right|;$$

der zugehörige Eichkörper wird dann begrenzt von den $2n$ „Ebenen"

$$\frac{\xi_1}{t_1} = \pm 1,\ \frac{\xi_2}{t_2} = \pm 1,\ \ldots,\ \frac{\xi_n}{t_n} = \pm 1$$

und hat wegen $|\Delta'| = 1$ das Volumen $J = 2^n$. Satz 2 sichert dann die Existenz eines Gitterpunktes $(x_1, \ldots, x_n)$ mit $X > 0$ und

(c) $\qquad\qquad |\xi_\nu| \leqq t_\nu \qquad\qquad\ \ (\nu = 1, 2, \ldots, n).$

Eine einfache Stetigkeitsbetrachtung führt MINKOWSKI [1, 2] von (c) zu (b). Übrigens reicht schon (c) zum Beweise von (a) aus: nach VON NEUMANN [3] bemerkt man sofort, daß die ξ_ν für ganze $x_1, \ldots, x_n$ höchstens abzählbar viele Werte annehmen, während $|\Delta|$ sich in kontinuierlich vielen Weisen als $|\Delta| = t_1 t_2 \ldots t_n$ schreiben läßt.

5. BEMERKUNG 1. Wann darf man in Satz 5 (b) auch in der ersten Ungleichung: $|\xi_1| \leqq t_1$ das Zeichen $=$ weglassen und wann nicht? D. h. wann tritt der *Grenzfall* $\mathfrak{G}$ auf, wo für *alle* Gitterpunkte $(x_1, \ldots, x_n)$ $\neq (0, \ldots, 0)$ *wenigstens* eine der n Formen $\dfrac{\xi_\nu}{t_\nu}$ absolut $\geqq 1$ ist? Man zeigt (vgl. die Beweise der Sätze 2, 5, oder auch LEVI [1]), daß für das Eintreten von $\mathfrak{G}$ folgende Bedingung (α) *notwendig* und *hinreichend* ist:

(a) Konstruiert man um jeden Gitterpunkt P von R_n einen Körper mit Mittelpunkt P, der zu dem zu f gehörigen maximalen $\frac{M}{2}$-Körper kongruent und parallel orientiert ist, so wird der Raum von diesen Körpern einfach und lückenlos überdeckt.

Nach Minkowski [1] sieht man weiter ein, daß folgende Bedingung (b) für das Auftreten von $\mathfrak{G}$ (und also von (a)) *hinreichend* ist:

(b) Das System der Formen $\frac{\xi_1}{t_1}, \ldots, \frac{\xi_n}{t_n}$ kann durch eine gewisse homogene lineare ganzzahlige Transformation der Determinante ± 1 (abgesehen von der Reihenfolge der Formen) in ein System der Gestalt

$$\frac{\xi'_\nu}{t_\nu} = \alpha'_{\nu 1} x'_1 + \cdots + \alpha'_{\nu, \nu-1} x'_{\nu-1} + x'_\nu \qquad (\nu = 1, 2, \ldots, n)$$

übergeführt werden.

Minkowski [1] behauptet, daß für das Eintreten von $\mathfrak{G}$ die Bedingung (b) *notwendig* ist; das würde offenbar die Notwendigkeit der Bedingung:

(c) *Wenigstens eine der Formen* $\frac{\xi_\nu}{t_\nu}$ *hat lauter ganzzahlige Koeffizienten* zur Folge haben, und sogar die Notwendigkeit der Bedingung:

(b) *Wenigstens eine der Formen* $\frac{\xi_\nu}{t_\nu}$ *hat lauter ganzzahlige Koeffizienten ohne gemeinsamen Teiler* > 1.

Später spricht Minkowski [2] die Behauptung nur als Vermutung aus.

Minkowski beweist die drei Vermutungen in den Fällen $n = 2, 3$ und bemerkt, daß die Notwendigkeit von (b) aus der Notwendigkeit von (c) folgen würde ($n \geqq 2$). Jansen [1] und Levi [1] zeigen *arithmetisch* die Notwendigkeit von (b) für $n = 6$, bzw. für $n = 2, 3, 4$. Im *geometrischen* Beweis von Levi [1] für $n \geqq 2$ bemerkt Keller [1] eine Lücke. van Oss [1] skizziert unabhängig von Levi einen *geometrischen* Beweis für $n \geqq 2$. Schmidt [1] führt die Vermutung über die Notwendigkeit von (b) auf eine andere zurück und beweist sie für $n = 7$. Siehe ferner[4]. (Aus dem Obigen würde folgen, daß (b) notwendig und hinreichend ist für (a); vgl. dazu Kowner [1].)

Einen Satz über den Grenzfall in ganz anderer Richtung zeigte neuerdings Rado [2].

Bemerkung 2. Minkowski [10, 12] zeigt wichtige Verschärfungen von Satz 5 (a) in ternären Spezialfällen (vgl. 16).

Bemerkung 3. Vgl. zum Satz 5 (a) mit $n = 3$ auch die Verallgemeinerung des Kettenbruchalgorithmus von Minkowski [7] („Parallelepipedapproximation im R_3": s. a. Zeisel [1], Furtwängler-Zeisel [1] und IV 3).

Bemerkung 4. Anwendungen von Satz 5 in V 4.

Bemerkung 5. Mahler [15] zeigt ein Analogon zu Satz 5 (b) im Fall, daß die Koeffizienten der Formen zu P-adischen Zahlkörpern gehören.

Bemerkung 6. Pipping [7] wendet statt Satz 2 die Minkowskische Verallgemeinerung des Satzes 1 aus 2 an und zeigt auf diese Weise Verallgemeinerungen von Satz 5.

6. Es ist klar, daß Satz 5 richtig bleibt, wenn man im System $\xi_1, \ldots, \xi_n$ s Formen $\xi_\sigma = \eta_\sigma + i\zeta_\sigma$ ($\sigma = 1, 2, \ldots, s$) mit komplexen Koeffizienten zuläßt, falls nur zur gleichen Zeit die konjugiert komplexen Formen $\bar{\xi}_\sigma = \xi_{s+\sigma} = \eta_\sigma - i\zeta_\sigma$ ($\sigma = 1, 2, \ldots, s$) auftreten ($0 \leqq 2s \leqq n$).

Es gibt dann $r = n - 2s$ reelle Formen, die zusammen mit den reellen Formen η_σ, ζ_σ ein System reeller Formen der Determinante $\frac{\Delta}{2^s}$ bilden, auf die man also Satz 5 mit $\frac{1}{\sqrt{2}} t_\sigma$ statt t_σ $(1 \leqq \sigma \leqq 2s)$ und t_ν statt t_ν $(\nu = 2s + 1, 2s + 2, \ldots, n)$ anwenden kann, woraus die Behauptung folgt. (Mit ähnlichen Überlegungen findet später FUJIWARA [1] ähnliche Verallgemeinerungen von Satz 5). MINKOWSKI [1, 2] benutzt seine komplexe Fassung des Satzes 5 zum Beweise von

SATZ 6. *Die Körperdiskriminante eines algebraischen Zahlkörpers vom Grade* $n > 1$ *ist absolut* >1.

Weitere Untersuchungen führen MINKOWSKI [1, 2] zu

SATZ 7. *Sind* $\xi_1, \ldots, \xi_n$ n *lineare Formen der Determinante* $\Delta \neq 0$ *in ganzzahligen Variabeln* $x_1, \ldots, x_n$, *und bestehen diese Formen aus* s *Paaren mit konjugiert komplexen Koeffizienten* $(0 < 2s \leqq n)$ *und* $r = n - 2s$ *Formen mit reellen Koeffizienten, so gibt es immer Gitterpunkte* $(x_1, \ldots, x_n) \neq (0, \ldots, 0)$ *mit*

$$|\xi_\nu| < \left(\frac{2}{\pi}\right)^{\frac{s}{n}} |\Delta|^{\frac{1}{n}} \qquad (\nu = 1, 2, \ldots, n).$$

BEMERKUNG. Wir gehen auf die aus diesem und aus anderen MINKOWSKISCHEN Sätzen fließenden Vertiefungen des Satzes 6 nicht ein, ebensowenig wie auf die wichtigen Anwendungen der Geometrie der Zahlen auf die Theorie der Einheiten oder der Ideale in algebraischen Zahlkörpern. Siehe MINKOWSKI [1, 2], HILBERT [3], HECKE [4], LANDAU [10].

7. Der erste arithmetische Beweis des Satzes 5 stammt von HURWITZ [11] (u. a. neu dargestellt von HUMBERT [1]). Wie auch bei einem späteren Beweis von WEBER-WELLSTEIN [1] gibt es drei Schritte: (α) Beweis des Satzes im Fall, daß sämtliche $\frac{\xi_\nu}{t_\nu}$ lauter ganze rationale Koeffizienten haben; (β) Übergang auf den rationalen Fall; (γ) Grenzübergang zum allgemeinen reellen Fall. Der Schwerpunkt liegt im ersten Schritt; hier benutzt HURWITZ das *Schubfachprinzip* und Hilfsmittel aus der Theorie der Moduln; letztere lassen sich nach JACOBSTHAL [1] vermeiden. Neuerdings gaben MORDELL [9], RADO [1, 2] und JACOBSTHAL [2] ganz kurze arithmetische Beweise des Schrittes (α) (*Schubfachprinzip*)[3]. Indem LANDAU [1] ganz kurz einen speziellen Fall von Satz 5 zeigt („bewegliches" Schubfachprinzip), liefert er eine erhebliche Abkürzung des Beweises von Satz 6; denn zum Beweise von Satz 6 ist Satz 5 nicht in vollem Umfang nötig.

MINKOWSKI [2] teilt einen weiteren arithmetischen Beweis mit, der auf HILBERT zurückgeht. Mit Schubfachprinzip folgt Satz 5 zuerst für ganz spezielle Formen. Durch Variation und Transformation der Formen folgt der Rest mit Hilfe gewisser Stetigkeitsbetrachtungen.

SIEGEL [4, 5] benutzt die Methoden der analytischen Zahlentheorie. Ist $\|\alpha_{\nu\mu}\|$ die Matrix des Systems der $\xi_\nu = \xi_\nu (x_1, \ldots, x_\mu, \ldots, x_n)$ $(1 \leqq \nu \leqq n)$ und $\| A_{\mu\nu} \|$ die reziproke Matrix (wir nehmen ohne Beschränkung $\Delta = |\alpha_{\nu\mu}|$

---

[3] Der MORDELLsche Beweisgedanke führte ihn später zu den in **3** erwähnten Ergebnissen (MORDELL [11]).

> 0 an), so zeigt man für beliebige komplexe $z_1, \ldots, z_n$ mit positiv reellem Teil:

$$\Delta \sum_{l_1, l_2, \ldots, l_n = -\infty}^{+\infty} e^{-\sum_{\nu=1}^{n} |\alpha_{\nu 1} l_1 + \alpha_{\nu 2} l_2 + \cdots + \alpha_{\nu n} l_n| z_\nu}$$

$$= \sum_{l_1, l_2, \ldots, l_n = -\infty}^{+\infty} \prod_{\nu=1}^{n} \cdot \left\{ \frac{1}{z_\nu - 2\pi i (A_{\nu 1} l_1 + A_{\nu 2} l_2 + \cdots + A_{\nu n} l_n)} + \frac{1}{z_\nu + 2\pi i (A_{\nu 1} l_1 + A_{\nu 2} l_2 + \cdots + A_{\nu n} l_n)} \right\},$$

wo $l_1, \ldots, l_n$ unabhängig alle ganzen rationalen Zahlen durchlaufen.

Zum Beweise setze man im linken Glied $l_\nu + v_\nu$ statt l_ν (für reelles v_ν) und entwickle die n-fach periodische Funktion der $v_1, \ldots, v_n$ in eine FOURIERreihe. Für $v_1 = v_2 = \cdots = v_n = 0$ entsteht das rechte Glied.

Man multipliziere jetzt beide Glieder mit

$$\prod_{\nu=1}^{n} \left(\frac{1}{2\pi i} \cdot \frac{e^{z_\nu t_\nu'}}{z_\nu^2} \right) \qquad (t_\nu' > 0 \text{ fest}; \ \nu = 1, 2, \ldots, n),$$

und integriere über jedes der z_ν auf geradem Wege von $1 - \infty i$ nach $1 + \infty i$. Nach dem CAUCHYSCHEN Integralsatz liefert gliedweise Integration

$$\Delta \sum{}' \prod_{\nu=1}^{n} (t_\nu' - |\alpha_{\nu 1} l_1 + \alpha_{\nu 2} l_2 + \cdots + \alpha_{\nu n} l_n|)$$

$$= \sum_{l_1, l_2, \ldots, l_n = -\infty}^{+\infty} \prod_{\nu=1}^{n} \left(\frac{\sin \pi (A_{\nu 1} l_1 + A_{\nu 2} l_2 + \cdots + A_{\nu n} l_n) t_\nu'}{\pi (A_{\nu 1} l_1 + A_{\nu 2} l_2 + \cdots + A_{\nu n} l_n)} \right)^2.$$

Im linken Gliede wird Σ' erstreckt über alle Gitterpunkte $(l_1, \ldots, l_n)$ mit

$$(7) \qquad |\alpha_{\nu 1} l_1 + \alpha_{\nu 2} l_2 + \cdots + \alpha_{\nu n} l_n| < t_\nu' \qquad (\nu = 1, 2, \ldots, n).$$

Ist $(0, 0, \ldots, 0)$ der einzige dieser Gitterpunkte, so ist das linke Glied $\Delta t_1' t_2' \ldots t_n'$, während das rechte Glied als Summe von Quadraten $\geqq (t_1' t_2' \ldots t_n')^2$ (das Glied der Summe für $l_1 = l_2 = \cdots = l_n = 0$) ist. Man hat also $\Delta \geqq t_1' t_2' \ldots t_n'$.

Ist also $t_1' t_2' \ldots t_n' > \Delta$, so gibt es wenigstens einen Gitterpunkt $(l_1, \ldots, l_n) \neq (0, 0, \ldots, 0)$ mit (7). Setzt man $t_1' = t_1 + \varepsilon$, $t_\nu' = t_\nu$ $(\nu = 2, 3, \ldots, n)$, so erreicht man für $\varepsilon > 0$, $\varepsilon \to 0$ den Satz 5.[4]

Man vergleiche zu diesem Beweis im Fall $n = 2$ auch MORDELL [7].

BEMERKUNG. Weiter vielleicht noch Beweise bei KRAWTCHOUK [1].

§ 3. Der MINKOWSKISCHE Satz über inhomogene Linearformen.

8. MINKOWSKI [1, 2, 7, 9] zeigt für $n = 2$ und vermutet für $n > 2$ den SATZ 8. (*Bis jetzt noch nur bewiesen für* $2 \leqq n \leqq 3$.) *Sind die*

$$\xi_\nu = \alpha_{\nu 1} x_1 + \alpha_{\nu 2} x_2 + \cdots + \alpha_{\nu n} x_n \qquad (\nu = 1, 2, \ldots, n)$$

---

[4] SIEGEL [4] bemerkt, daß mit dieser Methode auch Ergebnisse über den Grenzfall (s. 5) hergeleitet werden können.

n Linearformen mit reellen Koeffizienten $\alpha_{\nu\mu}$ *der Determinante* $\Delta \neq 0$, *sind die* ξ_ν^* *reelle Zahlen* $(1 \leq \nu \leq n)$, *so gibt es stets wenigstens einen Gitterpunkt* $(x_1, \ldots, x_n)$ *mit*

$$(8) \qquad \left| \prod_{\nu=1}^{n} (\xi_\nu - \xi_\nu^*) \right| \leq \frac{|\Delta|}{2^n}.$$

Das Zeichen $=$ *kann man in* (8) *sogar weglassen, wenn nur nicht simultan* $\alpha_{\nu\mu} = 0$ *für* $\mu \neq \nu$, $\xi_\nu^* = (h_\nu + \frac{1}{2})\,\alpha_{\nu\nu}$ *mit ganzem* $h_\nu\,(1 \leq \nu \leq n)$ *gilt.*

BEMERKUNG. Vgl. für $n = 2$ auch VI **4**. Für den Rest dieser Nummer **8** wird $n = 2$ angenommen.

Zum Beweise des Satzes 8 $(n = 2)$ betrachtet MINKOWSKI ein Parallelogramm $\mathfrak{p}$ mit Mittelpunkt O, das sonst keine Gitterpunkte enthält und dessen Diagonale längs der Geraden $\xi_1 = 0, \xi_2 = 0$ fallen. Durch Parallelverschiebung von O aus wird um jeden Gitterpunkt als Mittelpunkt ein zu $\mathfrak{p}$ kongruentes und gleichgerichtetes Parallelogramm konstruiert, und diese Parallelogramme werden vom Mittelpunkt aus gleichzeitig so weit homolog dilatiert, daß sie die Ebene zum erstenmal lückenlos überdecken. Es stellt sich heraus, daß sich die Gestalt von $\mathfrak{p}$ immer so wählen läßt, daß die dilatierten Parallelogramme die Ebene nirgends mehr als zweifach überdecken, so daß jedes einen Inhalt ≤ 2 hat. Aus der Tatsache, daß der Punkt (ξ_1^*, ξ_2^*) in wenigstens einem dieser Parallelogramme liegt, folgt der Satz.

REMAK [1] gibt vom Satz 8 $(n = 2)$ einen arithmetischen Beweis (dem dann später von MORDELL [5] ein wesentlich kürzerer zur Seite gestellt wurde[5]). Er benutzt Reduktionsmethoden quadratischer Formen (vgl. auch BACHMANN [3]). Schließlich liefert LANDAU [9] in wenigen Zeilen einen Beweis mit elementarer Algebra. Einfach ist auch der arithmetische Beweis von SEALE [1]. Einfache geometrische Beweise bei: SCHERRER [3], PIPPING [7] und (nach Mitteilung von HOFREITER [3]) bei: BUSCHEK [1], NICOLADONI [1].

MORDELL [6] zeigt den ähnlichen

SATZ 9. *Sind* α, β, γ, δ, ξ_1^*, ξ_2^* *reell mit* $\Delta = \alpha\delta - \beta\gamma \neq 0$, $\Delta\beta\gamma \geq 0$, *so gibt es ganze* x, y *mit*

$$|\alpha x + \beta y - \xi_1^*| \leq \tfrac{1}{2}|\alpha|; \quad |\gamma x + \delta y - \xi_2^*| \leq \tfrac{1}{2}|\delta|.$$

OPPENHEIM [2] gibt hiervon einen sehr einfachen Beweis.

9. Der erste (schwierige und lange) Beweis des Satzes 8 im Fall $n = 3$ stammt von REMAK [2, $3^{\text{I, II}}$]; er benutzt Reduktion und Abschätzung ternärer quadratischer Formen (gleichzeitig führt er einen entsprechenden Beweis für $n = 2$ durch und gibt eine geometrische Interpretation des Beweises: die Einteilung des Raumes in sog. *Wabenzellen*).

Nach Mitteilung von HOFREITER [3] gab FURTWÄNGLER einen (unpublizierten) kürzeren Beweis $(n = 3)$. HOFREITER [3] gibt einen Beweis für

---

[5] Siehe auch einige Bemerkungen über einen eventuellen Beweisansatz für $n \geq 2$ bei MORDELL [7].

$n = 4$, der aber leider noch eine Lücke enthält[6]. Er interpretiert die Verhältnisse geometrisch (Wabenzellen) und führt das Problem auf die Reduktion quaternärer quadratischer Formen zurück. Dabei verwendet er neben der MINKOWSKIschen (vgl. MINKOWSKI [14], BIEBERBACH-SCHUR [1]) die SELLINGsche Reduktionstheorie (SELLING [1], HOFREITER [4]). KOWNER [1] zeigt Satz 8 für jedes $n \geqq 2$ in wenigen Zeilen, jedoch unter der zusätzlichen Bedingung, daß die zu dem Parallelepiped $|\xi_\nu| \leqq 1$ ($\nu = 1, 2, \ldots, n$) gehörigen maximalen $\dfrac{M}{2}$-Körper den Raum einfach und lückenlos überdecken; er charakterisiert diese Forderung arithmetisch (vgl. **5**).

§ 4. Systeme linearer Formen.

10. In V, VI, VII findet man weiteres über den mehrdimensionalen linearen Fall. Aus Raumgründen gehen wir nicht ein auf die Literatur über Ungleichungssysteme der Gestalt

$$\sum_{\mu=1}^{m} \alpha_{\nu\mu} x_\mu = , \geqq, \text{ oder } > 0 \qquad (\nu = 1, 2, \ldots, n)$$

und verwandte Systeme. Man vergleiche MINKOWSKI [1], BACHMANN [3] und für Literaturangaben DICKSON [1], sowie die speziellen Berichte von DINES [1], DINES-MC-COY [1]; weiter sei noch verwiesen auf die Arbeiten von CAHEN [1], VAN DER CORPUT [9, 10, 11], BUNT [1], TAKAHASHI [1], FUJIWARA [12, 13], BERGSTRÖM [1], STOKES [1][7] und auf einen allgemeinen Satz von OSTROWSKI [5], der wichtige lineare Spezialfälle umfaßt.

§ 5. Die BLICHFELDTsche Methode in der Geometrie der Zahlen.

11. BLICHFELDT [1] zeigt mit Hilfe eines Schubfachschlusses den fundamentalen Satz 10, der Satz 2 enthält. (Eine Übersicht der Anwendungen dieses Satzes u. a. bei BLICHFELDT [5].) Er teilt den Raum R_n der Punkte $(u_1, \ldots, u_n)$ in Fundamentalparallelepipede R ein, begrenzt von den „Ebenen"

(9) $$u_\nu = a_\nu + b_\nu t$$

$$(\nu = 1, 2, \ldots, n; \ t = 0, \pm 1, \pm 2, \ldots; \ a_\nu, b_\nu \text{ reell, fest}).$$

In jedem R seien k ($k \geqq 1$ fest) beliebige Punkte P gegeben. *Diese P heißen die Gitterpunkte des Raumes.* Der Inhalt von R sei W.

SATZ 10. *Ist S eine beschränkte, offene, stetig zusammenhängende n-dimensionale Punktmenge im R_n mit äußerem Volumen V und ist $\varepsilon > 0$, so kann man S durch eine passende Translation*

(10) $$u'_\nu = u_\nu + d_\nu \qquad (\nu = 1, 2, \ldots, n; \ d_\nu \text{ reell})$$

immer in eine solche Lage bringen, daß die Anzahl L der Gitterpunkte, welche innerhalb von S oder innerhalb einer ε-Umgebung eines Randpunkts von S liegen, größer als $\dfrac{Vk}{W}$ ist.

---

[6] Siehe die Berichtigung von HOFREITER [3] und REMAK [8].

[7] Weitere Arbeiten von STOKES bei STOKES [1] zitiert.

(BEMERKUNG. SCHERRER [1, 2] findet und benutzt unabhängig von BLICHFELDT einen wichtigen Spezialfall, der sich auf die gewöhnlichen Gitterpunkte bezieht.)

BEWEIS. Zum Beweise von Satz 10 bauen wir nach BLICHFELDT aus Fundamentalparallelepipeden R ein Parallelepiped Q_1 mit Kantenlängen $A\,b_1$, $A\,b_2$, $\ldots$, $A\,b_n$ auf und wählen die natürliche Zahl A so groß, daß S ganz innerhalb von Q_1 liegt. Weiter bauen wir ein zweites Parallelepiped Q_2 auf mit Kanten $B\,b_1$, $B\,b_2$, $\ldots$, $B\,b_n$ (B ganz $> 2\,A$), das Q_1 ganz enthält und einen Eckpunkt mit Q_1 gemein hat. In Q_2 gibt es also ein Q_3, das, konzentrisch mit Q_2 liegend, die Kantenlängen $(B-2A)b_1$, $\ldots$, $(B-2A)b_n$ besitzt und dessen Begrenzungen bzw. die Entfernungen $A\,b_1$, $\ldots$, $A\,b_n$ von denen von Q_2 haben.

Wir wählen eine natürliche Zahl C und zerteilen die Kanten von R in C gleiche Teile, zerschneiden also die R in C^n kongruente Parallelepipede Q^*; wir wählen C so groß, daß die größte Entfernung von je zwei Punkten eines Q^* kleiner als ε ist. Ist M die Anzahl der Q^*, die wenigstens einen Punkt mit S gemein haben, so ist

$$\operatorname*{Lim}_{C \to \infty} M\,\frac{W}{C^n} = V.$$

Laufen die Zahlen t_ν unabhängig von $-\infty$ bis ∞, so nimmt die aus Q_1 und S gebildete Doppelfigur D mittels der Translationen

$$u'_\nu = u_\nu + t_\nu\,\frac{b_\nu}{C} \qquad (t_\nu = 0,\ \pm 1,\ \pm 2,\ \ldots;\ \nu = 1, 2, \ldots, n)$$

genau $\{(B-A)C + 1\}^n$ verschiedene Lagen in Q_2 an. Betrachten wir D als fest und Q_2 als beweglich, so kommt jeder Gitterpunkt P von Q_3 einmal in jedes der M Parallelepipede Q^*, die S überdecken. Während der $\{(B-A)C+1\}^n$ Lagen kommen also (bei mehrfacher Zählung) wenigstens

$$(B-2A)^n\,k\,M$$

Gitterpunkte innerhalb von S oder innerhalb einer ε-Umgebung eines Randpunktes von S. In wenigstens einer Lage gilt also

$$L > \frac{(B-2A)^n\,k\,M}{\{(B-A)C+1\}^n} \to \left(\frac{B-2A}{B-A}\right)^n \frac{k\,V}{W} \qquad \text{für } C \to \infty.$$

Ist $\dfrac{k\,V}{W}$ nicht ganz, so folgt Satz 10 sofort (für hinreichend großes B), sonst lehrt eine einfache Stetigkeitsbetrachtung seine Richtigkeit.

12. Aus Satz 10 folgt sofort

SATZ 11. *Ist $m \geqq 1$, $\gamma_\mu > 0$, $\varepsilon > 0$, sind S_μ analoge Punktmengen wie S in Satz 10, mit äußeren Volumen V_μ, hat L_μ analoge Bedeutung wie L in Satz 10 ($\mu = 1, 2, \ldots, m$), so kann man die aus $S_1, \ldots, S_m$ bestehende Menge S durch eine passende Translation (10) stets in eine Lage bringen, daß*

$$\gamma_1 L_1 + \gamma_2 L_2 + \cdots + \gamma_m L_m > \frac{k}{W}\,(\gamma_1 V_1 + \gamma_2 V_2 + \cdots + \gamma_m V_m).$$

Nach einer Bemerkung BIRKHOFFS (vgl. BLICHFELDT [1]) gilt der

ZUSATZ. Falls die k Gitterpunkte in allen R kongruente Lage haben, darf man in Satz 10 die Worte „*oder innerhalb einer ε-Umgebung eines Randpunktes von S*" ersetzen durch „*oder auf dem Rande*". Satz 11 bleibt dann ebenfalls gültig.

13. Um mittels Satz 10 den Satz 2 zu zeigen, wählen wir für R und P die gewöhnlichen Fundamentalparallelepipede und Gitterpunkte von R_n, d. h. $\dfrac{k}{W} = 1$, und für S das Gebiet

$$f(u_1, \ldots, u_n) < J^{-\frac{1}{n}} \qquad\qquad \text{(also } V = 1\text{).}$$

Wegen Satz 10 ist nach Ausübung der Translation (10) $L \geqq 2$. Es liegen also zwei Gitterpunkte $(x') = (x'_1, \ldots, x'_n)$ und $(x'') = (x''_1, \ldots, x''_n)$ in S oder auf dem Rande. Für den Gitterpunkt $(x' - x'') = (x' - d - x'' + d)$ $= (x'_1 - d_1 - x''_1 + d_1, \ldots, x'_n - d_n - x''_n + d_n)$ gilt nun nach (1), (3), (4):

$$0 < f(x'_1 - x''_1, \ldots, x'_n - x''_n) \leqq$$
$$\leqq f(x'_1 - d_1, \ldots, x'_n - d_n) + f(x''_1 - d_1, \ldots, x''_n - d_n) \leqq 2J^{-\frac{1}{n}}.$$

14. Indem BLICHFELDT die Sätze 10 und 11 in voller Allgemeinheit anwendet, findet er Verschärfungen MINKOWSKIscher Approximationen. Die schönsten Ergebnisse betreffen quadratische Formen (nächster § 6) und simultane Approximationen (V § 3).

BLICHFELDT [4] teilt eine erhebliche Verschärfung des Satzes 3 mit.

BLICHFELDT [6] behauptet, daß ein konvexer Körper K im R_n mit Mittelpunkt O und Volumen $V > 2^n k$ außer O mehr als $k - 1$ Paare (gewöhnlicher) Gitterpunkte enthält; dagegen gilt der Satz: Enthält K wenigstens k Gitterpunkte, die nicht in einem R_{n-1} liegen, und liegt einer davon im Zentrum, so ist $V > \dfrac{k - n}{n!}$.

§ 6. Summen von Potenzen linearer Formen.
Positiv-definite quadratische Formen.

15. Indem MINKOWSKI [1] den Eichkörper durch die Ungleichung

$$f \equiv \left(\frac{|\xi_1|^\sigma + |\xi_2|^\sigma + \cdots + |\xi_n|^\sigma}{n} \right)^{\frac{1}{\sigma}} \leqq 1$$

definiert, zeigt er mit Hilfe von Satz 2 den allgemeinen

SATZ 12. *Für $n \geqq 2$ seien $\xi_1, \ldots, \xi_n$ homogene Linearformen in $x_1, \ldots, x_n$ mit Determinante $\Delta \neq 0$; es gebe unter ihnen 2s Formen, die paarweise konjugiert komplexe Koeffizienten haben $(0 \leqq 2s \leqq n)$ und $r = n - 2s$ Formen mit reellen Koeffizienten. Ist $\sigma \geqq 1$, so gibt es stets einen Gitterpunkt $(x_1, \ldots, x_n)$ positiver Höhe, derart, daß*

$$(11) \qquad \frac{|\xi_1|^\sigma + |\xi_2|^\sigma + \cdots + |\xi_n|^\sigma}{n} \leqq \left(\frac{\left(\frac{2}{\pi}\right)^s n^{-\frac{n}{\sigma}} \cdot \Gamma\left(1 + \frac{n}{\sigma}\right) \cdot |\Delta|}{2^{-\frac{2s}{\sigma}} \cdot \Gamma^r\left(1 + \frac{1}{\sigma}\right) \cdot \Gamma^s\left(1 + \frac{2}{\sigma}\right)} \right)^{\frac{\sigma}{n}}.$$

Das Zeichen = braucht nur gesetzt zu werden, falls $\sigma = 1$, $s = 0$, $n = 2$ *ist und wenigstens eine der beiden Formen* $\dfrac{\xi_1 \pm \xi_2}{\sqrt{2|\Delta|}}$ *teilerfremde ganze rationale Koeffizienten hat.*

BEMERKUNG. Vgl. zu diesem Satz auch MAYR [1], VAN DER CORPUT [14].

16. Durch eingehende Untersuchung der dichtesten gitterförmigen Lagerung kongruenter Oktaeder oder kongruenter Tetraeder im R_3 gewinnt MINKOWSKI [12] das scharfe Ergebnis: *Satz 12 bleibt richtig für* $n = 3$, $\sigma = 1$, $s = 0$, *wenn man das rechte Glied von* (11) *durch das kleinere:* $\dfrac{1}{3}\sqrt[3]{\dfrac{108}{19}|\Delta|}$ *ersetzt. Dann darf man sogar das Zeichen = nicht weglassen.* Folgerung (vgl. Satz 5 (a)): *es gibt wenigstens einen Gitterpunkt* $(x_1, x_2, x_3) \neq (0, 0, 0)$ *mit*

$$|\xi_1 \xi_2 \xi_3| < \frac{4}{19}|\Delta|.$$

Ähnliche Verschärfungen im Fall, daß ξ_1 und ξ_2 konjugiert komplexe Koeffizienten haben und die Variablen ganze rationale Zahlen oder ganze Zahlen des Körpers $K(i)$ darstellen (vgl. auch MINKOWSKI [2, 10], BLICHFELDT [1]).

BLICHFELDT [1, 2] verschärft Satz 12 mit $\sigma = 1$ für alle großen Werte von n mittels seiner Abschätzungen definiter quadratischer Formen aus **18.**

17. Jeder positiv-definiten n-ären quadratischen Form $\Phi(x_1, \ldots, x_n)$ der Determinante $D > 0$ kann man bekanntlich die Gestalt $\xi_1^2 + \xi_2^2 + \cdots + \xi_n^2$ geben, wo die ξ_ν die Bedingungen des Satzes 12 erfüllen (mit $\Delta = \sqrt{D}$ und $s = 0$). Satz 12 mit $\sigma = 2$ lehrt dann die Existenz eines nur von n abhängigen γ_n mit

$$(12) \qquad 0 < \gamma_n < \frac{4}{\pi}\left(\Gamma\left(1 + \frac{n}{2}\right)\right)^{\frac{2}{n}} \qquad (n \geqq 1),$$

zu dem es wenigstens einen Gitterpunkt $(x_1, \ldots, x_n) \neq (0, \ldots, 0)$ gibt mit

$$(13) \qquad 0 < \Phi(x_1, \ldots, x_n) \leqq \gamma_n D^{\frac{1}{n}}.$$

BEMERKUNG. HERMITE [3, 4] war *der erste*, der diesen wichtigen Satz nachwies, allerdings mit einer etwas weniger scharfen oberen Schranke für γ_n als (12). Er leitete daraus eine große Anzahl von arithmetischen Folgerungen her (III 21; IV 3). Zu der älteren Geschichte der Theorie dieser Formen vergleiche man MINKOWSKI [4]; zu der *Reduktionstheorie* die in **9** genannten Arbeiten, sowie BACHMANN [3] und DICKSON [1].

18. Das rechte Glied in (12) ist $\sim \dfrac{2n}{\pi e}$ für $n \to \infty$. Aus Satz 3 kann man die Ungleichung

$$\gamma_n > \frac{n}{2\pi e}\left(2 + \frac{2}{2^n} + \cdots\right)^{\frac{2}{n}} \sim \frac{n}{2\pi e}$$

herleiten, so daß jedenfalls

$$\operatorname*{Lim}_{n \to \infty} \frac{\log \gamma_n}{\log n} = 1.$$

(12) wurde von BLICHFELDT [1] unter Anwendung von Satz 11 ersetzt durch

$$(14) \qquad \gamma_n < \frac{2}{\pi}\left(\Gamma\left(1+\frac{n+2}{2}\right)\right)^{\frac{2}{n}} \sim \frac{n}{\pi e},$$

was für großes n eine erhebliche Verschärfung bedeutet (vgl. auch BLICHFELDT [3]).

BEMERKUNG 1. Dieser BLICHFELDTsche zahlengeometrische Beweis ist von REMAK [6] arithmetisiert worden; dabei wird Satz 10 durch einen allgemeinen Satz ersetzt, der sich statt auf eine Anzahl von Gitterpunkten in einem Bereich auf eine Summe von Funktionswerten in diesen Gitterpunkten bezieht.

BEMERKUNG 2. Das Problem der besten Abschätzung von γ_n hängt aufs engste mit dem Problem der dichtesten Lagerung von Kugeln im R_n zusammen. BLICHFELDT [4, 14] führt auch hier die Untersuchungen MINKOWSKIS weiter.

Der exakte (d. h. kleinstmögliche) Wert von γ_n ist für $n \geq 9$ noch unbekannt, für $2 \leq n \leq 8$ jedoch bekannt:

$$\gamma_2 = \frac{2}{\sqrt 3}, \quad \gamma_3 = \sqrt[3]{2}, \quad \gamma_4 = \sqrt{2}, \quad \gamma_5 = \sqrt[5]{8}, \quad \gamma_6 = \sqrt[6]{\frac{64}{3}}, \quad \gamma_7 = \sqrt[7]{64}, \quad \gamma_8 = 2.$$

γ_2 wurde von HERMITE [3] bestimmt; $\gamma_3, \gamma_4, \gamma_5$ von KORKINE-ZOLOTAREFF [1, 2, 3], deren Reduktionsmethode von BLICHFELDT [15] zur Bestimmung von $\gamma_6, \gamma_7, \gamma_8$ benutzt wurde. (Ältere Ergebnisse über γ_6 und γ_7 bei BLICHFELDT [10, 12, 13].)

Bestimmung der Extremfälle: KORKINE-ZOLOTAREFF [1, 2, 3] $(2 \leq n \leq 5)$; HOFREITER [1, 2] (zahlengeometrisch; $n = 6$).

Kapitel III.

Der homogene lineare Fall (I): Der eindimensionale homogene lineare Fall und die Kettenbrüche.

§ 1. Die regelmäßigen Kettenbrüche.

1. In I 10, 15 wurde Näheres über den Inhalt dieses Kapitels mitgeteilt. Es wird die Approximation der einzelnen *reellen*[1] Zahl untersucht; dabei wird sowohl von der Aufgabe B, als von den Aufgaben A die Rede sein; die Aufgabe A 1 steht aber im Vordergrund. Haupthilfsmittel ist die Theorie der regelmäßigen Kettenbrüche, über die in diesem § 1 eine kurze Übersicht gegeben wird. Wo keine Literatur angegeben wurde, vergleiche man PERRON [8].

---

[1] Für analoge Untersuchungen im Komplexen siehe die kurze Literaturübersicht in IV 4.

2. Für jedes reelle α liefert der *Euklidische* Algorithmus die Darstellung

$$(1) \qquad \alpha = b_0 + \cfrac{1}{b_1 + \cdots} = (b_0, b_1, \ldots),$$

wo die Teilnenner $b_0 = [\alpha]$, $b_i \geqq 1$ $(i = 1, 2, \ldots)$ ganz rational sind. Die Kette bricht dann und nur dann ab, falls α *rational* ist; man kann in diesem Fall die Anzahl der b_i $(i \geqq 0)$ sowohl gerade wie ungerade nehmen, indem man eventuell die Zahl 1 als letzten Teilnenner wählt. Ist α *irrational*, so bricht die Kette nicht ab; umgekehrt konvergiert jeder unendliche Kettenbruch (1) und stellt eine *Irrationalzahl* dar[2].

Für die *Näherungsbrüche* von α

$$\frac{p_{-1}}{q_{-1}} = \frac{1}{0}, \qquad \frac{p_i}{q_i} = (b_0, b_1, \ldots, b_i) \qquad\qquad (i \geqq 0)$$

gelten die Beziehungen

$$(2) \qquad \begin{cases} (p_i, q_i) = 1 \quad (i \geqq -1), & p_i q_{i-1} - q_i p_{i-1} = (-1)^{i-1} \quad (i \geqq 0), \\ p_{i+1} = b_{i+1} p_i + p_{i-1}, & q_{i+1} = b_{i+1} q_i + q_{i-1} \qquad (i \geqq 0). \end{cases}$$

Ist b_{i-1} nicht der letzte Teilnenner, so seien α_i' und α_i'' definiert durch die **Relationen**

$$(3) \qquad \alpha_i' = (b_i, b_{i+1}, \ldots); \qquad \alpha_i' = b_i + \alpha_i'' \qquad\qquad (i \geqq 0),$$

so daß

$$(4) \qquad \begin{cases} \alpha = \alpha_0'; \quad \alpha = (b_0, b_1, \ldots, b_{i-1}, \alpha_i') \quad (i \geqq 1) \quad \text{und} \\[2mm] \alpha_i'' = \cfrac{1}{\alpha_{i+1}'} = \cfrac{1}{b_{i+1} + \alpha_{i+1}''} \end{cases} \qquad\qquad (i \geqq 0),$$

falls b_i nicht der letzte Teilnenner ist. Man zeigt dann leicht:

$$(5) \qquad \alpha = \frac{p_i \alpha_{i+1}' + p_{i-1}}{q_i \alpha_{i+1}' + q_{i-1}} \qquad\qquad (i \geqq 0),$$

$$(6) \qquad \alpha - \frac{p_i}{q_i} = \frac{(-1)^i}{\left(\alpha_{i+1}' + \dfrac{q_{i-1}}{q_i}\right) q_i^2} \qquad\qquad (i \geqq 0),$$

$$(7) \qquad \frac{1}{(q_{i+1} + q_i) q_i} < \alpha - \frac{p_i}{q_i} < \frac{1}{q_i q_{i+1}} \quad (i \geqq 0) \quad (x \text{ irrational}),$$

$$(8) \qquad \alpha_i'' \alpha_{i+1}'' < \frac{1}{2}, \quad \text{sogar} \quad \alpha_i'' \alpha_{i+1}'' \ldots \alpha_{i+j-1}'' < \frac{1}{u_j} \quad (i \geqq 0, \; j \geqq 1)$$

$$(\alpha \text{ irrational}),$$

wo u_j das j-te Glied der FIBONACCIschen Folge 1, 2, 3, 5, 8, 13, $\ldots$ ist;

$$(9) \qquad \begin{cases} \dfrac{1}{2} \alpha_1' \alpha_2' \ldots \alpha_i' = \dfrac{1}{2\alpha_0'' \alpha_1'' \ldots \alpha_{i-1}''} < q_i < \dfrac{1}{\alpha_0'' \alpha_1'' \ldots \alpha_{i-1}''} = \alpha_1' \alpha_2' \ldots \alpha_i' \quad (i \geqq 1) \end{cases}$$

$$(\alpha \text{ irrational}).$$

---

[2] **Siehe auch IV 5, 6.**

In (7), (8), (9) wurde α irrational angenommen, um Zeichen „ $=$ " zu vermeiden. Die Beweise von (8) und (9) findet man bei HARDY-LITTLEWOOD [1^{VIII}][3].

3. Die *Nebennäherungsbrüche* von α

$$\frac{b\,p_i + p_{i-1}}{b\,q_i + q_{i-1}} \qquad (i \geq 0,\; b = 1, 2, \ldots, b_{i+1} - 1)$$

sind in dieser Gestalt bekanntlich gekürzte Brüche. Sie bilden zusammen mit den $\frac{p_i}{q_i}$ die guten *Näherungen* von α (vergleiche das Kriterium von SMITH [2] (z. B. bei PERRON [8]); neuere Arbeiten u. a. CAHEN [3], FUKASAWA (MORIMOTO) [4, 12].):

SATZ 1. *Liegt $\frac{p}{q}$ näher an α als $\frac{p_i}{q_i}$ $(i \geq 1)$, so ist $q > q_i$.*

SATZ 2. *Liegt $\frac{p}{q}$ näher an α als $\frac{p_i}{q_i}$ $(i \geq 0)$ und an derselben Seite, so ist sogar $q > q_{i+1} > q_i$.*

SATZ 3. *Liegt $\frac{p}{q}$ näher an α als ein Nebennäherungsbruch $\frac{p'}{q'}$ von α und an derselben Seite, so ist $q > q'$.*

DEFINITION 1. *Die nach steigenden Näherungsnennern q_i angeordnete Folge der $\frac{p_i}{q_i}$ $(i = 0, 1, 2, \ldots)$ von α heiße $\mathfrak{S} = \mathfrak{S}(\alpha)$.*

Die nach steigenden Nennern angeordnete Folge sämtlicher Brüche, die entweder Näherungsbrüche oder Nebennäherungsbrüche von α sind, heiße $\mathfrak{S}^* = \mathfrak{S}^*(\alpha)$.

Die bei festem $c > 0$ nach steigenden Nennern q (und im Fall gleicher Nenner nach steigenden Zählern p) angeordnete Folge sämtlicher $\frac{p}{q}$ mit

$$(10) \qquad \left| \alpha - \frac{p}{q} \right| < \frac{1}{c\,q^2}, \qquad q \geq 1, \qquad (p, q) = 1$$

heiße $\mathfrak{S}_c = \mathfrak{S}_c(\alpha)$.

$\mathfrak{S}_c(\alpha)$ bricht offenbar dann und nur dann nicht ab, falls α die eigentliche Approximation $\frac{1}{c\,t^2}$ zuläßt.

SATZ 4. *Für jedes α ist $\mathfrak{S}$ eine Teilfolge von $\mathfrak{S}^*$ und von $\mathfrak{S}_1$ [vgl. (6)].*

SATZ 5. *Für jedes α und jedes $c \geq 1$ ist $\mathfrak{S}_c$ eine Teilfolge von $\mathfrak{S}^*$.*

SATZ 6. *Für jedes α gehören bei festem $i \geq 0$ von den zwischen $\frac{p_{i-1}}{q_{i-1}}$ und $\frac{p_{i+1}}{q_{i+1}}$ interpolierten Nebennäherungsbrüchen höchstens die beiden äußersten zu $\mathfrak{S}_1$.* (FATOU [1].)

SATZ 7. *Für jedes α ist $\mathfrak{S}_c$ für $c \geq 2$ eine Teilfolge von $\mathfrak{S}$.*

---

[3] (9) folgt sofort aus der rekurrenten Beziehung

$$q_i + \alpha_i'' q_{i-1} = (b_i + \alpha_i'')\, q_{i-1} + q_{i-2} = \frac{q_{i-1} + \alpha_{i-1}'' q_{i-2}}{\alpha_{i-1}''}$$

und (8) aus (2) und (9).

(LEGENDRE [2]; vgl. zu den Kriterien dafür, daß $\frac{p}{q}$ zu $\mathfrak{H}$ gehöre, u. a.
PERRON [8], SHIBATA [4]; siehe auch die HUMBERTschen Sätze 29 und 30
in **22** und **24**.)

SATZ 8. *Für kein irrationales θ bricht $\mathfrak{H}_2(\theta)$ ab; es gehört sogar wenig-
stens einer von je zwei konsekutiven Brüchen $\frac{p_i}{q_i}$, $\frac{p_{i+1}}{q_{i+1}}$ von $\mathfrak{H}$ zu $\mathfrak{H}_2$* (VAH-
LEN [1]).

4. Aus (6) oder (7) sieht man sofort, daß die Approximationseigenschaften einer Irrationalzahl θ weitgehend beherrscht werden durch
die Größenordnung ihrer Teilnenner b_i (oder, was auf dasselbe hinaus-
kommt, durch das Wachstum der q_i) in bezug auf i (man beachte
Satz 7). So sind es die Zahlen θ mit beschränkten Teilnennern b_i (θ mit
b.T.), die sich am schlechtesten approximieren lassen. Allgemeiner: *Aus
der Ungleichung $b_i + 1 \leqq \psi(i)$ $(i = 1, 2, \ldots; \psi(t)$ monoton-nichtab-
nehmend) folgt, daß u. a. die Funktion*

$$\varphi(t) = \frac{1}{2\,t^2\,\psi(3\log t)}$$

ein Irrationalitätsmaß für $\theta = (b_0, b_1, \ldots)$ ist (ein Beweis z. B. bei
KOKSMA [7]). Dagegen zeigt man leicht:

SATZ 9. *Zu jeder noch so scharfen Approximationsfunktion $\varphi(t)$ kann
man irrationale Kettenbrüche $\theta = (b_0, b_1, \ldots)$ angeben, die die Approximation $\varphi(t)$ zulassen.*

JARNÍK [2, 3, 4, 5] zeigt leicht feinere Sätze, wie:

SATZ 10. *Zu jedem festen $\omega > 2$ gibt es Irrationalzahlen θ, die zwar
die Approximation $\frac{1}{t^\omega}$, dagegen für kein festes $c > 1$ die Approximation
$\frac{1}{c\,t^\omega}$ zulassen.*

Auf Grund der obigen Verhältnisse bestehen verschiedene Typen-
einteilungen der Irrationalzahlen nach ihrer Fähigkeit, sich durch rationale Zahlen approximieren zu lassen (vgl. u. a. MAILLET [1], BEHNKE [3^{I}]).

Wir benutzen hier eine Typeneinteilung der reellen α, die durch
mehrere Untersuchungen, u. a. von STÖRMER, HARDY-LITTLEWOOD,
OSTROWSKI, BEHNKE, nahegelegt wird (vgl. IV **9**, **13**; IX § 2, § 3). Es
sei $E = E(\alpha)$ die obere Grenze der Zahlen $\Omega > 0$, für die α die Approximation $\frac{1}{t^\Omega}$ zuläßt. Dann ist $2 \leqq E \leqq \infty$. Sei $\eta = E - 1$.

Es ist η die obere Grenze

    aller $\omega > 0$, für die $\alpha x - y$ die Approximation $\frac{1}{t^\omega}$ zuläßt,

    aller $\omega > 0$, für die

$$\liminf_{h\,\text{ganz}\,\to\,\infty} h^\omega \,|\sin 2\pi h \alpha| = 0 \qquad \text{ist, und}$$

    aller $\omega > 0$, für die

$$\frac{(\alpha_0'' \alpha_1'' \ldots \alpha_i'')^{\omega-1}}{\alpha_{i+1}''} \to \infty \quad \text{für} \quad i \to \infty$$

ist [vgl. (9)]; das letzte gilt nur, falls α *irrational* ist; in diesem Fall gilt auch $\eta = \operatorname*{Lim\,sup}_{i \to \infty} \eta_i$, wo gesetzt wurde: $q_{i+1} = q_i^{\eta_i}$ $(i = 0, 1, 2, \ldots)$ [vgl. (7)].

Ist $\eta < \infty$, so heißt α *vom Typus I*, genauer vom Typus Iη. Ist λ die obere Grenze der $c > 0$, für die die Zahl α vom Typus Iη die Approximation $\dfrac{1}{c\,t^{\eta+1}}$ zuläßt, so ist $0 \le \lambda \le \infty$ (es ist $\lambda = 0$, falls α die Approximation $\dfrac{1}{c\,t^{\eta+1}}$ für *kein* $c > 0$ zuläßt). Wir sagen dann genauer: α ist vom Typus I$\eta\lambda$. [4]

Ist $E(\alpha) = \infty$, also α nicht vom Typus I, so sei $\bar{\eta}$ die obere Grenze der $\Omega > 0$, für die α die Approximation $e^{-t^{\Omega}}$ zuläßt. Ist $\bar{\eta} < \infty$, so heißt α vom Typus II$\bar{\eta}$. Man kann sowohl Typeneinteilung wie Untertypeneinteilung entsprechend fortsetzen. Wir werden das aber nicht benutzen.

5. DEFINITION 2. *Die Zahlen α und α' heißen äquivalent, falls*

$$\alpha' = \frac{a\alpha + b}{c\alpha + d} \qquad (a, b, c, d \ \textit{ganz rational; } ad - bc = \pm 1).$$

Äquivalente Zahlen bilden im üblichen Sinn eine Klasse.

SATZ 11. *Die Irrationalzahlen $\theta = (b_0, b_1, \ldots)$ und $\theta' = (b_0', b_1', \ldots)$ sind dann und nur dann äquivalent, falls für gewisses $i_0 \geqq 0$, $i_0' \geqq 0$ gilt:*

$$b_{i_0 + k} = b_{i_0' + k}' \qquad (k = 0, 1, 2, \ldots).$$

Äquivalente Zahlen sind also erst recht vom selben Typus (im obigen Sinne). Zum Beweise von Satz 11 vgl. man PERRON [8].

CHÂTELET [**1, 2**] betrachtet allgemeinere lineare Transformationen und zeigt, daß diese ein α vom Typus Iη in ein α' vom gleichen Typus Iη (mit demselben η) überführen.

6. Wie üblich bedeute $\theta = (b_0, b_1, \ldots, b_{i-1}, b_i, \ldots, b_{i+k})$ den *periodischen* Kettenbruch mit Periode $b_i, \ldots, b_{i+k}$ $(i \geqq 0, k \geqq 0)$. Bekanntlich gilt („nur dann" nach EULER, „dann" nach LAGRANGE):

SATZ 12. *Der Kettenbruch θ ist dann und nur dann periodisch, wenn θ eine quadratische Irrationalzahl ist.*

Es gibt mehrere Neubeweise dieses Satzes, u. a. von CHARVES und HERMITE, und verschiedene Vertiefungen, u. a. bei GALOIS; Literatur: LEGENDRE [**2**], PERRON [**5, 8**], BACHMANN [**2, 3**], ENCYKLOP. D. MATH. WISS. (Bd. I, S. 130 ff.). Siehe auch MINKOWSKI [**13**], PIPPING [**2**], ARWIN [**1, 2**] und IV **1, 2, 3**.

Weiter sei an die Kettenbrüche der Zahlen e, e^2, $e^{\frac{2}{\sigma}}$ $(\sigma \geqq 3$ ungerade) und $e^{\frac{1}{\sigma}}$ $(\sigma = 2, 3, 4, \ldots)$ erinnert; diese sind bekanntlich sog. HURWITZsche **Kettenbrüche**

$$\theta = (b_0, b_1, \ldots, b_{i-1}, \Phi_0(1), \Phi_1(1), \ldots, \Phi_{k-1}(1), \Phi_0(2), \Phi_1(2), \ldots, \Phi_{k-1}(2), \ldots),$$

---

[4] Bei der Typeneinteilung wird η statt E nur aus historischen Gründen benutzt. Nach den KHINTCHINEschen Definitionen 1 und 2 aus V 1 heißt $\omega_1 = \eta - 1 = E - 2$ der Index von α und *eigentlicher* Index, falls $\lambda < \infty$ ist.

anders geschrieben:

$$\theta = \left(b_0, b_1, \ldots, b_{i-1}, \overline{\Phi_0(\lambda), \ldots, \Phi_{k-1}(\lambda)}\right)_{\lambda=1}^{\infty} \quad (k \geqq 1, \ i \geqq 0),$$

wo $\Phi_0, \Phi_1, \ldots, \Phi_{k-1}$ Polynome in λ vom Grade $\geqq 1$ mit ganzen rationalen Koeffizienten sind, so daß die Teilnenner von einem gewissen Index an ineinander geschachtelte arithmetische Reihen höherer Ordnungen bilden (vgl. HURWITZ [**5, 10**], PERRON [**8**] und die Untersuchung dieser Kettenbrüche durch LEHMER [**1, 3, 4, 5**]).

Diese θ sind offenbar vom Typus I 1 (vergleiche die Bemerkung vor Satz 9).

§ 2. Die MARKOFF-HURWITZsche Methode. Die Funktion $M(\theta)$.

7. Nach PERRON [**7**] ordnen wir jeder Irrationalzahl θ eindeutig die obere Grenze $M(\theta)$ der $c > 0$ zu, für die θ die Approximation $\dfrac{1}{c\,t^2}$ zuläßt. $M(\theta)$ ist offenbar dann und nur dann $< \infty$, wenn θ beschränkte Teilnenner b_i hat; nach **4** ist dann θ vom Typus I 1 λ mit $\lambda = M(\theta)$. Es läßt dann für festes $\varepsilon (0 < \varepsilon < 1)$ θ die Approximation $\dfrac{1+\varepsilon}{M(\theta)\,t^2}$ zu, nicht aber die Approximation $\dfrac{1-\varepsilon}{M(\theta)\,t^2}$.

Nach Satz 8 ist $M(\theta) \geqq 2$, so daß man sich nach Satz 7 bei der Untersuchung von $M(\theta)$ auf die Approximation durch Näherungsbrüche $\dfrac{p_i}{q_i}$ von θ beschränken kann. Nach (6) gilt

$$(11) \qquad \left|\theta - \frac{p_i}{q_i}\right| = \frac{1}{\lambda_i q_i^2}; \quad \lambda_i = (b_{i+1}, b_{i+2}, \ldots) + (0, b_i, b_{i-1}, \ldots, b_1)$$
$$(i = 1, 2, \ldots),$$

so daß offenbar

$$(12) \qquad M(\theta) = \operatorname*{Lim\,sup}_{i \to \infty} \lambda_i$$

ist. Nach Satz 11 gilt darum

$$(13) \qquad M(\theta) = M(\theta'), \quad \text{wenn} \quad \theta \sim \theta' \text{ ist.}$$

$M(\theta)$ stellt also eine „reelle Modulfunktion" des irrationalen Arguments θ dar.

8. Wir wollen untersuchen, welche Werte $M(\theta)$ annehmen kann. Die hieraus entstehende Aufgabe, Lim sup λ_i für die verschiedenen Folgen $b_0, b_1, \ldots$ beschränkter natürlicher Zahlen b_i zu bestimmen, wurde in etwas anderer Gestalt schon 1878 von MARKOFF [**1**] gestellt und sehr weitgehend gelöst.

MARKOFF sucht, die Arbeit von KORKINE-ZOLOTAREFF [**2**] fortsetzend, die untere Schranke der Absolutwerte einer quadratischen indefiniten Binärform

$$Q \equiv A x^2 + 2B x y + C y^2 \qquad (A, B, C \text{ reell})$$

der Determinante $D = B^2 - AC > 0$ für ganze $x, y \neq 0$, C zu bestimmen, und zwar im nichttrivialen Fall, daß die beiden Nullstellen $\dfrac{x}{y}$ irrational sind. Es gibt immer eine *äquivalente* (d. h. durch eine unimoduläre Transformation der x und y aus Q entstehende) Form

$$Q_0 \equiv A_0 x_0^2 + 2 B_0 x_0 y_0 + C_0 y_0^2$$

mit Nullstellen $\dfrac{x_0}{y_0} = \xi_0$, $\dfrac{x_0}{y_0} = -\dfrac{1}{\eta_0}$, wo $\xi_0 > 1$, $\eta_0 > 1$. Wir setzen

$$\xi_0 = (d_1, d_2, \ldots); \quad \eta_0 = (d_0, d_{-1}, \ldots).$$

Durch die unimoduläre Transformation

$$x_0 = d_1 x_1 + y_1, \quad y_0 = x_1$$

bekommt man aus Q_0 die äquivalente Form

$$Q_1 \equiv A_1 x_1^2 + 2 B_1 x_1 y_1 + C_1 y_1^2,$$

mit Nullstellen $\xi_1 = (d_2, d_3, \ldots)$ und $-\dfrac{1}{\eta_1}$, wo $\eta_1 = (d_1, d_0, d_{-1}, \ldots)$.

Allgemein bekommt man der Reihe nach die Formen

$$Q_i \equiv A_i x_i^2 + 2 B_i x_i y_i + C_i y_i^2 \qquad (i = 0, 1, \ldots),$$

indem man in Q_{i-1} substituiert ($i \geqq 1$):

$$x_{i-1} = d_i x_i + y_i; \quad y_{i-1} = x_i.$$

Sämtliche Formen Q_i haben dieselbe Determinante D wie Q; die Differenz der Nullstellen ξ_i und $-\dfrac{1}{\eta_i}$ von Q_i ist gleich

$$\frac{2\sqrt{D}}{|A_i|} = \xi_i + \frac{1}{\eta_i} = (d_{i+1}, d_{i+2}, \ldots) + (0, d_i, d_{i-1}, \ldots) \quad (i = 0, 1, \ldots).$$

Es wird nun gezeigt, daß die gesuchte untere Schranke von $|Q|$ mit der unteren Schranke der Zahlen $|A_0|$, $|A_1|$, $\ldots$ zusammenfällt, so daß man wegen

$$|A_i| = \frac{2\sqrt{D}}{\varLambda_i}, \quad \text{wo} \quad \varLambda_i = (d_{i+1}, d_{i+2}, \ldots) + (0, d_i, d_{i-1}, \ldots),$$

nur $\operatorname*{Lim\,sup}_{i \to \infty} \varLambda_i$ zu bestimmen braucht, um die fragliche Schranke nach oben abzuschätzen.

Diese Aufgabe wurde von Markoff sehr ausführlich gelöst.

Seine Kettenbruchbetrachtungen lassen sich gesondert herausnehmen und sofort auf das im Anfang genannte Problem der Bestimmung von $\operatorname{Lim\,sup} \lambda_i$ übertragen; sie führen dann direkt zu den Approximationssätzen von Hurwitz, Perron und anderen in **9 ff.**

Bemerkung. Man vergleiche die ausführliche Darstellung des Markoffschen Beweises bei Bachmann [3], sowie die Kritik durch Heawood [1]. Leichtfaßliche Darstellung jüngeren Datums durch Dickson [3, 4]. Wir gehen auf die Theorie der Formen Q nicht weiter ein. Man vergleiche u. a. Schur [1], Frobenius [1], Humbert [3, 6] (die Arbeiten von Humbert über diesen Gegenstand sind nicht alle angeführt worden; zu seiner Methode vgl. **22, 24**) und Remak [4, 5] (siehe auch Fujiwara [5, 7]). Weitere Literatur bei Dickson [1].

Zusammenfassende Darstellungen von Sätzen der folgenden Nummern (außer Dickson [1], Bachmann [3]) auch bei Heath [1], Koksma [8].

9. Es bedeute θ eine Irrationalzahl. *Der Fall $M(\theta) < 3$ kann nur eintreten, wenn $b_i = 1$ oder 2 für $i \geq i_0(\theta)$ ist.* Wegen (13) können wir $i_0 = 0$ annehmen. Wir unterscheiden:

FALL 1. $\theta \sim (\bar{2}) = 1 + \sqrt{2}$. Wegen (11) ist dann $\lambda_i \to \sqrt{8}$ und $\lambda_i > \sqrt{8}$ für unendlich viele i.

FALL 2. θ nicht $\sim (\bar{2})$, aber $b_{i+1} = 2$ für unendlich viele i. Für diese i ist

$$\lambda_i = (2, 1, \ldots) + (0, \ldots) > (2, 2) + (0, 3) = \tfrac{17}{6} > \sqrt{8}.$$

FALL 3. $\theta \sim (\bar{1}) = \dfrac{1 + \sqrt{5}}{2}$. Dann ist $\lambda_i \to \sqrt{5}$, $\lambda_i > \sqrt{5}$ für unendlich viele i.

Also folgt (HURWITZ [4]; 1891):

SATZ 13a. *Jedes θ läßt die Approximation $\dfrac{1}{\sqrt{5}\, t^2}$ zu (stets ist $M(\theta) \geq \sqrt{5}$).*

SATZ 13b. *Für $\theta \sim \dfrac{1 + \sqrt{5}}{2}$ ist $M(\theta) = \sqrt{5}$.*

SATZ 13c. *Ist θ nicht $\sim \dfrac{1 + \sqrt{5}}{2}$, so läßt θ die Approximation $\dfrac{1}{\sqrt{8}\, t^2}$ zu.*

SATZ 13d. *Für $\theta \sim 1 + \sqrt{2}$ ist $M(\theta) = \sqrt{8}$.*

Auf ähnliche Weise zeigt PERRON [7^1]:

SATZ 14. *Tritt in der Folge der Teilnenner $b_0, b_1, \ldots$ der Irrationalzahl θ unendlich oft das Teilstück $b', b'', \ldots, b^{(2k-1)}$ ($k \geq 1$) auf, so ist $M(\theta) \geq \omega + \dfrac{1}{\omega}$, wo*

$$\omega = \mathrm{Max}\{(\overline{b', b'', \ldots, b^{(2k-1)}}),\ (\overline{b^{(2k-1)}, b^{(2k-2)}, \ldots, b'})\}.$$

BEMERKUNG. Es gibt mehrere Neubeweise des Satzes 13a, die meistens sogar zu Verallgemeinerungen führen (siehe § 3). Einfache Neubeweise aus letzter Zeit bei PERRON [10], KHINTCHINE [15].

10. Nach der MARKOFFschen Methode kann man die oben angefangenen Fallunterscheidungen fortsetzen. Komplizierte Betrachtungen liefern dann als *notwendige* Bedingung, damit $M(\theta) < 3$ ist, daß θ äquivalent einer quadratischen Irrationalzahl θ' vom Typus

$$(14) \qquad \theta' = (\overline{\sigma_0, \sigma_0, \sigma_1, \sigma_1, \ldots, \sigma_s, \sigma_s})$$

$(s \geq 0;\ \sigma_i = 1, 2;\ i = 0, 1, \ldots, s,$ und falls $s \geq 1$: $\sigma_0 = 2,\ \sigma_s = 1)$ sei; dabei muß die *Markoffsche Periode*

$$\sigma_0, \sigma_0, \sigma_1, \sigma_1, \ldots, \sigma_s, \sigma_s$$

verschiedenen Bedingungen genügen: die Folge $\sigma_1, \sigma_1, \ldots, \sigma_{s-1}, \sigma_{s-1}$ ist identisch der umgekehrten Folge $(s \geq 2)$; die Anzahl der Paare $1, 1$ zwischen je zwei Paaren $2, 2$ unterliegt einschränkenden Gesetzen usw.

Umgekehrt kann man dann zeigen, (vgl. dazu außer MARKOFF und BACHMANN auch HURWITZ [12], FROBENIUS [1], SHIBATA [2], FUJIWARA [10] und 16), daß jede derartige Zahl (14) der Gleichung

$$M(\theta') = \sqrt{9 - \frac{4}{u^2}} \qquad (\text{d. h.} \quad M(\theta') < 3)$$

genügt, wo u den Nenner des endlichen Kettenbruchs

$$(\sigma_0,\ \sigma_s,\ \sigma_s,\ \sigma_1,\ \sigma_1,\ \ldots,\ \sigma_{s-1},\ \sigma_{s-1},\ \sigma_0)$$

darstellt. Die Folge aller solchen u ist genau identisch mit der Folge derjenigen natürlichen Zahlen u, zu denen zwei natürliche Zahlen v, w mit

$$(15) \qquad\qquad u^2 + v^2 + w^2 = 3\,uvw$$

gefunden werden können. Diese Folge der MARKOFFschen Zahlen

$$u = 1,\ 2,\ 5,\ 13,\ 29,\ 34,\ 89,\ 169,\ 194,\ 233,\ 433,\ \ldots$$

ist beliebig weit fortsetzbar (vgl. MARKOFF [1], HURWITZ [12], FROBENIUS [1]).

Zusammenfassend hat man (Formulierung von PERRON [7^{II}]; Teilergebnisse u. a. bei SHIBATA [1], FUKASAWA (MORIMOTO) [2]) die folgende Verallgemeinerung des Satzes 13:

SATZ 15. *$M(\theta)$ nimmt abzählbar unendlich viele Werte < 3 an, mit dem einzigen Häufungswert 3. Diese Werte sind gleich $\dfrac{\sqrt{9u^2-4}}{u}$, d. h. gleich $\sqrt{5},\ \sqrt{8},\ \dfrac{\sqrt{221}}{5},\ \dfrac{\sqrt{1517}}{13},\ \dfrac{\sqrt{7565}}{29},\ \ldots,$ wo u die Folge der MARKOFFschen Zahlen durchläuft. Die Menge der θ mit $M(\theta)=\dfrac{\sqrt{9u^2-4}}{u}$ ist identisch mit der Menge der zu den Zahlen*

$$\theta' = \frac{1}{2u}\left(\sqrt{9u^2-4} + u + \frac{2v}{w}\right)$$

äquivalenten Zahlen; dabei erfüllen v und w mit u die Bedingung (15).

FOLGERUNG: Ist θ nicht-quadratisch, so ist $M(\theta) \geqq 3$.

11. Wir betrachten jetzt den *Fall $M(\theta) = 3$*. Man zeigt mit (11) und (12) leicht (PERRON [7^I]), daß die Zahlen θ äquivalent zu

$$(16) \quad
\begin{cases}
\theta' = (2, 2, \underbrace{1, 1, \ldots, 1}_{m_1}, 2, 2, \underbrace{1, 1, \ldots, 1}_{m_2}, 2, 2, \underbrace{1, 1, \ldots, 1}_{m_3}, 2, 2, 1, 1, \ldots) \\[2mm]
\qquad\qquad (m_1 < m_2 < m_3 < \cdots)
\end{cases}$$

der Gleichung $M(\theta) = 3$ genügen und die Approximation $\dfrac{1}{3\,i^2}$ zulassen. Weil die θ' mit (16) eine Menge kontinuierlicher Mächtigkeit bilden, gibt es sogar *transzendente Zahlen θ* mit $M(\theta) = 3$. Teilergebnisse bei GRACE [1, 2], KUROSU [1]. HEAWOOD [1] zeigt unabhängig dasselbe und mehr. Es fragt sich nämlich wegen Satz 15, ob es *nicht-quadratische θ* gibt, welche die Approximation $\dfrac{1}{3\,i^2}$ *nicht* zulassen. In komplizierter Weise gelingt ihm die Konstruktion nicht-periodischer Kettenbrüche $\theta = (b_0, b_1, \ldots)$ mit $b_i = 1, 2$, für die zwar $\operatorname{Lim\,sup} \lambda_i = 3$, aber von einem gewissen Index i_0 ab stets $\lambda_i < 3$ ist; hiermit ist die Frage *bejahend* beantwortet.

12. *Der Fall* $M(\theta) > 3$. Wir definieren nach SHIBATA [3]:

DEFINITION 3. *Es bedeute* $\mathfrak{M}(N)$ *bei ganzem* $N \geq 1$ *die Menge der Irrationalzahlen* $\theta = (b_0, b_1, \ldots)$, *zu denen es ein* $i_0 = i_0(\theta)$ *gibt, so daß* $1 \leq b_i \leq N$ *für* $i \geq i_0$.

Offenbar ist $\mathfrak{M}(1) \subset \mathfrak{M}(2) \subset \cdots$ und gilt wegen (11) und (12):

SATZ 16. *Gehört* θ *zu* $\mathfrak{M}(N)$, *so ist* $M(\theta) \leq M((\overline{N, 1})) = \sqrt{N^2 + 4N}$.

Aus dem PERRONschen Satz 14 folgt sofort:

SATZ 17. *Gehört* θ *zu* $\mathfrak{M}(N)$, *aber nicht zu* $\mathfrak{M}(N-1)$, *so ist*

$$M(\theta) \geq M((\overline{N})) = \sqrt{N^2 + 4} \qquad (N \geq 1).$$

Für die θ von $\mathfrak{M}(2)$ ist also $M(\theta) \leq \sqrt{12} = 2\sqrt{3}$; für diejenigen θ von $\mathfrak{M}(3)$, die nicht zu $\mathfrak{M}(2)$ gehören, gilt: $\sqrt{13} \leq M(\theta) \leq \sqrt{21}$. $M(\theta)$ nimmt also zwischen $\sqrt{12}$ und $\sqrt{13}$ keine Werte an.

PERRON [7] zeigt weiter, daß die θ mit $M(\theta) = \sqrt{12}$ eine Menge kontinuierlicher Mächtigkeit bilden; dagegen genügen der Gleichung $M(\theta) = \sqrt{13}$ die $\theta \sim (\overline{3})$ und *nur* diese. Schließt man von den Irrationalzahlen θ die θ von $\mathfrak{M}(2)$ und die $\theta \sim (\overline{3})$ aus, so genügen alle andern der Ungleichung $M(\theta) \geq \dfrac{9\sqrt{3} + 65}{22} = 3,6631 \ldots = k$. Das offene Intervall $(\sqrt{13}, k)$ enthält also keine Werte von $M(\theta)$. Dagegen hat die Menge der θ mit $M(\theta) = k$ kontinuierliche Mächtigkeit, während außerdem unendlich viele $M(\theta)$-Werte sich von rechts gegen k verdichten.

SHIBATA [3] hat diese Untersuchungen für die θ von $\mathfrak{M}(N)$ $(N \geq 3)$ systematisch fortgesetzt. Dabei treten viele komplizierte Fallunterscheidungen auf.

§ 3. Die BORELsche Methode. Verallgemeinerungen des HURWITZschen Satzes. Die Aufgabe A2.

13. BOREL [6, 8, 10] ordnet jedem Bruch $\dfrac{u}{v}$ (u, v ganz, $v \geq 1$) *das* (offene) *kanonische* Intervall

$$J\left(\frac{u}{v}\right): \qquad \left(\frac{u}{v} - \frac{1}{v^2\sqrt{5}}, \; \frac{u}{v} + \frac{1}{v^2\sqrt{5}}\right)$$

zu und jedem Paar $\dfrac{u_1}{v_1}, \dfrac{u_2}{v_2}$ solcher Brüche die eindeutig bestimmte Zahl $\varkappa$ mit der Eigenschaft

$$\left|\frac{u_1}{v_1} - \frac{u_2}{v_2}\right| = \varkappa\left(\frac{1}{v_1^2} + \frac{1}{v_2^2}\right).$$

$\varkappa$ heißt der „*écart*" der Brüche $\dfrac{u_1}{v_1}$ und $\dfrac{u_2}{v_2}$. Die Intervalle $J\left(\dfrac{u_1}{v_1}\right)$ und $J\left(\dfrac{u_2}{v_2}\right)$ haben offenbar dann und nur dann einen Punkt gemein, wenn $\varkappa < \dfrac{1}{\sqrt{5}}$; die Brüche $\dfrac{u_1}{v_1}$, $\dfrac{u_2}{v_2}$ heißen dann „*adjacents*" (benachbart). Sind $\dfrac{p_{i-1}}{q_{i-1}}$, $\dfrac{p_i}{q_i}$ ($i \geq 1$) zwei konsekutive Näherungsbrüche einer gegebenen Irrationalzahl θ, ist $\varkappa_i$ ihr écart, so ist $\dfrac{1}{\varkappa_i} = \dfrac{q_i}{q_{i-1}} + \dfrac{q_{i-1}}{q_i}$. Aus der Annahme

$\dfrac{q_i}{q_{i-1}} + \dfrac{q_{i-1}}{q_i} \leqq \sqrt{5}$ folgert BOREL unschwer $\dfrac{q_{i+1}}{q_i} + \dfrac{q_i}{q_{i+1}} > \sqrt{5}$. Also:

von je drei konsekutiven Näherungsbrüchen $\dfrac{p_{i-1}}{q_{i-1}}, \dfrac{p_i}{q_i}, \dfrac{p_{i+1}}{q_{i+1}}$ sind wenigstens zwei konsekutive benachbart. Nach (6) liegt θ zwischen diesen Brüchen; deshalb:

SATZ 18. *Von je drei konsekutiven Brüchen von* $\mathfrak{H}(\theta)$ *gehört bei beliebigem irrationalen* θ *wenigstens einer zu* $\mathfrak{H}_{\sqrt{5}}(\theta)$ *(vgl. Sätze 8, 13a).*

14. BOREL nennt ein endliches System echter Brüche $\dfrac{s}{r}$ (s, r ganz; $0 \leqq s < r$) „*complet*" (vollständig), wenn die kanonischen Intervalle $J\!\left(\dfrac{s}{r}\right)$ das Einheitsintervall überdecken. Durch mengentheoretische Überlegungen wird geschlossen, daß für jedes Paar von Zahlen $A > 10$ und $B > 15\,A^2$ die Menge der positiven echten $\dfrac{s}{r}$ mit $A \leqq r \leqq B$ ein vollständiges System bildet. D. h. es gilt

SATZ 19. *Zu jedem* α, *jedem* $A > 10$ *und jedem* $B > 15\,A^2$ *gibt es ein* $\dfrac{u}{v}$ *mit* $A \leqq v \leqq B$, $\left|\alpha - \dfrac{u}{v}\right| < \dfrac{1}{\sqrt{5}\cdot v^2}$.

DENJOY [1] hat die Theorie der vollständigen Systeme verallgemeinert und eingehend untersucht. Überdies zeigt er Satz 19 von neuem durch direkte Benutzung des Satzes 18 (elementare Fallunterscheidungen) und sogar in einer verschärften Gestalt. Das DENJOYsche Ergebnis ist der Spezialfall $c = \tfrac{1}{2}\sqrt{5}$ des neueren VAN DER CORPUTschen Satzes:

SATZ 20. *Sei*

$$0 < 2c \leqq \sqrt{5}, \quad A > \dfrac{1}{c} \ \text{und ganz}, \ B_1 = \left[cA^2 + A\sqrt{c^2A^2 - 1}\right] + 1.$$

BEHAUPTUNG 1. *Ist* $c > 1$, $2B_1(B_1 - 1) \geqq \dfrac{1}{c-1}$, *so gibt es zu jedem* α *ein* $\dfrac{u}{v}$ *mit*

$$A \leqq v \leqq 2B_1 - 1, \quad \left|\alpha - \dfrac{u}{v}\right| < \dfrac{1}{2cv^2},$$

aber es gibt ein α, *zu dem kein einziges* $\dfrac{u}{v}$ *existiert mit*

$$A \leqq v \leqq 2B_1 - 2, \quad \left|\overline{\alpha} - \dfrac{u}{v}\right| < \dfrac{1}{2cv^2}.$$

BEHAUPTUNG 2. *Gelten die Ungleichungen* $c > 1$, $2B_1(B_1 - 1) \geqq \dfrac{1}{c-1}$ *nicht gleichzeitig, so gibt es zu jedem* α *ein* $\dfrac{u}{v}$ *mit*

$$A \leqq v \leqq B_1, \quad \left|\alpha - \dfrac{u}{v}\right| < \dfrac{1}{2cv^2},$$

aber es gibt ein $\bar{\alpha}$, zu dem kein einziges $\dfrac{u}{v}$ existiert mit

$$A \leqq v \leqq B_1 - 1, \qquad \left| \bar{\alpha} - \frac{u}{v} \right| < \frac{1}{2cv^2}.$$

BEMERKUNG 1. Teilergebnis für $c = \frac{1}{2}$ schon bei FATOU [1].

BEMERKUNG 2. VAN DER CORPUT [4] benutzt keine Kettenbrüche; er stützt sich auf die Eigenschaften der FAREY-Brüche. Die FAREY-Reihe n-ter Ordnung ist die nach steigendem Wert angeordnete Folge aller gekürzten Brüche $\geqq 0$ mit Nenner $\leqq n$. Sie hat verschiedene wichtige Eigenschaften, die z. B. schon von HURWITZ [7], VAHLEN [1] für die Approximationstheorie ausgenutzt wurden. Durch die Arbeit von FRANEL [4] wurde die Theorie der FAREY-Brüche von großer Bedeutung für die analytische Zahlentheorie. Vergleiche auch LANDAU [3, 5^{I}].

15. PERRON [5, 8] gibt von Satz 18 einen besonders kurzen elementaren Beweis (worin sich der BORELsche Grundgedanke wiedererkennen läßt), indem er in wenigen Zeilen aus (6) und aus der Annahme

$$\alpha'_{i+1} + \frac{q_{i-1}}{q_i} \leqq \sqrt{5} \qquad (i = l - 1, l, l + 1; l \geqq 1)$$

auf einen Widerspruch schließt. Durch eine kleine Modifikation zeigen HUMBERT [7] und FUJIWARA [2] mit dieser Methode den folgenden Satz 21 und zeigt FUJIWARA [3] den Satz 8 und den folgenden Satz 22.

SATZ 21. *Ist bei sonst beliebigem θ für gewisses $i \geqq 1$: $b_{i+1} \geqq 2$, so gehört wenigstens einer der Brüche* $\dfrac{p_{i-1}}{q_{i-1}}, \dfrac{p_i}{q_i}, \dfrac{p_{i+1}}{q_{i+1}}$ *zu* $\mathfrak{H}_{\sqrt{8}}(\theta)$.

SATZ 22. *Ist bei sonst beliebigem θ für gewisses $i \geqq 1$: $b_{i+1} \geqq 2$, so gehört von den drei Brüchen* $\dfrac{p_{i-1}}{q_{i-1}}, \dfrac{p_i}{q_i}, \dfrac{p_{i+1}}{q_{i+1}}$ *entweder* $\dfrac{p_i}{q_i}$ *oder das Paar* $\dfrac{p_{i-1}}{q_{i-1}}, \dfrac{p_{i+1}}{q_{i+1}}$ *zu* $\mathfrak{H}_{\frac{5}{2}}(\theta)$. $\left(\text{Man beachte } \sqrt{5} < \dfrac{5}{2} < \sqrt{8}.\right)$

BEMERKUNG. KUROSU [1] beweist die Sätze 8, 21, 22 von neuem mit der in diesem Paragraphen genannten BORELschen Methode. FUKASAWA (MORIMOTO) [2] beweist von neuem die Sätze 8, 18, 21, 22 mit der KLEINschen geometrischen Darstellung des Kettenbruchs (vgl. **19**) und er zeigt noch eine Verschärfung eines ähnlichen Satzes von FUJIWARA [8, 9]. Als Anwendung einer HUMBERTschen geometrischen Methode (vgl. **24**) zeigen FORD [2] bzw. MORIMOTO [12] Satz 18, bzw. die Sätze 18 und 21.

16. Wie aus Arbeiten von SHIBATA [2], FUJIWARA [10], FUKASAWA (MORIMOTO) [2] hervorgeht, stehen die Sätze 18, 21, 22 nicht vereinzelt da, sondern man kann allgemeinere Ergebnisse finden, die als Vertiefung von Satz 15 zu betrachten sind.

Nach FUJIWARA [10] kann man das folgendermaßen einsehen (es erhellt dadurch zugleich die Beziehung zwischen MARKOFFschen Zahlen und Kettenbrüchen). Es seien $\dfrac{p_i}{q_i}$ die Näherungsbrüche der Irrationalzahl $\theta = (b_0, b_1, \ldots)$, und λ_i sei für $i \geqq 1$ durch (11) definiert. Es seien l, m, n ganz und $\geqq 1$, es sei $l - m > 1$ und ungerade, $m - n > 1$ und ungerade. Dann folgt wegen (6), daß der Nenner $q_{n, m} = |p_m q_n - p_n q_m|$ des Bruches

3*

$\dfrac{p_{n,m}}{q_{n,m}} = (b_{n+1}, b_{n+2}, \ldots, b_m)$ gleich

$$(17) \qquad q_{n,m} = \frac{q_m}{q_n} \frac{1}{\lambda_n} + \frac{q_n}{q_m} \frac{1}{\lambda_m}$$

ist. Aus (17) und den analogen Ausdrücken für $q_{n,l}$ und $q_{m,l}$ folgert FUJIWARA durch elementare Rechnung:

$$(18) \qquad \mathrm{Min}\left(\frac{1}{\lambda_n}, \frac{1}{\lambda_m}, \frac{1}{\lambda_l}\right) < \left\{3\frac{q_{n,m}^2 + q_{n,l}^2 + q_{m,l}^2}{q_{n,m} \cdot q_{n,l} \cdot q_{m,l}} - \frac{4}{q_{n,l}^2}\right\}^{-\frac{1}{2}}.$$

Falls nun θ äquivalent einer Zahl (14) mit MARKOFFscher Periode ist, entnimmt man nach FUJIWARA [10], oder allgemeiner nach SHIBATA [2] dem klassischen MARKOFFschen Beweis (vgl. 10) eine Methode, um ein Tripel (n, m, l) mit $n \geqq 1$, $m - n > 1$ ungerade, $l - m > 1$ ungerade, $q_{n,m}^2 + q_{n,l}^2 + q_{m,l}^2 = 3 q_{n,m} q_{n,l} q_{m,l}$ zu finden. Wegen der Periodizität des Kettenbruchs gibt es also unendlich viele solche Tripel, und zwar mit demselben $q_{n,l} = u$. Wegen (18) gilt für jedes dieser Tripel (n, m, l)

$$\mathrm{Max}\,(\lambda_n, \lambda_m, \lambda_l) > \frac{\sqrt{9u^2 - 4}}{u},$$

also wegen (11):

Wenigstens einer der Brücke $\dfrac{p_n}{q_n}, \dfrac{p_m}{q_m}, \dfrac{p_l}{q_l}$ *gehört zu* $\mathfrak{S}_{\frac{\sqrt{9u^2-4}}{u}}(\theta).$

17. Die Sätze 19 und 20 geben eine Lösung der Aufgabe A 2 aus I 5. Eine andere Lösung folgert **man** leicht aus I Satz 1 mit $m = n = 1$, $t = r$.

SATZ 23. *Zu jedem reellen α und jedem ganzen $r > 1$ gibt es wenigstens einen irreduziblen Bruch* $\dfrac{p}{q}$ *mit*

$$1 \leqq q \leqq r; \qquad \left|\alpha - \frac{p}{q}\right| < \frac{1}{rq}.$$

BEMERKUNG 1. SIERPIŃSKI [8] zeigt, daß es *höchstens zwei solche* Brüche $\dfrac{p}{q}$ gibt.

BEMERKUNG 2. FATOU [1] gibt Schranken für die Anzahl $A(r)$ der Brüche $\dfrac{y}{x}$ mit

$$1 \leq x \leq r; \qquad \left|\alpha - \frac{y}{x}\right| < \frac{1}{x^2}.$$

Man leitet Satz 23 auch sehr leicht mittels der FAREY-Reihe her. Vergleiche z. B. HURWITZ [7], LANDAU [5¹]. Weiter folgt Satz 23 sofort aus II Satz 5; *man kann dann sogar die Bedingung, daß r ganz sei, fallen lassen*.

Es fragt sich, ob man in Satz 23 nicht das Intervall $1 \leqq q \leqq r$ durch ein bedeutend kleineres, z. B. $1 \leqq q \leqq \lceil\sqrt{r}\rceil$ ersetzen darf. KHINTCHINE [10] (und später nochmals MORIMOTO [3III]; vgl. auch MORIMOTO [9]) zeigen, daß das nicht geht. Vielmehr gilt:

SATZ 24. *Zu jedem irrationalen θ gibt es unendlich viele ganze $r > 1$ derart, daß für kein Paar x, y simultan gilt:*

$$(19) \qquad 1 \leq x \leqq \frac{r}{2}; \qquad \left|\theta - \frac{y}{x}\right| < \frac{1}{rx}.$$

BEWEIS. Seien q_i, q_{i+1} zwei konsekutive Näherungsnenner von θ, und sei $r = q_i + q_{i+1}$ $(i = 1, 2, \ldots)$. Gilt (19) bei diesem r mit $(x, y) = 1$, $x \neq 0$, so ist

$$\left| \theta - \frac{y}{x} \right| < \frac{1}{2x^2} ,$$

so daß wegen Satz 7 gilt: $\dfrac{y}{x} = \dfrac{p_l}{q_l}$ $\left(0 \leq l \leq i \text{ wegen } x \leq \dfrac{r}{2} < q_{i+1} \right)$.
(7) lehrt dann die mit (19) im Widerspruch stehende Ungleichung

$$\left| \theta - \frac{y}{x} \right| = \left| \theta - \frac{p_l}{q_l} \right| \geqq \frac{1}{(q_i + q_{i+1}) q_l} \geqq \frac{1}{(q_i + q_{i+1}) x} = \frac{1}{r x} .$$

MORIMOTO [8] hat diese Sätze sehr vertieft. Für $t > 0$ werde gesetzt:

$$\Phi_\alpha(t) = \operatorname*{Min}_{\substack{0 < x \leqq t \\ x \text{ ganz, } y \text{ ganz}}} |t(\alpha x - y)|; \quad I_\alpha = \operatorname*{Lim\,inf}_{t \to \infty} \Phi_\alpha(t); \quad S_\alpha = \operatorname*{Lim\,sup}_{t \to \infty} \Phi_\alpha(t).$$

Dann besagt Satz 23 mit Satz 24, daß

$$\tfrac{1}{2} \leqq S_\alpha \leqq 1 \qquad \textit{für jedes irrationale } \alpha.$$

Aber MORIMOTO [8] zeigt überdies:

SATZ 25. *Für jedes irrationale α gilt*

$$\frac{1 + I_\alpha}{2} \leqq S_\alpha \leqq \frac{1 + \sqrt{1 - 4 I_\alpha^2}}{2} .$$

Hierin ist der HURWITZsche Satz 13a enthalten, denn es folgt aus diesen Ungleichungen sofort

$$I_\alpha \leqq \frac{1}{\sqrt{5}} \qquad \textit{für jedes irrationale } \alpha.$$

BEMERKUNG. Die Aufgabe, die Limites von $\Phi_\alpha(t)$ zu untersuchen, wurde von HARDY-LITTLEWOOD [1^{III}] gestellt (vgl. VI 8, wo Näheres über die Methode MORIMOTOS). — Vgl. zu den Problemen der §§ 4, 5 auch SKOLEM [4].

§ 4. Die Folgen $\mathfrak{F}_c$ und Verwandtes. Geometrische Methoden.

18. Sind $\dfrac{p}{q}$ und $\dfrac{p'}{q'}$ zwei konsekutive Brüche der Folge $\mathfrak{F}(\theta)$, so ist nach (2) bei beliebigem irrationalen θ die Determinante $p'q - pq' = \pm 1$. Gilt Ähnliches für die Folgen $\mathfrak{F}_c$?

GRACE [1, 2] zeigt mit elementaren Kettenbruchbeziehungen in einigen Fallunterscheidungen:

SATZ 26. *Ist θ eine beliebige Irrationalzahl, c eine beliebige reelle Zahl mit $\dfrac{3}{2} \leqq c \leqq 2$, so haben je zwei konsekutive Brüche $\dfrac{p}{q}$, $\dfrac{p'}{q'}$ der Folge $\mathfrak{F}_c(\theta)$ die Determinante $p'q - pq' = \pm 1$.*

SATZ 27. *Man darf nicht für jedes θ im vorigen Satz $\tfrac{3}{2}$ durch eine kleinere oder 2 durch eine größere Schranke ersetzen.*

Längst bekannter Spezialfall: $c = 2$ (MINKOWSKI; vgl. **20**); vergleiche zu $c = \sqrt{3}$ ein verwandtes HERMITEsches Ergebnis in **21**.

19. STEPHEN SMITH [2] deutet eine einfache geometrische Darstellung des Kettenbruchs an, bei der er die rationalen Brüche $\frac{u}{v}$ (u und v ganz, $v > 0$) auf die Gitterpunkte (u, v) der oberen Halbebene abbildet und die anzunähernde Zahl $\alpha > 0$ durch die Halbgerade $g(\alpha)$: $u = \alpha v$ ($v \geq 0$) versinnlicht. Einen ähnlichen Gedanken findet man bei POINCARÉ [1, 2], der durch geschickte Konstruktion von Parallelogrammen eine Folge von Gitterpunkten auffindet, die dieser Halbgeraden nahe liegen. Eng den SMITH-POINCARÉschen Ansätzen verwandt ist die von KLEIN [1, 2, 3] systematisch entwickelte (und zum Aufbau der Theorie der quadratischen Binärformen benutzte) geometrische Darstellung. Es teilt $g(\alpha)$ die obere Halbebene in zwei Teile; in jedem Teil wird der in (0,1) bzw. (1,0) anfangende, nach $g(\alpha)$ hin konvexe Polygonzug gebildet, der solche Gitterpunkte als Eckpunkte hat, daß zwischen den beiden Zügen (zusammen „Umrißpolygon" $\mathfrak{z}$ von α genannt) keine weiteren Gitterpunkte vorhanden sind. Die Eckpunkte von $\mathfrak{z}$ stellen die Näherungsbrüche von α, eventuelle Gitterpunkte auf den Kanten von $\mathfrak{z}$ die Nebennäherungsbrüche von α dar. Die ganze Kettenbruchtheorie kann aus dieser Figur hergeleitet werden.

BEMERKUNG 1. Eine kleine Bemerkung zur Figur von KLEIN [2] gibt HUSQUIN DE RHÉVILLE [1].

BEMERKUNG 2. Ziemlich ausführliche Ausarbeitung der in dieser Nummer genannten Grundideen noch bei RYCHLÍK [1], BRUN [2] (vgl. auch BRUN [1] und IV 2). Vergleiche weiter BACHMANN [3], KEMPNER [4].

BEMERKUNG 3. FUKASAWA (MORIMOTO) [4] bzw. [2] zeigt mit Hilfe der KLEINschen Figur den SMITHschen Satz über die besten Näherungen, bzw. die Sätze 8, 18, 21, 22.

20. Etwas allgemeinerer Natur sind die MINKOWSKISchen zahlengeometrischen Untersuchungen der Kettenbrüche, die teilweise zu gleicher Zeit wie die KLEINschen Untersuchungen veröffentlicht wurden. Es sind hauptsächlich zwei Methoden zu nennen; beidemal werden die in II entwickelten MINKOWSKISchen Grundprinzipien auf die Theorie des Formenpaars

$$(20) \quad \xi = \alpha x + \beta y; \quad \eta = \gamma x + \delta y \quad (\alpha, \beta, \gamma, \delta \text{ reell}; \ \alpha \delta - \beta \gamma = \pm 1)$$

angewandt. Ausführliche Darstellung des folgenden auch bei BACHMANN [3].

(A). Eingehende Betrachtung der Gitterpunkte in Parallelogrammen mit den Begrenzungen

$$\xi = \pm \varkappa, \quad \eta = \pm \lambda \quad (\varkappa, \lambda \text{ positive Parameter})$$

liefert MINKOWSKI [1] eine Reihe von Sätzen, aus denen er durch die Spezialisierung: $\alpha = \theta$, $\beta = -1$, $\gamma = 1$, $\delta = 0$ u. a. mehrere Sätze über die gewöhnliche Kettenbruchentwicklung einer Irrationalzahl θ folgert.

(B). Zur Untersuchung der Ungleichungen

$$(21) \quad |\xi \eta| < \tfrac{1}{2} \quad \text{bzw.} \quad |\xi \eta| \leq \tfrac{1}{2}$$

benutzt MINKOWSKI [2, 9] den folgenden Ansatz. Er faßt (20) als Transformation der Parallelkoordinaten x, y zu den Orthogonalkoordinaten ξ, η in ein und derselben Ebene mit Beibehaltung des Ursprungs O auf. Die Gleichungen $\xi\eta = \pm\frac{1}{2}$ stellen in der (ξ, η)-Ebene ein Paar orthogonaler Hyperbeln dar. Jedes Tangentenparallelogramm $\mathfrak{p}$ dieses Hyperbelpaars mit Mittelpunkt O und *Diagonalen längs der ξ- und η-Achse* hat den Flächeninhalt 4, enthält also nach II Satz 1 Gitterpunkte $(x, y) \neq (0, 0)$; diese Gitterpunkte genügen (21). Durch stetige Änderung von $\mathfrak{p}$ gelingt es MINKOWSKI, die Kette aller Lösungen von (21) in ganzen teilerfremden x, y aufzustellen. Er bekommt im oben genannten Spezialfalle genau die Folge $\mathfrak{H}_2(\theta)$ und zeigt u. a. Satz 26 mit $c = 2$, sowie:

SATZ 28. *$\mathfrak{H}_2(\theta)$ ist für jedes irrationale θ identisch mit der Folge der Näherungsbrüche derjenigen Kettenbruchentwicklung von θ, die unter allen Entwicklungen der Gestalt*

$$\theta = b_0 + \frac{a_1|}{|b_1} + \frac{a_2|}{|b_2} + \cdots + \cdots$$

$$(a_\nu = \pm 1,\ b_\nu\ \text{ganz} \geqq 1,\ \nu = 1, 2, \ldots;\ b_0\ \text{ganz})\,[5]$$

am besten konvergiert.

Weil $\xi = 0, \eta = 0$ bei dieser Untersuchung die Diagonalen des Parallelogramms $\mathfrak{p}$ ausmachen, wird dieser Kettenbruch von MINKOWSKI „*Diagonalkettenbruch*" genannt, im Gegensatz zu dem regelmäßigen Kettenbruch, der nach dem Verfahren in (A) den Namen „*Parallelkettenbruch*" bekommt. MINKOWSKI leitet rekurrente Beziehungen zwischen den Näherungsbrüchen des Diagonalkettenbruchs, Periodizitätssätze, usw. her, sowie eine Methode, um $\mathfrak{H}_2$ aus $\mathfrak{H}$ herzuleiten. In der Tatsache, daß die Näherungsbrüche des Diagonalkettenbruchs von vornherein durch die einfache Bedingung, gekürzt zu sein und die Approximation $\dfrac{1}{2\,t^2}$ zu realisieren, vollständig charakterisiert sind, erblickt MINKOWSKI ein bisher fehlendes Analogon zu einem Kettenbruchsatz aus der Funktionenlehre. Neuere Untersuchung der Diagonalkettenbrüche durch PIPPING [5]. Vergleiche zum obigen auch BACHMANN [3] und PERRON [8], der die Theorie der Diagonalkettenbrüche ohne Benutzung der Geometrie von den regelmäßigen Kettenbrüchen aus entwickelt.

---

[5] Zu den Kettenbrüchen dieser Gestalt gehören bekanntlich die sog. *halbregelmäßigen* Kettenbrüche und zu diesen u. a. die Kettenbrüche „*nach nächsten Ganzen*", wo die Folge $\mathfrak{H}_2(\theta)$ eine Rolle spielt. Näheres bei HURWITZ [3], VAHLEN [1], TIETZE [3, 4], AURIC [1], PERRON [8]. Vgl. auch McKINNEY [1].

Wir gehen auf die Bedeutung der Worte: „am besten konvergiert" nicht ein, betonen nur die Tatsache, daß *überhaupt* eine solche Kettenbruchentwicklung von θ existiert, deren Näherungsbrüche mit den Brüchen von $\mathfrak{H}_2(\theta)$ zusammenfallen.

21. Mit einer bemerkenswerten Methode zeigt HERMITE [3, 4] 1851, daß jedes irrationale θ die Approximation $\dfrac{1}{\sqrt{3}\,t^2}$ zuläßt (später durch HURWITZ mit Satz 13a überholt). Er zeigt zunächst den bekannten Satz (vgl. auch II **17**, **18**), daß eine positiv-definite quadratische Binärform $\Phi(u,v)$ mit reellen Koeffizienten und Determinante D (bei Beschränkung auf ganzzahlige u, $v \neq 0$, 0) einen Minimalwert $\leqq \dfrac{2\sqrt{|D|}}{\sqrt{3}}$ besitzt [das Zeichen $=$ gilt nur, wenn Φ äquivalent zur Form $\dfrac{2|D|}{\sqrt{3}}(u^2 + uv + v^2)$ ist]. Er setzt (ohne Beschränkung der Allgemeinheit $\theta > 0$ annehmend):

$$(22) \qquad \Phi = \Phi(u,v) = (u - \theta v)^2 + k^2 v^2 \qquad (\theta > 0 \text{ irrational}, \; k > 0);$$

es ist dann $|D| = k^2$. Für festes $k < \frac{1}{2}\sqrt{3}$ folgt wegen der Annahmen über θ sofort, daß ein Gitterpunkt $(u, v) = (p, q) \neq (0, 0)$, der Φ zum Minimum macht, notwendigerweise die Eigenschaften

$$(23) \qquad (p - \theta q)^2 + k^2 q^2 < \frac{2k}{\sqrt{3}} \qquad (p \geqq 0, \; q > 0, \; (p,q) = 1)$$

hat. Weil das geometrische Mittel der beiden Summanden auf der linken Seite von (23) höchstens gleich dem arithmetischen ist, so folgt:

$$(24) \qquad\qquad \left| \theta - \frac{p}{q} \right| < \frac{1}{\sqrt{3}\,q^2}.$$

Für $k \to 0$ kann (23) nicht immer für dasselbe Paar (p,q) gültig bleiben; hieraus schließt man, daß (24) für unendlich viele gekürzte Brüche $\dfrac{p}{q}$ gilt, q. e. d.[6]

BEMERKUNG. Gilt (23) bei ein und demselben k für zwei verschiedene Paare (p, q), (p', q'), so lehrt Multiplikation

$$\{(p - \theta q)(p' - \theta q') + k^2 q q'\}^2 + k^2 (p'q - pq')^2 < \tfrac{4}{3}k^2,$$

also

$$0 < (p'q - pq')^2 < \tfrac{4}{3}, \quad \text{also} \quad p'q - pq' = \pm 1.$$

Mit Hilfe einer einfachen Stetigkeitsbetrachtung folgert HERMITE hieraus leicht, daß jedesmal, wenn man bei der stetigen Abnahme von k gezwungen ist, von einem Bruch $\dfrac{p}{q}$ auf einen anderen, etwa $\dfrac{p'}{q'}$, überzugehen, die nämliche Beziehung

$$p'q - pq' = \pm 1$$

gilt.

22. Für beliebiges irrationales $\theta > 0$ von der durch (22) definierten Form Φ ausgehend, hat HUMBERT [2, 4, 5, 6] die HERMITEsche Approxi-

---

[6] Das Prinzip dieses Beweises wird von HERMITE als „Einführung der kontinuierlichen Veränderlichen in die Zahlentheorie" bezeichnet. Dieses Prinzip liegt auch dem Werke von USPENSKY [1] zugrunde, der u. a. die MINKOWSKIschen Approximationen aus **20** vertieft.

mation eingehend untersucht. Er benutzt dabei eine eigenartige geometrische Methode. Zunächst wird in der komplexen z-Ebene ($z = x + iy$) die folgende klassische Moduleinteilung der oberen Halbebene $y \geqq 0$ in Kreisbogendreiecke vorgenommen: Ausgehend vom Dreieck D_0, begrenzt durch die Geraden $x = \pm \frac{1}{2}$ und den oberen Bogen des Kreises $|z| = 1$ $\left(\text{Eckpunkte von } D_0: \infty, \dfrac{\pm 1 + i\sqrt{3}}{2}\right)$, bekommt man die weiteren Dreiecke D durch Spiegelung der schon vorhandenen an den 3 Seiten (Spiegelung an einem Kreis = Inversion mit Kreiszentrum zum Zentrum und Kreisradius zum Inversionsradius). Jedes D besitzt dann zwei Winkel $= \dfrac{\pi}{3}$ und einen Winkel $= 0$ (*die Spitze*). Die Seite gegenüber der Spitze heißt *Basis* von D.

Es werde nun bemerkt, daß für die Nullstellen (u, v) von Φ gilt: $\dfrac{u}{v} = \theta \pm ik$. Der Punkt $\theta + ik$ in der z-Ebene heißt der *Hauptpunkt P* von Φ. Läßt man k die Werte von $+\infty$ bis 0 durchlaufen, so strebt P längs der Geraden $x = \theta$ zum Punkt $z = \theta$ der x-Achse und durchquert dabei eine unendliche Folge unendlich klein werdender Dreiecke D. Es befinde sich P in einem gewissen Moment im Dreieck $D = D'$, und es sei:

$$(25) \qquad z = \frac{a\,\zeta + b}{c\,\zeta + d} \qquad\qquad \left(a, b, c, d \text{ ganz}; \begin{vmatrix} a & b \\ c & d \end{vmatrix} = 1\right)$$

die Modultransformation, welche die Punkte $z = x + iy$ von D' in die Punkte $\zeta = \xi + i\eta$ von D_0 überführt. Führen wir die Form $\Phi(u, v)$ durch die zugehörige Transformation der u, v in die äquivalente Form

$$\Phi(a\,\bar{u} + b\,\bar{v},\, c\,\bar{u} + d\,\bar{v}) = \Psi(\bar{u}, \bar{v})$$

über, so verifiziert man die folgenden Behauptungen:

(A). Der Bildpunkt Π von P ist Hauptpunkt von Ψ. Weil Π in D_0 liegt, ist $\Psi(\bar{u}, \bar{v})$ *reduziert im Sinne von* Gauss. Das Minimum von $\Psi(\bar{u}, \bar{v})$ wird deshalb für $\bar{u} = 1$, $\bar{v} = 0$ angenommen; wegen der Äquivalenz von Φ und Ψ ist also $\Phi(a, c)$ das Minimum von $\Phi(u, v)$.

(B). Durch (25) geht $z = \dfrac{a}{c}$ in $\zeta = \infty$ über; d. h. $z = \dfrac{a}{c}$ ist die Spitze von D'. Die Spitzenabszissen der von P sukzessive durchquerten Dreiecke D' sind also sämtlich Approximationsbrüche im Hermiteschen Sinne. Sie gehören alle der Folge $\mathfrak{S}_{13}$ an. Humbert untersucht die Folge dieser Spitzenabszissen bei beliebigem irrationalen $\theta > 0$ eingehend: Aufstellung rekurrenter Beziehungen; Kriteria, damit ein vorgelegtes $\dfrac{p}{q}$ zur Folge gehört; Aufstellung einer Kettenbruchentwicklung für θ, deren Näherungsbrüche genau mit den Brüchen der Folge zusammenfallen („développement hermitien"); Beziehungen zu den gewöhnlichen Kettenbrüchen.

SATZ 29. *Für jedes positive irrationale θ ist die Folge der Spitzen-abszissen der vom Hauptpunkt P durchquerten Dreiecke D' eine Teilfolge von $\mathfrak{H}_{\sqrt{8}}$ und von $\mathfrak{H}$. Von je zwei konsekutiven Brüchen von $\mathfrak{H}$ gehört wenigstens einer zur Folge.*

23. CAHEN [2] betrachtet in der oben genannten HUMBERTschen Kreis-figur statt der Geraden $x = \theta$ einen Kreis mit Radius R, der diese Gerade. im Punkt $z = \theta$ berührt, und er untersucht die Folge von Brüchen, die man analog zum HUMBERTschen Verfahren bekommt, wenn man längs des Kreises zu $z = \theta$ hinuntergeht. Für $R \to \infty$ bekommt man die ursprüngliche Folge zurück.

BOREL [13] skizziert nach Analogie der HUMBERTschen Methode eine andere geometrische Darstellung.

24. Eine zur HUMBERTschen analoge Modulfigur war bereits 1877 von SMITH [3] ersonnen und benutzt und später von HURWITZ [8] weiter studiert worden. HUMBERT [3, 6] verwendet sie zur Untersuchung der gewöhnlichen Kettenbruchentwicklung einer Irrationalzahl θ. Für D_0 wird jetzt das Dreieck genommen, das durch $x = 0$, $x = 1$ und die obere Hälfte des Kreises $|z - \tfrac{1}{2}| = \tfrac{1}{2}$ begrenzt wird. Die Dreiecke D entstehen wieder durch Spiegelung. In jedem D sind die drei Seiten senkrecht auf Ox stehende Halbkreise, während die drei Eckpunkte A, B, C auf Ox liegen, es sei denn, daß einer in P_∞ fällt. Die drei Winkel A, B, C sind sämtlich gleich Null. Die drei Eckpunktsabszissen sind drei gekürzten Brüchen gleich:

$$(26) \qquad \frac{p_0'}{q_0'}, \; \frac{p_1'}{q_1'}, \; \frac{p_0' + p_1'}{q_0' + q_1'}$$

mit ganzen p_0', q_0', p_1', q_1' und $q_0' \gqq 0$, $q_1' \gqq 1$, $p_0' q_1' - p_1' q_0' = \pm 1$.

Wandert man nun längs der Geraden $g(\theta)$ (mit der Gleichung $x = \theta$) von P_∞ bis zum Punkte $z = \theta$ hinunter, so durchquert man unendlich viele D. Wegen der Irrationalität von θ wird jedes dieser D in zwei Schenkeln getroffen; deren gemeinsamer Eckpunkt *heiße jetzt die Spitze von D*. Es gilt dann u. a.:

SATZ 30. *Die Folge der verschiedenen Spitzenabszissen der Dreiecke D, die hintereinander durch die Halbgerade $x = \theta$ (von ∞ bis θ) getroffen werden, ist identisch mit $\mathfrak{H}(\theta)$. Stellt eine solche Abszisse den n-ten Nähe-rungsbruch $\dfrac{p_n}{q_n}$ von $\theta = (b_0, b_1, \ldots)$ dar, so ist die Anzahl der getroffenen D mit dieser selben Spitze genau gleich dem Teilnenner b_{n+1}.*

Auf analoge Weise lassen sich in dieser Figur auch die FAREY-Brüche deuten; vgl. dazu noch OSTROWSKI [4].

HUMBERT [3, 6, 7] leitet bekannte Kettenbruchsätze und Kriteria wieder her und untersucht die Folgen $\mathfrak{H}$, $\mathfrak{H}^*$ und $\mathfrak{H}_c$ (speziell $c = 2, \sqrt{5}, \sqrt{8}$), sowie das Verhalten dieser Folgen zueinander.

Den Zusammenhang von $\mathfrak{H}_c$ ($c > 1$) mit der beschriebenen Kreis-figur bekommt man, wenn man für jeden gekürzten Bruch $\dfrac{p}{q}$ in der oberen Halbebene den Kreis $K = K_{\frac{p}{q}, c}$ mit Radius $\dfrac{1}{c\,q^2}$ zeichnet, welcher die Achse Ox in $z = \dfrac{p}{q}$ berührt. Es gehört nämlich $\dfrac{p}{q}$ dann und nur dann zu $\mathfrak{S}_c$, wenn die Halbgerade $g(\theta)$ diesen Kreis K trifft; vgl. auch VALIRON [1].

HUMBERT [8, 11] untersucht mit etwas modifizierter Methode die sog. SMITHschen Kettenbrüche (halbregelmäßige Kettenbrüche mit geraden Teilnennern) und die quadratischen Irrationalzahlen. HUMBERT [3, 6, 9, 10] entwickelt Reduktionsmethoden quadratischer Binärformen; auf diese und andere Arbeiten HUMBERTS gehen wir nicht weiter ein.

FORD [2] benutzt die HUMBERTsche Methode zum Beweise der Sätze 13 a, 13 b, 18 und MORIMOTO [12] u. a. zum Beweise der Sätze 7, 18, 21.

25. SPEISER [1] hat eine verwandte Kreisfigur zum Studium der MINKOWSKISCHEN Folge $\mathfrak{S}_2(\theta)$ benutzt. ZÜLLIG [1] hat die SPEISERsche Methode ausgearbeitet und angewandt (wahrscheinlich ohne die HUMBERTschen Darstellungen zu kennen).

Für festes $c > 1$ wird die Gesamtheit der in **24** definierten Kreise $K = K_{\frac{p}{q}, c}$ für sämtliche Brüche $\dfrac{p}{q}$ mit $q > 0$, $(p,q) = 1$ gebildet. Ist $c = 2$, so überdecken sich diese Kreise nirgends; die Lücken zwischen den Kreisen bestehen aus lauter *Kreisbogendreiecken*; wo zwei der Kreise aneinander stoßen, berühren sie sich. Nimmt c von 2 bis $\sqrt{3}$ ab, so verkleinern sich die Lücken; für $c = \sqrt{3}$ schließen diese sich zum erstenmal vollständig (der Streifen $0 < y \leq \tfrac{1}{2}\sqrt{3}$ wird dann vollständig überdeckt). In der Figur für $c = 2$ kann nun jedem irrationalen θ mit $0 < \theta < 1$ eindeutig eine in $z = i$ anfangende, aus lauter Bögen der Kreise $K_{\frac{p}{q}, 2}$ bestehende Kurve zugeordnet werden, die zum Punkt $z = \theta$ hinläuft und eine ähnliche Rolle spielt, wie die Gerade $\theta = \dfrac{u}{v}$ in der KLEINschen und die Gerade $x = \theta$ in der SMITH-HUMBERTschen Figur. Unter Heranziehung der Gruppe der Modulsubstitutionen (25) werden viele Sätze hergeleitet, u. a. Satz 13, Sätze über die Minima quadratischer Formen, über die von HURWITZ [3] gegebene Kettenbruchentwicklung quadratischer Irrationalzahlen, usw. Es wird der Zusammenhang mit den KLEIN-MINKOWSKISCHEN Methoden aufgedeckt.

SPEISER [2] hat die Methode auf den mehrdimensionalen Fall übertragen (Kugeln im Raum statt Kreise in der Ebene). Anwendung auf die Approximation komplexer Zahlen, auf die Minima HERMITEscher Formen; Übertragung auf den HURWITZschen Quaternionenkörper.

Eine ähnliche Verallgemeinerung gab früher FORD [1, 3] für die HUMBERTsche Methode (siehe auch IV 4).

§ 5. Mengentheoretisches. (Metrische Sätze.)

26. Es sei E irgend eine Eigenschaft. Wir fragen nach dem Maß der Menge aller Zahlen α, denen E zukommt. Diese Menge kann unter

Umständen leer sein. Sätze, die es gestatten, das fragliche Maß abzuschätzen, heißen *metrische* Sätze.

In diesem § 5 werden *Approximationseigenschaften E reeller* Zahlen α in Betracht gezogen; wo nicht ausdrücklich das Gegenteil gesagt wird, bedeutet „Maß" das BOREL-LEBESGUEsche *Linienmaß*.

Liegt eine Menge $\mathfrak{M}$ vom Maß $\mathfrak{m} = \mathfrak{m}\,\mathfrak{M}$ in einem Intervall I der Länge l, so betrachtet man oft $\frac{\mathfrak{m}}{l}$ als die Wahrscheinlichkeit dafür, daß ein Punkt P von I zu $\mathfrak{M}$ gehört. Das bedeutet also eine Verknüpfung der Maßtheorie mit der Theorie der transfiniten (geometrischen) Wahrscheinlichkeiten. Viele der folgenden Ergebnisse sind ursprünglich als (mehr oder weniger scharf formulierte) Wahrscheinlichkeitssätze ausgesprochen worden. Wie in der modernen Theorie der Diophantischen Approximationen üblich, bedienen wir uns aber der Ausdrucksweise der Maßtheorie.

27. Obwohl sie jüngeren Datums als manches andere unten anzuführende Ergebnis sind, nennen wir zunächst einige KNOPPsche Sätze, durch die die metrische Theorie der Diophantischen Approximationen wesentlich vereinfacht wurde. KNOPP [1] definiert:

DEFINITION 4. *Es sei* $\overline{\mathfrak{m}}_{\alpha\beta}$ *das äußere Maß der Durchschnittmenge* $\mathfrak{M}_{\alpha\beta}$ *der linearen Menge* $\mathfrak{M}$ *mit dem Intervall* $I_{\alpha\beta}$: $\alpha \leqq t \leqq \beta$ $(\alpha < \beta)$. *Dann heißt* $d_{\alpha\beta} = \dfrac{\overline{\mathfrak{m}}_{\alpha\beta}}{\beta - \alpha}$ *die mittlere äußere Dichte (kurz die Dichte) von* $\mathfrak{M}$ *bezüglich* $I_{\alpha\beta}$.

Er zeigt dann den für die praktischen Untersuchungen wichtigen und bequemen

SATZ 31. *Eine im Intervall I positiver Länge l liegende Menge* $\mathfrak{M}$, *deren Dichte $d_{\alpha\beta}$ bezüglich jedes Teilintervalls $I_{\alpha\beta}$ von I unterhalb einer festen Schranke $\delta < 1$ bleibt, hat das Maß Null.*

Der Beweis ist überraschend einfach. Das äußere Maß $\overline{\mathfrak{m}}$ von $\mathfrak{M}$ ist höchstens gleich δl. Ist δ' beliebig wenig größer als $\delta\,(\delta < \delta' < 1)$ so kann $\mathfrak{M}$ durch eine höchstens abzählbare Folge von Teilintervallen, von I mit Gesamtlänge $< \delta' l$ überdeckt werden. Nach Voraussetzung ist dann $\overline{\mathfrak{m}} < \delta \cdot \delta' l$, also $\leqq \delta^2 l$. Weil diese Schlußweise auf jedes beliebige Teilintervall $I_{\alpha\beta}$ von I anstatt auf I angewandt werden kann, folgt sofort $d_{\alpha\beta} \leqq \delta^2$ für jedes $I_{\alpha\beta}$. Iteration lehrt also, daß die Dichte bezüglich jedes $I_{\alpha\beta}$ für jedes $N \geqq 1$ höchstens δ^{2^N}, also gleich Null ist.

DEFINITION 5. *Eine im Intervall I positiver Länge l liegende Menge* $\mathfrak{M}$ *heißt in I homogen von der Dichte d, wenn bezüglich jedes der Teilintervalle $I_{\alpha\beta}$ von I ihre Dichte $d_{\alpha\beta}$ den konstanten Wert d hat.*

Satz 31 lehrt dann sofort:

SATZ 32. *Eine im Intervall I liegende homogene Menge* $\mathfrak{M}$ *hat in I entweder die Dichte 0 oder die Dichte 1.*

Die theoretische und praktische Bedeutung von Satz 32 geht hervor aus einigen KNOPPschen Sätzen, von denen hier genannt werde der

SATZ 33. *Ist eine meßbare Menge* $\mathfrak{M}$ *von Irrationalzahlen* $\theta\,(0 \leq \theta \leq 1)$ *so beschaffen, daß für jedes beliebige irrationale* α *aus* $0 \leq \alpha \leq 1$ *entweder jede der durch* (3) *definierten Zahlen* α_i'' $(i \geq 0)$ *oder keine von ihnen zu* $\mathfrak{M}$ *gehört, so ist* $\mathfrak{M}$ *im Einheitsintervall homogen.*

Bekanntlich sind ja viele der uns interessierenden Eigenschaften E der Irrationalzahlen α gegenüber Weglassung oder Abänderung einer beliebigen endlichen Anzahl der Teilnenner b_0, b_1, ... von α invariant. Daraus folgt wegen Satz 33, daß jede meßbare Menge $\mathfrak{M}$ von Zahlen des Einheitsintervalls, die durch eine derartige Eigenschaft E ausgezeichnet sind, entweder das Maß Null oder das Maß 1 hat. Wir werden in der Folge denn auch häufig dem Ausdruck begegnen „fast alle Zahlen α haben die Eigenschaft E", d. h.: „die Menge der α, die die Eigenschaft E nicht besitzen, hat das Maß Null".

BEMERKUNG 1. Die Einschränkung auf das Einheitsintervall $0 \leq \alpha \leq 1$ ist in den Sätzen dieses § 5 unwesentlich, aber bequem für manche Formulierung.

BEMERKUNG 2. Statt „fast alle irrationalen α" sagen wir in der Folge oft: „fast alle α". Die rationalen α bilden ja eine Menge vom Maß Null.

BEMERKUNG 3. Liegt eine andere „Metrik" als die BOREL-LEBESGUE-sche vor, so vermeiden wir den Ausdruck „fast alle".

BEMERKUNG 4. Die Begriffe aus Definition 4, 5 spielen nicht nur bei KNOPP [1] eine Rolle. Nach LEBESGUE nennt man (falls er existiert) den Limes der Dichte d von $\mathfrak{M}$ bezüglich einer in sich zusammenziehenden Umgebung des Punktes P *die Dichte von* $\mathfrak{M}$ *in* P, und zeigt: *Ist* $\overline{m}\mathfrak{M} > 0$, *so hat* $\mathfrak{M}$ *in fast allen Punkten von* $\mathfrak{M}$ *die Dichte* 1 (Literatur in ENCYKLOP. D. MATH. WISS. Bd II 3 2, S. 988 ff.).

28. Ist $b_0 \geq 0$ fest und ganz, sind i, k, b_1, ..., b_i feste natürliche Zahlen, wird $\dfrac{p_i}{q_i} = (b_0, b_1, \ldots, b_i)$, $\dfrac{p_{i-1}}{q_{i-1}} = (b_0, b_1, \ldots, b_{i-1})$ gesetzt, so liegen alle reellen α, deren Kettenbruchentwicklung mit der Folge

$$b_0, b_1, \ldots, b_i, k, \ldots$$

anfängt, in dem Intervall, das von den Brüchen

$$(b_0, b_1, \ldots, b_i, k) \quad \text{und} \quad (b_0, b_1, \ldots, b_i, k+1)$$

begrenzt wird, und das also eine Länge

$$l = \left| \frac{(k+1)p_i + p_{i-1}}{(k+1)q_i + q_{i-1}} - \frac{kp_i + p_{i-1}}{kq_i + q_{i-1}} \right| = \frac{1}{q_i^2\left(k + 1 + \dfrac{q_{i-1}}{q_i}\right)\left(k + \dfrac{q_{i-1}}{q_i}\right)} < \frac{1}{(k+1)k q_i^2}$$

hat; man beachte (2). Durch geeignete Summationen leiten BOREL [9, 11, 12] und BERNSTEIN [1] aus dieser Ungleichung verschiedene metrische Sätze über die Teilnenner b_i her (zu den Beweisen vergleiche auch die erwähnte [spätere] Arbeit von KNOPP [1]). So tritt nach BERNSTEIN in der Folge der Teilnenner b_0, b_1, ... fast aller Zahlen α jede natürliche Zahl unendlich oft auf. (Verallgemeinerung[7]: BURSTIN [1] und später

---

[7] BURSTIN und MYRBERG zeigen, daß in der Folge der Teilnenner fast aller α jedes denkbare System endlich vieler natürlichen Zahlen unendlich oft als Teil-

MYRBERG [1, 2, 3]; vgl. auch IX 27ff., wo ähnliche auf BOREL zurückgehende Ergebnisse über *Systembrüche* mitgeteilt werden.) Wir erwähnen weiter den bekannten BOREL-BERNSTEINschen

SATZ 34. *Ist $\psi(i)$ eine positive, nicht abnehmende Funktion von $i \geqq 1$, so ist die Abschätzung*

$$b_i = O(\psi(i))$$

für fast alle α richtig oder für fast alle α falsch, je nachdem $\sum\limits_{i=1}^{\infty} \dfrac{1}{\psi(i)}$ *konvergiert oder divergiert.*

BEMERKUNG 1. Man vergleiche über einen scheinbaren Widerspruch zwischen den Ergebnissen von BOREL und BERNSTEIN: BOREL [11], BERNSTEIN [2].

BEMERKUNG 2. Durch das Problem der säkulären Störungen wurden schon früher GYLDÉN [1, 2, 3], BRODÉN [1, 2], WIMAN [1, 2] auf derartige Wahrscheinlichkeitsfragen bei Kettenbruchentwicklungen geführt. Vergleiche hierzu auch BOHL [1, 2] und die genannten BERNSTEINschen Arbeiten. Die Priorität für Fragen dieser Art gebührt wahrscheinlich GAUSS (siehe **29**).

29. KHINTCHINE hat die Untersuchungen weitergeführt, indem er metrische Untersuchungen über das geometrische und arithmetische Mittel der Teilnenner $b_1, \ldots, b_n$ $(n \geqq 1)$ der reellen Zahl $\alpha = (0, b_1, b_2, \ldots)$ anstellt. Nach KHINTCHINE [4, 7] ist

$$(27) \qquad \operatorname*{Lim\,sup}_{n \to \infty} \sqrt[n]{b_1 b_2 \ldots b_n} < e^{e^{\sqrt{\log 2}}} \qquad \text{für fast alle } \alpha.$$

Falls $\psi(t)$ für $t \geqq 1$ positiv und monoton mit konvergenter Summe $\sum\limits_{i=1}^{\infty} \dfrac{1}{i \, \psi(i)}$ ist, gilt nach KHINTCHINE [1, 3, 4] u. a.

$$(28) \qquad b_1 + b_2 + \cdots + b_n = O(n\psi(n)).$$

Neuerdings hat KHINTCHINE [14] diese Ergebnisse sehr vertieft und seine Untersuchungen gewissermaßen zum Abschluß gebracht, indem er u. a. zeigte:

SATZ 35. *Für fast alle α $(0 \leqq \alpha \leqq 1)$ konvergiert das geometrische Mittel $\sqrt[n]{b_1 b_2 \ldots b_n}$ der Teilnenner $b_1, \ldots, b_n$ für $n \to \infty$ gegen die absolute Konstante*

$$\prod_{r=1}^{\infty} \left(1 + \frac{1}{r(r+2)}\right)^{\frac{\log r}{\log 2}} = 2,6 \ldots.$$

(Ähnliches gilt für andere Mittelwertbildungen.)

---

stück auftritt. MYRBERG gibt hiervon mehrere Anwendungen. Bei BURSTIN erscheint der Satz als Anwendung seiner Untersuchung über reelle periodische Funktionen mit überall dicht liegenden Perioden.

. Vgl. auch Satz 33.

SATZ 36. *Ist $\mathfrak{M}_\varepsilon(n)$ für festes $\varepsilon > 0$ und ganzes $n \geq 2$ die Menge aller α in $0 \leq \alpha \leq 1$ mit*

$$\left| \frac{b_1 + b_2 + \cdots + b_n}{n} \cdot \frac{\log 2}{\log n} - 1 \right| > \varepsilon,$$

so ist

$$\mathfrak{m}\,\mathfrak{M}_\varepsilon(n) \to 0 \ \text{für} \ n \to \infty.$$

Hieraus folgt u. a., daß für fast alle α die Reihe

$$\frac{1}{b_1} + \frac{1}{b_1 + b_2} + \frac{1}{b_1 + b_2 + b_3} + \cdots \qquad \text{divergiert}[8].$$

Beim Beweise werden Schlußweisen der modernen Wahrscheinlichkeitstheorie benutzt und außerdem einige Ergebnisse von KUSMIN, der in sehr verschärfter Gestalt die folgende Behauptung von GAUSS bewies: *Wird α_i'' durch (3) definiert und bedeutet $\mathfrak{R}_\omega(i)$ die Menge aller α ($0 \leq \alpha \leq 1$) mit $\alpha_i'' < \omega$, so gilt*

$$\underset{i \to \infty}{\text{Lim}}\ \mathfrak{m}\,\mathfrak{R}_\omega(i) = \frac{\log(1 + \omega)}{\log 2} \qquad (0 \leq \omega \leq 1).$$

Der GAUSSsche Beweis dieser von ihm in wahrscheinlichkeitstheoretischer Fassung ausgesprochenen Behauptung ist unbekannt. Die Behauptung stellt nach einer Bemerkung KHINTCHINES [14] wohl das älteste Ergebnis der metrischen Kettenbruchtheorie dar (Literatur daselbst).

30. KHINTCHINE [4] zeigte den folgenden wichtigen Approximationssatz:

SATZ 37. *Für die stetige Approximationsfunktion $\varphi(t)$ sei $t^2\varphi(t)$ monoton abnehmend, und es werde formal gesetzt*

$$L = \int\limits^{\infty} t\varphi(t)\,dt.$$

(A). *Fast alle α lassen die Approximation $\varphi(t)$ zu, wenn L divergiert.*

(B). *Fast alle α lassen die Approximation $\varphi(t)$ nicht zu, wenn L konvergiert.*

BEMERKUNG 1. Satz 37 (A) wird unschwer aus (7), Satz 34 und (27) gefolgert. Dieser Beweis hat den Nachteil, daß er nicht auf simultane Approximationen übertragbar ist.

KHINTCHINE [11] gab später einen kettenbruchfreien Beweis für den n-dimensionalen Fall [V Satz 17 (A)]. Um wenigstens etwas in dieser Richtung zu beweisen, beschränken wir uns der Kürze halber auf den Beweis des in (A) enthaltenen, aber weniger besagenden Satzes, daß fast alle α für jedes $c > 0$ die Approximation $\frac{1}{c\,t^2}$ zulassen (vgl. KHINTCHINE [6]). Dazu genügt es, zu zeigen, daß für festes $c > 1$ die Menge $\mathfrak{B}_c$ der α mit

$$\left| \alpha - \frac{y}{x} \right| > \frac{1}{c\,x^2} \qquad \text{(für alle ganzen } x > 0,\ y)$$

---

[8] Wie Herr KHINTCHINE mir brieflich mitteilt, kann er sogar zeigen:

Für fast alle α strebt $\sqrt[i]{q_i}$ für $i \to \infty$ gegen eine gewisse absolute Konstante. Der Beweis erscheint demnächst in der „Compositio math.".

das Maß Null hat, denn die Vereinigungsmenge abzählbar vieler Mengen vom Maß Null hat selbst das Maß Null.

Ist β eine beliebige Zahl, so gibt es zu jedem $A > 0$ Brüche $\frac{y}{x}$ mit $x > A$ und $\left| \beta - \frac{y}{x} \right| < \frac{1}{x^2}$. Das Intervall J_1 der Länge $\frac{2}{c\,x^2}$ um $\frac{y}{x}$ als Mittelpunkt enthält offenbar keine Punkte von $\mathfrak{B}_c$. Das Intervall J der Länge $\frac{3}{x^2}$ um β als Mittelpunkt enthält J_1 in seinem Inneren. Die Längen von J_1 und J haben das konstante Verhältnis $\frac{2}{3\,c}$. Es hat also $\mathfrak{B}_c$ in keinem Punkt β die Dichte 1, so daß $\mathfrak{B}_c$ nach Bemerkung 4 in **27** das Maß Null hat.

Bemerkung 2. Der Beweis von Satz 37 (B) ist kettenbruchfrei und ohne weiteres brauchbar für V Satz 17 (B). Der Beweisgedanke findet sich übrigens schon bei Borel [8], und zwar in einem mehrdimensionalen Fall (vgl. V **3**). Es geht so: Für festes ganzes $q \geqq 1$ gibt es im Intervall $0 \leqq \alpha \leqq 1$ genau $q + 1$ Teilintervalle I^* mit Gesamtlänge $2q\varphi(q)$, derart, daß jedes α mit

$$0 \leqq \alpha \leqq 1, \qquad \left| \alpha - \frac{p}{q} \right| < \varphi(q) \qquad (p \text{ ganz mit } 0 \leqq p \leqq q)$$

wenigstens einem der I^* angehört. Bei gegebenem q bedeute nun $\mathfrak{M}_q$ die Vereinigungsmenge der $q + 1$ Intervalle I^*; dann ist $\mathfrak{m}\,\mathfrak{M}_q \leqq 2q\,\varphi(q)$. Mit L konvergiert $\sum\limits^{\infty} q\varphi(q)$, deshalb können fast alle α nur einer endlichen Anzahl der Mengen $\mathfrak{M}_q$ angehören; q. e. d.

Bemerkung 3. Walfisz [4] zeigt eine Modifikation des Satzes 37 (A), welche besagt, daß für fast alle α unendlich viele $\frac{p}{q}$ mit $(p, q) = 1$, $q > 1$ und $q \not\equiv 2 \pmod 4$ die Approximation $\varphi(t)$ realisieren, falls L divergiert und $\frac{\varphi(t)}{\varphi(2t)}$ beschränkt ist für $t \geqq 1$.

Er wendet sein Ergebnis zur Abschätzung der Reihe $1 + 2\sum\limits_{n=1}^{\infty} z^{n^2}$ bei radialer Annäherung an fast alle Punkte der Konvergenzgrenze an.

31. *Nach Satz 37 hat die Menge $\mathfrak{M}_c$ der Zahlen α $(0 \leqq \alpha \leqq 1)$, welche die Approximation $\frac{1}{t^c}$ zulassen, für jedes $c > 2$ das Maß Null.* Trotzdem kann man erwarten, daß diese Menge „kleiner" wird, wenn man c vergrößert. Für solche feineren Fragen benutzt Jarník [1, **2**] den Hausdorffschen Maßbegriff [F. Hausdorff, Dimension und äußeres Maß; Math. Ann. Bd. 79 (1919) S. 157—179].

Es sei $\mathfrak{M}$ eine Punktmenge in $0 \leqq \alpha \leqq 1$; es sei Σ_ϱ ein System von Intervallen J_i der Längen $l_i \leqq \varrho$ $(0 < \varrho \leqq 1; i = 1, 2, \ldots)$, welche $\mathfrak{M}$ überdecken. Es sei bei festem s und ϱ (s reell, $0 < \varrho \leqq 1$) $L_{s,\varrho} = L_{s,\varrho}(\mathfrak{M})$ die untere Grenze aller Summen $\sum\limits_{i=1}^{\infty} l_i^s$, die man bei Betrachtung aller Σ_ϱ bekommt. Es sei $L_s = \lim\limits_{\varrho \to 0} L_{s,\varrho}$. Dann ist $0 \leqq L_s \leqq \infty$; $L_1(\mathfrak{M})$

ist gleich dem äußeren Lebesgueschen Maß $\overline{m}\,\mathfrak{M}$. Für jede nicht leere Menge zeigt man die Existenz eines σ mit $0 \leqq \sigma \leqq 1$, $L_s(\mathfrak{M}) = 0$ für $s > \sigma$, $L_s(\mathfrak{M}) = \infty$ für $s < \sigma$; $\sigma = \dim \mathfrak{M}$ heißt die Hausdorffsche Dimension von $\mathfrak{M}$. Durch eingehende Betrachtung der Überdeckungssysteme zeigt Jarník [2] (ein späterer Beweis auch bei Besicovitch [1]):

Satz 38. *Die Menge $\mathfrak{M}_c$ der α ($0 \leqq \alpha \leqq 1$), die die Approximation $\dfrac{1}{t^c}$ zulassen, hat für $c > 2$ die Dimension* $\dim \mathfrak{M}_c = \dfrac{2}{c}$.

Andererseits zeigt Jarník [1]

Satz 39. *Die Menge $\mathfrak{E}_c$ der α ($0 \leqq \alpha \leqq 1$), die die Approximation $\dfrac{1}{t^2 \log^c t}$ nicht zulassen, hat für $0 < c \leqq 1$ die Dimension* $\dim \mathfrak{E}_c = 1$.

Merkwürdigerweise wächst also $\dim \mathfrak{E}_c$ nicht mit c.

Es sei $\overline{\mathfrak{M}}(N)$ die Menge der $\alpha = (0, b_1, \ldots)$ mit $1 \leqq b_i \leqq N$ ($i = 1, 2, \ldots$) aus $0 \leqq \alpha \leqq 1$, und es bedeute $\overline{\mathfrak{M}}(\infty)$ die Vereinigungsmenge $\overline{\mathfrak{M}}(1) + \overline{\mathfrak{M}}(2) + \cdots$. Für jedes θ aus $\overline{\mathfrak{M}}(\infty)$ existiert also ein $A(\theta) > 0$, derart, daß θ die Approximation $\dfrac{A(\theta)}{t^2}$ *nicht* gestattet.

Jarník [1] zeigt dann:

Satz 40. a) *Es ist* $\dim \overline{\mathfrak{M}}(2) > \tfrac{1}{4}$.

b) *Es ist* $\dim \overline{\mathfrak{M}}(\infty) = 1$.

c) *Es ist, falls* $N > 8$,

$$1 - \frac{4}{N \log 2} \leqq \dim \overline{\mathfrak{M}}(N) \leqq 1 - \frac{1}{8 N \log N}.$$

Wegen $\overline{\mathfrak{M}}(\infty) \subset \mathfrak{E}_c$ folgt Satz 39 unmittelbar aus Satz 40b; es ist ja stets $\sigma \leqq 1$. Es folgt aber 40b sofort aus 40c. Die Sätze 40a und 40c werden mittels Kettenbrüchen bewiesen, lassen sich also nicht ohne weiteres auf den mehrdimensionalen Fall übertragen (vgl. übrigens V **12**; Jarník [**1, 3, 4, 5**]).

Kapitel IV.

Der homogene lineare Fall (II): Irrationalität und Transzendenz.

§ 1. Kettenbruchähnliche Algorithmen. Approximationen in komplexen und anderen Zahlkörpern.

1. Kap. IV ist aus Raumgründen sehr kurz gefaßt, und überall, wo die Problemstellungen nicht in direkter Beziehung zu den Approximationsaufgaben A und B des Kap. I stehen, meistens auf bloße Literaturangabe beschränkt worden. Es tritt Aufgabe B in den Vordergrund; man vgl. I **10, 11**.

Im Gegensatz zu III (*reeller, eindimensionaler* homogener linearer Fall) wird in IV auch vom *mehrdimensionalen* homogenen linearen Fall gehandelt; überdies beziehen sich die Ergebnisse nicht immer auf reelle Zahlen. Dementsprechend möge zuerst eine Literaturübersicht der in der Überschrift dieses § 1 genannten Problemgebiete folgen.

In I **16** wurde das Problem erwähnt, kettenbruchähnliche Algorithmen für die simultane Approximation n reeller Zahlen $\alpha_1, \ldots, \alpha_n$ durch rationale Zahlen aufzustellen. In engster Beziehung zu diesem Problem steht eine Frage anderer Natur. Die Periodizität des regelmäßigen Kettenbruchs θ ist nach III Satz 12 ein notwendiges und hinreichendes Kriterium, damit θ eine quadratische Irrationalzahl ist. Für die reellen algebraischen Zahlen höheren Grades liefert die regelmäßige Kettenbruchentwicklung kein derartiges Kriterium. Es liegt nun nahe, zu versuchen, diese Zahlen oder gewisse mit ihnen zusammenhängende Größen nach geeigneten anderen Algorithmen zu entwickeln und durch Periodizitätseigenschaften dieser Entwicklung arithmetisch zu kennzeichnen. Obwohl bei diesen Untersuchungen der Nachdruck auf die formale Gestalt der Algorithmen gelegt wird, im Gegensatz zu den vorhergenannten, wo die gewonnenen Näherungen die Hauptsache sind, erscheinen sie oft als Spezialfall davon und trifft auch für diese Algorithmen und die auf sie gegründeten Kriterien für algebraische Zahlen das in I **16** Gesagte zu; sie sind für praktische Transzendenzuntersuchungen meistens ungeeignet. Die üblichen Transzendenzkriterien beruhen denn auch nicht auf Algorithmen, sondern auf der Tatsache, daß algebraische Zahlen sich in gewisser Hinsicht weniger gut eigentlich approximieren lassen als transzendente (vgl. z. B. die Sätze 8 und 9 in § 4).

Man vgl. zu den Nummern **2** und **3** auch die übersichtlichen Darstellungen durch BACHMANN [3] und ORE [3].

2. JACOBI [3] stellte als direkte Verallgemeinerung des Euklidischen Algorithmus auf rein arithmetischem Wege einen Algorithmus für ein Zahlensystem (α_ν) auf, und fand für gewisse reelle kubische Irrationalzahlen α Periodizitätseigenschaften in der betreffenden Entwicklung des zugehörigen Systems (α, α^2). Diese Untersuchung wurde von FÜRSTENAU [1], BACHMANN [1, 2], SANG [1], MEYER [1, 2] fortgesetzt. Eine tiefgehende Theorie der JACOBI-Kettenbrüche entwickelte PERRON [1, 2, 3] (Konvergenznachweise, Sätze über Approximationsschärfe; auf anderem Wege stellte BATEMAN [1] Konvergenzbetrachtungen an, die von MAUNSELL [1] komplettiert wurden).

Verwandte Untersuchungen: MARKOFF [3], PINCHERLE [1], VORONOI [1], BERWICK [1], LEHMER [2, 6, 7, 8], AURIC [2, 4], PALEY-URSELL [1], ARWIN [1—7], DAUS [1, 2], VÄISÄLÄ [1], COLEMAN [1, 2], BRUN [1], PIPPING [1, 2, 3, 4, 9], KOSTANDI [2], PERRON [15].

Obwohl vom JACOBIschen Algorithmus (speziell für kubische Irrationalzahlen) sehr viele interessante Eigenschaften bekannt sind, kann, wie PERRON [1] nachwies, ein charakteristisches Kennzeichen, das die reellen algebraischen Irrationalitäten n-ten Grades von allen anderen Zahlen unterscheidet, in der Periodizität dieses Algorithmus nicht gefunden werden.

Mehrere der obigen Autoren entwickeln denn auch andere Verfahren und suchen das Kriterium z. B. darin, daß ein gewisser Algorithmus abbricht.

Für ein sehr einfaches arithmetisches Kriterium für die reellen algebraischen Zahlen vom Grade $n \geqq 3$ siehe u. a. PIPPING [10, 11].

HERMITE [2, 3, 4] stand dem JACOBIschen Ansatz kritisch gegenüber und hat die Lösung der genannten Probleme auf etwas anderem Wege als JACOBI gesucht; CHARVE [1] stellte unter Benutzung der Reduktionsmethode von SELLING [1] für ternäre quadratische Formen nach der HERMITEschen Idee Algorithmen für kubische Irrationalzahlen auf. Über den Zusammenhang mit der JACOBIschen Methode vergleiche u. a. BACHMANN [2, 3]. Siehe auch PIPPING [1].

3. POINCARÉ [2] greift die Frage nach einem Algorithmus für ein Zahlenpaar α_1, α_2 durch direkte mehrdimensionale Verallgemeinerung seiner in III 19 genannten Untersuchung der Form $\alpha x - y$ *geometrisch* an und wird bei der simultanen Approximation der beiden Formen $\alpha_1 x - y_1, \alpha_2 x - y_2$ an die Null auf sukzessive Konstruktion von Parallelepipeden im R_3 geführt. Siehe auch den Ansatz von BARBIER [1]. Einen dem POINCARÉschen analogen Algorithmus studiert später BRUN [1] (vgl. BRUN [2]).

Einen anderen geometrischen Ansatz deutet HURWITZ [7] (vgl. HURWITZ [8]) als Verallgemeinerung seiner FAREY-Approximation an. Hier werden das anzunähernde System (α_1, α_2) und die approximierenden Bruchsysteme $\left(\dfrac{y_1}{x}, \dfrac{y_2}{x}\right)$ als kartesische Punktkoordinaten in der Ebene gedeutet.

MINKOWSKI [7] entwickelt im R_3 eine „*Parallelepiped-Approximation*" für ein System von drei homogenen linearen Formen ξ_1, ξ_2, ξ_3 in drei Unbestimmten x_1, x_2, x_3. Spezialisierung liefert u. a. einen Algorithmus für die simultane Approximation zweier reellen Zahlen (vgl. zum eindimensionalen Fall III 20). Man vergleiche hierzu die Arbeiten von USPENSKY [1], ZEISEL [1], FURTWÄNGLER-ZEISEL [1], FURTWÄNGLER [2^{II}].

MINKOWSKI [1, 4, 8, 11] hat ausführlich das Problem der Kennzeichnung algebraischer Zahlen n-ten Grades untersucht und (MINKOWSKI [8]) mittels seines Satzes aus II 2 über die sukzessiven Minima ein allgemeines Kriterium für diese Zahlen α hergeleitet; eine wesentliche Rolle spielen dabei die ersten n Minima des Absolutwertes der Form $x_1 + x_2 \alpha + \cdots + x_n \alpha^{n-1}$ für die Gitterpunkte $(x_1, \ldots, x_n)$, deren Höhe unterhalb einer gegebenen Schranke liegt. Vergleiche weiter FURTWÄNGLER [1] und PIPPING [1], die das Verfahren von MINKOWSKI [8] vereinfachen.

Der Algorithmus von KOLLROS [1] geht auf eine Idee von MINKOWSKI [13] zurück.

Weitere wichtige Algorithmen leitet VORONOI [2] her; er bestimmt auf rein arithmetischem Wege die sukzessiven Minima von Systemen simultaner Linearformen. Seine Methode wurde von DELAUNAY [1] geometrisch interpretiert.

Die meisten in dieser Nummer erwähnten Methoden haben den Gegensatz zum JACOBIschen Verfahren gemein, daß zuerst die „Näherungsbrüche" aufgesucht und für diese nachher, wenn möglich, Algorithmen aufgestellt werden.

4. *Die Approximation einer komplexen Zahl* $\xi = \eta + i\zeta$ *durch reelle Brüche* $\dfrac{y}{x}$ ist wegen $\left|\xi - \dfrac{y}{x}\right| \geqq |\zeta|$ im Fall $\zeta \neq 0$ uninteressant. Interessant aber ist die Approximation von ξ durch Zahlen des GAUSSschen Körpers $K(i)$ oder z. B. durch Zahlen des Körpers der dritten

Einheitswurzeln. Diese Approximationen hängen offenbar eng mit der Theorie der quadratischen Formen mit komplexen Koeffizienten, der HERMITEschen Formen und der PICARDTschen Gruppe zusammen[1].

HERMITE [1[I], S. 253 ff.] wendet seine Idee aus III **21** auf die Approximation von ξ durch Zahlen von $K(i)$ an.

Mehrere Approximationssätze im Komplexen wurden von MINKOWSKI [**2, 10**] auf zahlengeometrischem Wege hergeleitet; seine Sätze sind scharfe Analoga zu II Satz 5 mit $n = 2$ und enthalten Analoga zu III Satz 13 a.

FORD [**1, 3**] studiert die Approximation von ξ durch Zahlen von $K(i)$ mit Hilfe eines räumlichen Analogons der HUMBERTschen geometrischen Darstellung (III **22, 24**); FORD [**4**] zeigt ein scharfes Analogon zu III Satz 13a, b:

SATZ 1. *Zu jedem komplexen ξ gibt es unendlich viele Paare ganzer Zahlen P, Q aus $K(i)$ mit*

$$(1) \qquad\qquad \left| \xi - \frac{P}{Q} \right| < \frac{1}{\sqrt{3}\,|Q|^2};$$

für $\xi = -\tfrac{1}{2} + \tfrac{1}{2}i\sqrt{3}$ darf man in (1) $\sqrt{3}$ nicht durch eine größere Zahl ersetzen.

PERRON [9[I]] begründet diesen Satz von neuem, zunächst mit Hilfe eines Hilfssatzes über CASSINIsche Kurven, den er später (PERRON [9[II]]) vermeiden kann. PERRON [**10**] zeigt ähnliche Sätze über die Approximation von ξ durch die Zahlen des Körpers $K(-\tfrac{1}{2} + \tfrac{1}{2}i\sqrt{3})$ (vgl. auch PERRON [**11**]). BUCHNER [**1**] und PERRON [**14**] studieren die Annäherung von ξ mittels Zahlen aus $K(i\sqrt{2})$. Vergleiche weiter das in III **25** Gesagte über die Approximationen bei SPEISER [**2**].

Neuerdings zeigte HOFREITER [**6**] einen scharfen und allgemeinen Satz über die Approximation von ξ durch Zahlen des Körpers $K(i\sqrt{m})$ $(m \geqq 1,$ ganz); siehe auch V **8**.

A. HURWITZ [**2**], J. HURWITZ [**1**] und AURIC [**1**] haben Kettenbruchentwicklungen für komplexe Größen ξ gegeben[2], vgl. auch die Anwendung durch FUJIWARA [**3**].

DICKSON [**2**] und PERRON [**13**] stellten Untersuchungen über die Möglichkeit eines Euklidischen Algorithmus in reellen quadratischen Zahlenkörpern an, die von OPPENHEIM [**3**], HOFREITER [**5**] und REMAK [**7**] weitergeführt wurden. Für die Möglichkeit eines solchen Algorithmus in imaginär quadratischen Körpern vgl. SCHATUNOWSKI [**1**], RABINOWITSCH [**1**], DICKSON [**2**], PAPKOW [**1, 2**], MAC DUFFEE-JENKINS [**1**].

MAHLER [**10—18**] hat verschiedene Sätze über Diophantische Approximationen im (nach KÜRSCHÁK bewerteten) Körper der HENSELschen

---

[1] Siehe z. B. das bekannte FRICKE-KLEINsche Werk über automorphe Funktionen und ferner PERRON [11] und SPEISER [2]. Weitere neuere Arbeiten über diese Gegenstände sind hier nicht zitiert [OPPENHEIM, OBERSEIDER, HOFREITER usw.; man vgl. die letzten Bände (1931—1935) des Zentralblattes].

[2] HURWITZ [2] erwähnt noch einige ältere derartige Entwicklungen; vgl. im reellen Fall HURWITZ [3].

p-adischen Zahlen hergeleitet. MAHLER [13] leitet für diese Zahlen eine Kettenbruchentwicklung her; MAHLER [15] überträgt II Satz 5.

§ 2. Irrationalitätsuntersuchungen..

5. Die klassischen Irrationalitätsbeweise benutzen fast immer die folgenden Kriterien:

SATZ 2. (A). *Die Zahl α ist dann und nur dann irrational, falls zu jedem $\varepsilon > 0$ wenigstens ein Paar ganzer x, y existiert mit* $0 < |\alpha x - y| < \varepsilon$.

(B). *Die Zahl α ist dann und nur dann irrational, falls unendlich viele Paare ganzer Zahlen* (x_1, y_1), (x_2, y_2), ... *existieren mit*

$$|\alpha x_1 - y_1| > |\alpha x_2 - y_2| > \cdots.$$

Um diese Kriterien anzuwenden, stellt man die Zahl α meistens als *Kettenbruch* oder als *Reihe* dar.

6. Eine Anwendung der *Kettenbruchmethode* ist schon die Aussage, daß jeder unendliche regelmäßige Kettenbruch *irrational* ist; denn aus III (6) folgert man

$$|q_0 \alpha - p_0| > |q_1 \alpha - p_1| > \cdots.$$

Denselben Grundgedanken findet man bei der Herleitung von Irrationalitätskriterien für allgemeinere Kettenbrüche des Typus

$$b_0 + \frac{a_1|}{|b_1} + \frac{a_2|}{|b_2} + \cdots \quad (a_\nu \text{ und } b_\nu \text{ ganz oder rational})$$

durch LAMBERT [1, 2] (Irrationalität von π und e^r für rationales $r \neq 0$), LEGENDRE [1] (vgl. die Ergänzung durch PRINGSHEIM [1] und vgl. über die vermeintliche Unstrenge des LAMBERTschen Beweises auch GLAISHER [1], RUDIO [1], BACHMANN [2] und PRINGSHEIM [2, 3]), STERN [1, 5], STOLZ [1], TIETZE [1, 2, 3], GIUDICE [1], BERNSTEIN-SZÁSZ [1] und FUJIWARA [4]. Indem sie diese Ausdrücke in Kettenbrüche überführen, zeigen EISENSTEIN [1], GLAISHER [1, 2, 3], BERNSTEIN-SZÁSZ [1] (vgl. SZÁSZ [1]) die Irrationalität gewisser Reihensummen und Produkte. Eine Verallgemeinerung der Kettenbruchmethode stellt die Übertragung der LEGENDREschen und STOLZschen Sätze auf die JACOBI-Algorithmen durch PERRON [2, 3] dar. Schließlich werde noch speziell der Beweis von HURWITZ [5, 10] erwähnt, daß die Zahl e keine kubische algebraische Zahl ist, bei dem er die Eigenschaften der HURWITZschen Kettenbrüche benutzt (III 6)[3].

BEMERKUNG. Von obenzitierten Autoren sind nur diejenigen Arbeiten erwähnt worden, die Irrationalitätsuntersuchungen enthalten; *Konvergenz*untersuchungen und dergleichen sind nicht berücksichtigt. Vgl. dazu PERRON [8].

---

[3] Die HURWITZsche Arbeit erschien, als die Transzendenz von e längst bekannt war (siehe **17**); ihr Ergebnis ist bemerkenswert, weil es das weitgehendste ist, das für e mit Kettenbruchmethoden erreicht wurde (die Arbeit von AURIC [3] scheint nicht einwandfrei zu sein).

Daß e nicht algebraisch vom Grade $g \leqq 2$ ist, folgt sofort aus der Kettenbruchdarstellung dieser Zahl. Siehe weiter **7**.

7. Bei der *Reihenmethode* ist α als Summe der konvergenten Reihe

$$\alpha = c_0 + c_1 + \cdots$$

mit rationalen Gliedern gegeben[4]. Setzt man

$$R_n = c_{n+1} + c_{n+2} + \cdots, \quad \text{also} \quad \alpha - c_0 - c_1 - \cdots - c_n = R_n \quad (n \geqq 0),$$

so ist, falls N_n den Hauptnenner der Brüche $c_0, c_1, \ldots, c_n$ bedeutet,

$$\alpha N_n - N_n(c_0 + \cdots + c_n) = N_n R_n$$

ein Wert der Näherungsform $\alpha x - y$. Kann man nun zeigen, daß für eine unendliche Folge natürlicher Zahlen $n_1 < n_2 < \cdots$ stets $R_{n_h} \neq 0$ und außerdem $N_{n_h} R_{n_h} \to 0$ $(h = 1, 2, \ldots)$ gilt, so folgt aus Satz 2 (A) sofort die Irrationalität von α.

Diese Methode liefert sofort den bekannten klassischen FOURIERschen Beweis der Irrationalität von e (vgl. STAINVILLE [1]), während LIOUVILLE [1] durch einen Kunstgriff die Methode auf e^2 anwandte (vgl. BACHMANN [2] und die neuere Arbeit von RICCI [1]) und HERMITE [5] auf e^s bei beliebigem rationalen $s \neq 0$ (vgl. auch HERMITE [2, 6, 7]). Die Grundgedanken der Methode findet man bei STERN [3, 6], der u. a. die Irrationalität der Zahl

$$\left(1 - \frac{1}{z}\right)^3 \left(1 - \frac{1}{z^2}\right)^3 \left(1 - \frac{1}{z^3}\right)^3 \cdots$$

für ganzrationales $z \geqq 2$ untersucht.

TSCHAKALOFF [1, 2] setzt mit einer tieferen Reihenmethode die erwähnten Untersuchungen von BERNSTEIN-SZÁSZ [1] über die Irrationalität von ϑ-Reihen fort.

8. Viele Irrationalitätsuntersuchungen betreffen die Lösungen $g(t)$ von linearen Differentialgleichungen des Typus

$$P_0(t)g(t) + P_1(t)g'(t) + \cdots + P_n(t)g^{(n)}(t) = 0 \qquad (n \geqq 1)$$

(wo die $P_0, P_1, \ldots, P_n$ gegebene Polynome mit rationalen Koeffizienten sind) an rationalen Stellen des Argumentes t.

HURWITZ [1[I]] zeigte schon für ein gewisses Integral $g(t)$ der Gleichung

$$at g'' = bg' + g \qquad (a > 0,\ b \text{ ganze Zahlen, } a \neq b),$$

daß die Zahl $\dfrac{g'(t)}{g(t)}$ für alle rationalen $t \neq 0$ irrational ist. Unabhängig von ihm findet BENDIXSON [1] ähnliche Ergebnisse. Weitere wichtige Untersuchungen bei RATNER [1], HURWITZ [1[II]], BEER [1], PERRON [4], STRIDSBERG [1], MAIER [1], CARLSON [1] und POPKEN [5]. Wichtige Ergebnisse von MAIER über die Irrationalität der BESSELschen Funktionen wurden durch die Transzendenzuntersuchungen von SIEGEL [6] verallgemeinert (vgl. **20**).

---

[4] Man kann α z. B. als Wert einer als Potenzreihe mit rationalen Koeffizienten gegebenen Funktion an einer rationalen Stelle definieren.

Wie auch bei vielen Transzendenzuntersuchungen kommt man hier also auf das vielfach untersuchte Gebiet der arithmetischen Eigenschaften analytischer Funktionen. Vgl. dazu u. a. POPKEN [5], der viele Literatur angibt.

§ 3. Das Irrationalitätsmaß. Anwendung auf Diophantische Gleichungen.

9. LIOUVILLE [2] hat als erster ein Irrationalitätsmaß für algebraische Zahlen ξ beliebigen Grades bestimmt:

SATZ 3. *Ist ξ algebraisch vom Grade $g \geqq 2$, so gibt es ein nur von ξ abhängiges $A > 0$, so daß ξ die Approximation $\frac{A}{t^g}$ nicht zuläßt.*

Für den äußerst elementaren Beweis dieses Satzes und für die Beweise mehrerer der folgenden Sätze vergleiche man die Lehrbücher von LANDAU [5III], DICKSON [4] und auch ORE [1].

THUE [2, 3] verschärft Satz 3 zum tiefen

SATZ 4. *Ist ξ algebraisch vom Grade $g \geqq 3$, so läßt ξ bei festem $N > \frac{g}{2} + 1$ die Approximation $\frac{1}{t^N}$ nicht zu.*

SIEGEL [1, 2, 3] verschärft Satz 4 weiter zum bekannten THUE-SIEGELschen Satz:

SATZ 5. *Ist ξ algebraisch vom Grade $g \geqq 3$, ist $N > \underset{\substack{1 \leqq s \leqq g-1 \\ s \text{ ganz}}}{\mathrm{Min}} \left(\frac{g}{s+1} + s \right)$ fest, so läßt ξ die Approximation $\frac{1}{t^N}$ nicht zu.*

Also: *ξ läßt die Approximation $\dfrac{1}{t^{2\sqrt{g}}}$ nicht zu.*

FOLGERUNG. *ξ ist vom Typus $I\eta$ mit $\eta \leqq 2\sqrt{g} - 1$* (vgl. III 4)[5].

THUE [2, 3] und SIEGEL benutzen zu ihren tiefen Beweisen das Schubfachprinzip.

In einer Arbeit, die seinem Beweis des allgemeinen Satzes 4 voranging, zeigte THUE [1] mittels der Kettenbruchentwicklung für die Binomialreihe und *ohne* Schubfachprinzip sein Ergebnis für die Irrationalzahlen $\xi = \sqrt[n]{\dfrac{a}{b}}$ (a und b ganz rational), und durch Verallgemeinerung seiner Methode gelang es MAHLER [7], in diesem speziellen Fall sogar den SIEGELschen Exponenten zu erreichen.

GILL [1, 2] zeigt ein Analogon von Satz 5 für algebraische Funktionen.

10. Ebenso leicht wie der Beweis von Satz 3 ist der Beweis des ihn enthaltenden Satzes:

SATZ 6. *Ist ξ vom Grade $g \geqq 2$, $n \geqq 1$ ganz, so gibt es eine nur von ξ und n abhängige Zahl $A > 0$, derart, daß die Form*

$$x_0 + \xi x_1 + \xi^2 x_2 + \cdots + \xi^n x_n$$

in bezug auf $x_0, \ldots, x_n$ die eigentliche Approximation $\frac{A}{t^{g-1}}$ an die Null nicht zuläßt.

Man vgl. I 11. Mit derselben Schlußweise wie dort leitet man aus Satz 6 ein Korollar über die Approximation von ξ durch algebraische Zahlen α

---

[5] Der angebliche Beweis von KURODA [1], daß jede algebraische Irrationalzahl vom Typus I 1 ist, enthält einen wesentlichen Fehlschluß. Nach einer brieflichen Mitteilung an K. MAHLER wurde dieser Satz jedoch von TH. SCHNEIDER wirklich gezeigt. Vgl. die von SCHNEIDER [2] angekündigten Verschärfungen von Satz 5.

her (vgl. auch die in Fußnote I[11] erwähnten BORELschen Arbeiten). Man kann diese Ergebnisse entsprechend verschärfen, wie Satz 3 durch Satz 5 verschärft wird; vgl. SIEGEL [1, 2, 3], A. BRAUER [1, 2].

Vgl. zu Satz 6 auch Verallgemeinerungen von Satz 3 bei PERRON [12], MAHLER [18].

11. Die obigen Ergebnisse haben besondere Bedeutung für die Theorie der unbestimmten algebraischen Gleichungen mit rationalen oder algebraischen Zahlkoeffizienten. So folgert THUE in wenigen Zeilen aus seinem Satz 4 den berühmten THUEschen

SATZ 7. *Ist* $a_0 z^n + a_1 z^{n-1} + \cdots + a_n$ *ein irreduzibles Polynom vom Grade* $n \geqq 3$ *mit ganzen rationalen Koeffizienten, so hat die Gleichung*

$$(2) \qquad a_0 x^n + a_1 x^{n-1} y + \cdots + a_n y^n = c$$

für jedes feste ganze rationale c *höchstens endlich viele Lösungen in ganzen* x, y.

Von THUE und SIEGEL wurden mit Hilfe der Sätze 4 oder 5 noch mehrere Verallgemeinerungen hergeleitet. Wir gehen hierauf nicht weiter ein. Man vergleiche außer den genannten Originalarbeiten noch MAILLET [10], der eine Lücke im Beweise von THUE [2] ausfüllt, und die klaren Darstellungen der obigen (und vieler der folgenden) Ergebnisse bei LANDAU [5[III]], DICKSON [4], ORE [1, 3], NAGELL [1, 2].

Wir bemerken nur noch, daß die ganzzahligen Lösungen *Diophantischer* Gleichungen vom Typus

$$(3) \qquad f(x, y) = 0,$$

wo f ein Polynom mit ganzen rationalen Koeffizienten darstellt, vielfach untersucht sind. Falls die Kurve (3) das Geschlecht Null hat, vergleiche man HILBERT-HURWITZ [1], POINCARÉ [3], MAILLET [11, 12].

Verallgemeinerungen in mehrdimensionalen Räumen: MAILLET [13], GRAVE [1].

RUNGE [1] erhielt durch Benutzung der Potenzreihenentwicklung der durch (3) gelieferten Funktion $y(x)$ Kriterien dafür, daß (3) höchstens endlich viele Lösungen hat. Man vergleiche hierzu auch die Arbeiten von SKOLEM [1—4], DÖRGE [1, 2]. Im Anschluß daran findet BRAUER [2, 3] mehrere solche Kriterien, indem er unter Anwendung von Sätzen über Approximation algebraischer Zahlen durch algebraische Zahlen die RUNGEsche funktionentheoretische Methode mit der THUE-SIEGELschen arithmetischen verbindet. Es gibt wichtige Untersuchungen spezieller Gleichungen (3), z. B. von MORDELL, DELAUNAY und NAGELL (siehe u. a. die Berichte von NAGELL [1, 2], DICKSON [1]). Wir gehen hierauf nicht näher ein, denn die meisten Ergebnisse wurden von WEIL [1] und von SIEGEL [6] überholt.

SIEGEL [6] baut auf die Untersuchungen von WEIL und MORDELL auf und benutzt als wesentliches Hilfsmittel die *Abschätzung linearer Näherungsformen nach unten.* Um solche Abschätzungen zu gewinnen, entwickelt er eine allgemeine Methode, zu der man **20** vergleiche.

Er kann dann zeigen, *daß jede binäre irreduzible Gleichung* (3) *mit algebraischen Koeffizienten, abgesehen von einigen einfach zu charakterisierenden Ausnahmefällen (die alle dem Geschlecht Null angehören) höchstens endlich viele Lösungen in ganzen* x *und* y *hat.* Die Ausnahmefälle werden auf verschiedene (untereinander äquivalente) Weisen durch notwendige und hinreichende Bedingungen vollständig charakterisiert. Notwendig und hinreichend ist z. B., daß die zu (3) gehörige RIEMANNsche Fläche das Geschlecht Null und höchstens zwei Unendlichkeitsstellen für $|x| + |y|$ hat.

12. MAHLER [11] verallgemeinert Satz 5, indem er neben den gewöhnlichen konjugierten der komplexen Zahl ξ auch die Lösungen der kanonischen Gleichung für ξ in P-adischen Körpern betrachtet (vgl. **4**). Er approximiert ξ und bei t vorgegebenen Primzahlen P_τ ($\tau = 1, 2, \ldots, t$) die P_τ-adischen Wurzeln gleichzeitig durch rationale Zahlen. Er kann dann zeigen, *daß jede irreduzible ganzrationalzahlige Binärform $f(x, y)$ vom Grade $n \geqq 3$ höchstens endlich viele Potenzprodukte der gegebenen endlich vielen Primzahlen P_τ eigentlich (d. h. mit ganzen teilerfremden x, y) darstellen kann. Die Anzahl dieser Darstellungen ist höchstens c^{t+1}, wobei $c > 0$ nur von f abhängt.*

Man vergleiche weiter MAHLER [12, 14].

Eine andere Art von Anwendung p-adischer Zahlen auf Diophantische Gleichungen wurde neuerdings von SKOLEM [5] gefunden (s. a. MAHLER [17]). Sie verspricht besonders für solche Probleme von Nutzen zu sein, wo die THUEschen Methoden versagen.

13. STÖRMER [1, 2] hat für Zahlen, die sich als Verhältnisse von Werten gewisser transzendenter Funktionen an algebraischen Stellen des Arguments darstellen lassen, Irrationalitätsmaße hergeleitet. Ist z. B.

$$\xi = \frac{\log \alpha}{\log \beta}, \quad \xi = \frac{\arcsin \alpha}{\arcsin \beta}, \quad \xi = \frac{\operatorname{arc} \operatorname{tg} \alpha}{\operatorname{arc} \operatorname{tg} \beta} \quad (\alpha, \beta \text{ algebraisch}, \xi \text{ irrational}),$$

so gibt es eine nur von ξ abhängige Zahl $\omega > 0$, so daß $e^{-\omega t}$ ein Irrationalitätsmaß für ξ bildet.

Ist die Irrationalzahl ξ gleich

$$\xi = \frac{\displaystyle\int_{t_1}^{t_1'} \frac{dt}{\sqrt{4 t^3 - g_2 t - g_3}}}{\displaystyle\int_{t_2}^{t_2'} \frac{dt}{\sqrt{4 t^3 - g_2 t - g_3}}} \quad (t_1, t_1', t_2, t_2', g_2, g_3 \text{ algebraisch}),$$

so läßt ξ die Approximation $e^{-\omega t}$ nicht zu ($\omega = \omega(\xi) > 0$).

MORDOUKHAY-BOLTOWSKOY [2] zeigt ähnliche Ergebnisse für Zahlen der Gestalt

$$\xi = \alpha \log \beta \quad (\alpha \text{ und } \beta \text{ algebraisch}, \xi \text{ irrational}).$$

Es bildet hier t^{-t^ω} bei geeignetem $\omega > 0$ ein Irrationalitätsmaß (vgl. dazu BOREL [15], HADAMARD [1]).

PILLAI [1] verschärft das STÖRMERsche Ergebnis für $\xi = \dfrac{\log m}{\log n}$

$(m > 0,\ n > 0$ ganz; ξ irrational) mit Hilfe des THUE-SIEGELschen Satzes 5; sein Satz wurde von den Ergebnissen der GELFONDschen Transzendenzuntersuchungen überholt (vgl. **22**).

§ 4. Transzendenzuntersuchungen.

14. Die Existenz transzendenter Zahlen sieht man schnell nach dem bekannten CANTORschen Satz ein, daß die Menge der algebraischen Zahlen abzählbar, die Menge der reellen Zahlen aber nicht abzählbar ist[6]. Weiterführung der CANTORschen Methode bei Transzendenzproblemen durch STÄCKEL [1], PERRON [12].

In der folgenden Übersicht wurden einige Untersuchungsgebiete außer acht gelassen, u. a. die Arbeiten über *ganze transzendente Zahlen* (vgl. MAILLET [1], BLUMBERG [1], ZERMELO [1], NOETHER [1]), diejenigen über *Transzendental-Transzendenz (Hypertranszendenz)* (vgl. HILBERT [2]; es gibt auf diesem Gebiet sehr viele Untersuchungen u. a. von HÖLDER, OSTROWSKI, MANDELBROJT, MAILLET [1], MORDOUKHAY-BOLTOWSKOY [7, 8], MAHLER [6]; diese Liste ist keineswegs vollständig) und die HENSEL*schen Transzendenzuntersuchungen* (vgl. HENSEL [1]).

15. Aus Satz 3 folgt sofort das LIOUVILLEsche Kriterium:

SATZ 8. *Läßt ξ für jedes feste $\omega > 0$ die Approximation $\dfrac{1}{t^\omega}$ zu, so ist ξ transzendent.*

Eine solche Zahl ξ heißt LIOUVILLE-Zahl.

Dieses einfache Kriterium hat den Vorteil, daß man (z. B. durch elementare *Kettenbruch-* oder *Reihen-*Konstruktion) transzendente Zahlen in beliebiger Anzahl wirklich herstellen kann, und den Nachteil, daß das Kriterium nur hinreichend, nicht notwendig ist: nach III Satz 37 lassen ja fast alle reellen Zahlen nicht einmal die Approximation $\dfrac{1}{t^{2+\varepsilon}}$ zu, so daß erst recht die Menge der reellen LIOUVILLE-Zahlen das Maß Null hat.

Näheres über LIOUVILLE-Zahlen und Verwandtes bei LIOUVILLE [2], GRÖNWALL [1, 2, 3], MAILLET [1—9, 14, 15], FABER [1], THUE [4], PERNA [1, 2], BLUMBERG [2, 3], BURNSIDE [1], KEMPNER [1, 2, 3], BÖHMER [1], MORDOUKHAY-BOLTOWSKOY [1, 2, 3, 6], LEVI [2], KOSTANDI [1], IZUMI [1, 2], PÉTROVITCH [2], VON NEUMANN [2], TAMBS-LYCHE [1, 2], ORE [1, 2], MANDELBROJT [1—4], MAHLER [5] und in den zusammenfassenden Darstellungen von MAILLET [1], PERNA [2], GIGLI [1].

16. Ein gleichzeitig *hinreichendes* und *notwendiges* Transzendenzkriterium hat man in

SATZ 9. *ξ ist dann und nur dann transzendent, wenn zu jeder noch so großen Zahl $\Omega > 0$ eine Zahl $n \geqq 1$ existiert, derart, daß die Form $L \equiv x_0 + x_1 \xi + \cdots + x_n \xi^n$ in bezug auf $x_0, x_1, \ldots, x_n$ die eigentliche Approximation $t^{-\Omega}$ zuläßt.*

BEMERKUNG. Die erste Hälfte von Satz 9 („dann") folgt sofort aus Satz 6. Die zweite Hälfte („nur dann") und noch mehr entnimmt

---

[6] CANTOR [1]. Vgl. zur Methode auch MINNIGERODE [1].

man für reelles ξ ohne Mühe I Satz 3, der ja enthält, daß für jedes reelle transzendente ξ, jedes $n \geq 1$ und bei geeignetem $c_n = c_n(\xi)$ die Form $L \equiv x_0 + x_1\xi + \cdots + x_n\xi^n$ die eigentliche Approximation $\frac{c_n}{t^n}$ zuläßt; für nicht-reelles transzendentes ξ zeigt man mit Hilfe des Schubfachprinzips leicht, daß L für jedes $n \geq 1$ die eigentliche Approximation $c_n t^{-\left(\frac{n+1}{2}-1\right)}$ zuläßt. Explizite ist Satz 9 (in verschiedenen Modifikationen) wohl zuerst von MAHLER [8], GELFOND [7] und später nochmals von MORDOUKHAY-BOLTOWSKOY [9] veröffentlicht worden.

Implizit jedoch bildet der in diesem Satz ausgedrückte Sachverhalt den Kern vieler klassischen und modernen Transzendenzbeweise. Das ist nicht stets auf den ersten Blick ersichtlich, weil die in der Literatur vorkommenden Beweise die verschiedensten Anordnungen zeigen; sie verlaufen z. B. häufig indirekt, indem die betrachtete Zahl ξ von vornherein algebraisch angenommen wird, woraus dann unter Benutzung der Eigenschaften ihrer Konjugierten auf einen Widerspruch geschlossen wird. Die erste Hälfte von Satz 9 besagt im wesentlichen, daß sich aus der Existenz unendlich vieler linearen Komposita

$$(4) \qquad h_0 + h_1\xi + \cdots + h_n\xi^n \qquad (n \geq 1, h_0, h_1, \ldots, h_n \text{ ganz})$$

der Zahlen $1, \xi, \ldots, \xi^n$, welche die Null genügend scharf approximieren, jedoch $\neq 0$ sind, schließen läßt, daß *jedes* derartige Kompositum mit $(h_0, \ldots, h_n) \neq (0, \ldots, 0)$ ungleich Null ist. Die Auffindung dieser Komposita ist viel schwieriger als im Fall des Satzes 8, wo nur Näherungsformen $L \equiv \xi x - y$ auftreten, so daß bereits die elementare Kettenbruch- oder Reihenmethode des § 2 oft zum Ziel führt.

Ist ξ als Wert einer Potenzreihe

$$X(z) = c_0 + c_1 z + c_2 z^2 + \cdots$$

mit rationalen Koeffizienten an einer rationalen Stelle $z = \zeta$ gegeben, so kann man folgendermaßen vorgehen. Man bildet zunächst *algebraische Näherungsformen*

$$(5) \qquad H_0(z) + H_1(z) X(z) + \cdots + H_n(z) X^n(z),$$

wo die $H_\nu(z)$ Polynome in z mit vorläufig noch unbestimmten Koeffizienten von einem Grade N_ν unterhalb einer gegebenen Schranke $N \ldots 1$ darstellen. Diese Koeffizienten werden so bestimmt, daß die Potenzreihe (5) mit einer möglichst hohen Potenz z^k von z anfängt; diese Bedingung führt zu einem System von k homogenen linearen Gleichungen mit rationalen Koeffizienten in den $M = \sum_{\nu=0}^{n} (N_\nu + 1)$ unbekannten Koeffizienten der H_ν. Für $k < M$ kann man dieses System durch rationale Zahlen lösen. Sind die Koeffizienten der H_ν jetzt demgemäß gewählt worden, so entsteht aus (5) durch Einsetzen von $z = \zeta$ und

Multiplikation mit einer geeigneten natürlichen Zahl a ein arithmetischer Ausdruck (4) mit $h_\nu = a H_\nu(\zeta)$, $\xi = X(\zeta)$. Man versucht nun, k und N als Funktion von n derart zu wählen, daß für unendlich viele n der gefundene Ausdruck (4) die Null genügend scharf approximiert; die *Hauptschwierigkeit* liegt in dem Nachweis, daß der Ausdruck $\neq 0$, m. a. W., daß die Approximation *eigentlich* ist. Zu diesem Zweck hat man eine Fülle von Kunstgriffen analytischer, algebraischer oder arithmetischer Natur ersonnen, auf die wir nicht eingehen (man vergleiche aber noch **20**).

17. Der obige Gedankengang, auf die Potenzreihe $X(z) = e^z = 1 + \dfrac{z}{1!} + {} + \dfrac{z^2}{2!} + \cdots$ angewandt, bildet den wesentlichen Kern der beiden HERMITE-schen Beweise der Transzendenz von e (HERMITE [**8**]; vgl. die früheren Noten von HERMITE [**5, 6, 7**] und auch LAGUERRE [**1**]). Ähnliches gilt von dem bekannten darauf fortbauenden Beweis von LINDEMANN [**1, 2, 3**] dafür, daß jede „LINDEMANN*sche Form*"

$$\xi_1 e^{\eta_1} + \xi_2 e^{\eta_2} + \cdots + \xi_n e^{\eta_n} \qquad (\xi_1, \ldots, \xi_n, \eta_1, \ldots, \eta_n \text{ algebraisch})$$

in jedem nichttrivialen Fall transzendent ist, woraus wegen $e^{\pi i} = -1$ insbesondere die Transzendenz von π folgt. Wir gehen auf die Einzelheiten dieser Beweise nicht ein, ebensowenig wie auf die vielen später entstandenen (oft besonders geistreichen) Neubeweise (und Beweisvarianten) der HERMITE-LINDEMANNschen Ergebnisse (vgl. **18**). Zu diesen Neubeweisen sei bemerkt, daß sie für den Transzendenznachweis der Zahlen e und π oft eine Vereinfachung bedeuteten, andererseits aber, weil sie immer spezieller auf diese Zahlen zugeschnitten wurden, eine Verschleierung des ursprünglichen HERMITEschen Ansatzes verursachten, dessen allgemeiner Charakter erst in neuerer Zeit vor allem von SIEGEL wieder aufgedeckt wurde.

18. Neubeweise der Transzendenz von e und π (oder Beweisvarianten) wurden gegeben durch: MARKOFF [**2**], ROUCHÉ [**1**] (siehe auch ROUCHÉ-COMBEROUSSE [**1**]), JORDAN [**1**], WEIERSTRASS [**2**], STIELTJES [**2**], SYLVESTER [**3, 4**] (vgl. aber[7] MARKOFF [**4**]), VENSKE [**1**], JAMET [**1, 2, 3**], CAILLER [**1**], HILBERT [**1**], HURWITZ [**6**], GORDAN [**1, 2**], MERTENS [**1**], POSSÉ [**1**], VAHLEN [**2, 3**], VEBLEN [**1**], MORITZ [**1**], KAGAN [**1**], SCHOTTKY [**1**], SPAETH [**1**]. Man vergleiche die Übersicht und Darstellung vorhandener Beweise durch HESSENBERG [**1**] und die Darstellungen (in Lehrbüchern und dergleichen) bei BACHMANN [**2**], MAILLET [**1**], ENRIQUES [**1**], KLEIN [**4**], TROPFKE [**1**], TEIXEIRA [**1**], WEBER [**1**], WEBER-WELLSTEIN [**2**], SCHUH [**1**], LANDAU [**5^{III}**], DÖRRIE [**1**].

Einige weitere (teilweise rekreative) Literatur zitiert MITCHELL [**1**]. Geometrische und andere Anwendungen: GEGENBAUER [**1**], LEONCINI [**1**], REMOUNDOS [**1**], SCARPIS [**1**], BAUER SLOBIN [**1, 2**], VAROPOULOS [**1, 2, 3**], PÉTROVITCH [**1**], ITIHARA-ÔISHI [**1**].

19. In vielen Fällen kann man aus dem Vorhandensein scharfer eigentlicher Näherungen (4) nicht nur auf das Nichtverschwinden (das Echtsein) der Form L aus Satz 9 schließen, sondern sogar eine positive untere Schranke (im Sinne von I **11**) für $|L|$ (also ein Transzendenzmaß für ξ) herleiten

---

[7] Der SYLVESTERsche Beweis ist nämlich nicht einwandfrei; siehe auch die Bemerkungen von HERMITE und STIELTJES (HERMITE [**2^{II}**]).

(vgl. **20**). Dazu reichen im Fall der Zahlen e und π schon die Beweismittel HERMITES aus. Das erste Transzendenzmaß für e wurde von BOREL [2, 14] bestimmt, von POPKEN [1, 2] aber wesentlich verschärft. Das POPKENsche Ergebnis ist etwas schärfer als das ungefähr zur gleichen Zeit von SIEGEL [6] publizierte, wurde aber von MAHLER [8] unwesentlich verbessert. MAHLER [8] findet für π ein Transzendenzmaß, das schärfer ist als die vorher von POPKEN [3] und SIEGEL [6] gegebenen. Es gilt nach MAHLER:

SATZ 10. *Es gibt eine absolute Konstante $c > 0$, so daß*

$$\varphi(n;\, t) = t^{\,-\,n\,-\,\dfrac{c\, n^2 \log(n+1)}{\log\log t}}$$

ein Transzendenzmaß für e und $\varphi(n;\, t) = t^{-c^n}$ ein Transzendenzmaß für π ist.

20. Eine allgemeine und wichtige Methode zur Bestimmung eines Transzendenzmaßes entwickelt SIEGEL [6], der einerseits an die HERMITEsche Methode, andererseits an die Untersuchungen von THUE anknüpft. Er betrachtet statt eines einzigen Kompositums (4) $n + 1$ simultane lineare Ausdrücke zwischen den Zahlen $\xi_0, \xi_1, \ldots, \xi_n$:

$$(6) \qquad L_i \equiv h_{i0}\xi_0 + h_{i1}\xi_1 + \cdots + h_{in}\xi_n \qquad (i = 0, 1, \ldots, n)$$

mit ganzen rationalen Koeffizienten h_{ij} nicht verschwindender Determinante $|h_{ij}|$. Ist $L \equiv h_0\xi_0 + \cdots + h_n\xi_n$ ein beliebiges weiteres Kompositum[8], so gibt es wenigstens n der L_i, die zusammen mit L linear unabhängig sind. Auflösung nach den $\xi_0, \ldots, \xi_n$ gestattet, die ξ_i in den Werten von L und den n genannten L_i linear auszudrücken und daraus eine um so bessere untere Schranke für $|L|$ zu gewinnen, je schärfer die L_i die Null eigentlich approximieren.

Die arithmetischen Näherungen L_i werden aus algebraischen Näherungsformen der Gestalt

$$(7) \qquad H_0(z)\, \mathsf{X}_0(z) + \cdots + H_n(z)\, \mathsf{X}_n(z)$$

gewonnen, wo die $H_\nu(z)$ wie in **16** unbekannte Polynome, die $\mathsf{X}_\nu(z)$ ganze transzendente Funktionen mit rationalen Taylorkoeffizienten darstellen, die einem gewissen System homogener linearer Differentialgleichungen erster Ordnung genügen, deren Koeffizienten rationale Funktionen von z mit rationalen Zahlkoeffizienten sind. Gleichzeitig mit (7) wird eine Anzahl der Ableitungen von (7) nach z betrachtet; die Differentialgleichungen gestatten, die Ableitungen der X_ν wieder in den X_ν auszudrücken, so daß man aus (7) ein System von Näherungsformen $H_{i0}\mathsf{X}_0 + \cdots + H_{in}\mathsf{X}_n$ bekommt. Ähnlich, wie in **16** angegeben wurde, gelingt es SIEGEL, die H_ν so zu bestimmen, daß sie rationale Koeffizienten haben und daß durch Einsetzung spezieller

---

[8] Jedoch mit $(h_0, \ldots, h_n) \neq (0, \ldots, 0)$.

rationaler Werte $z = \zeta$ Systeme möglichst guter Näherungen (6) mit den oben verlangten Eigenschaften entstehen. (Die besten algebraischen Näherungen liefern nicht stets die besten arithmetischen; es ist dabei ein Kompromiß zu schließen.)[9]

In dieser Weise gelingt es SIEGEL nicht nur, mehrere Transzendenzmaße zu bestimmen (z. B. für e und π; vgl. **19**), sondern auch allgemeinere Abschätzungen, deren „qualitative" Bedeutung ist, daß gewisse Größen algebraisch unabhängig sind, herzuleiten. Von seinen vielen Transzendenz- und Irrationalitätsergebnissen nennen wir nur einige, die die BESSELschen Funktionen betreffen und eine wesentliche Verschärfung der in **8** genannten wichtigen Irrationalitätsuntersuchung von MAIER bedeuten:

(1). *Ist $P(u,v)$ ein Polynom vom Grade $n \geqq 1$ mit ganzen rationalen Koeffizienten, deren Absolutwerte das Maximum $H \geqq 1$ haben, ist $\xi \neq 0$ algebraisch und vom Grade $g \geqq 1$, so gibt es eine nur von ξ und n abhängige Zahl $c > 0$, derart, daß*

$$\left| P(J_0(\xi), J_0'(\xi)) \right| > c\,H^{-123\,n^2\,g^3}$$

ist; speziell: *Die* BESSEL*sche Funktion $J_0(\xi)$ ist für algebraisches $\xi \neq 0$ transzendent; ebenso $J_0'(\xi)$; $J_0(\xi)$ und $J_0'(\xi)$ sind sogar algebraisch unabhängig voneinander.*

(2). (Verallgemeinerung des LINDEMANNschen Satzes aus **17**.) Für algebraisches $\xi \neq 0$ und algebraische linear unabhängige $\xi_1, \ldots, \xi_\nu$ besteht keine nichttriviale algebraische Relation mit algebraischen Koeffizienten zwischen den Zahlen $J_0(\xi)$, $J_0'(\xi)$, $e^{\xi_1}, \ldots, e^{\xi_\nu}$.

21. MAHLER [**5, 8**] hat die SIEGELschen Untersuchungen über Exponentialfunktion und Logarithmus weitergeführt und zeigt u. a. den in **19** genannten Satz 10. Er benutzt den Begriff des Transzendenzmaßes zu der folgenden Klassifikation der komplexen Zahlen in A-, S-, T- und U-Zahlen. Diese Klassifikation ist deshalb bei den praktischen Untersuchungen nützlich, weil MAHLER zeigt, daß zwei Zahlen aus verschiedenen Klassen algebraisch unabhängig sind.

Für ganze $n \geqq 1$, $a \geqq 1$ ist die arithmetische Funktion

$$\omega_n(a) = \omega_n(a,\xi) = \mathop{\mathrm{Min}}_{\substack{a_0, a_1, \ldots, a_n = 0, \pm 1, \ldots, \pm a \\ \sum\limits_{\nu=0}^{n} a_\nu \xi^\nu \neq 0}} \left(\left| \sum_{\nu=0}^{n} a_\nu \xi^\nu \right| \right)$$

höchstens gleich 1, und sie nimmt mit wachsenden a und n nicht zu. Setzt man

$$\omega_n = \omega_n(\xi) = \mathop{\mathrm{Lim\,sup}}_{a \to \infty} \frac{\log \dfrac{1}{\omega_n(a)}}{\log a}, \qquad \omega = \omega(\xi) = \mathop{\mathrm{Lim\,sup}}_{n \to \infty} \frac{\omega_n}{n},$$

---

[9] Es wird kaum nötig sein hervorzuheben, daß die Nummern **16** und **20** nur einen oberflächlichen und unvollkommenen Eindruck der SIEGELschen Methode geben können.

so ist $0 \leqq \omega_n \leqq \infty$, $0 \leqq \omega \leqq \infty$. Es gibt offenbar einen eindeutig bestimmten Index $\mu = \mu(\xi)$ mit der Eigenschaft $1 \leqq \mu \leqq \infty$, $\omega_n < \infty$ für $n < \mu$, $\omega_n = \infty$ für $n \geqq \mu$. Die beiden Zahlen ω und μ können nicht gleichzeitig endlich sein.

DEFINITION. *Die Zahl* ξ *heißt*

$$A\text{-}Zahl,\ wenn \qquad \omega = 0, \quad \mu = \infty,$$
$$S\text{-}Zahl,\ wenn\ 0 < \omega < \infty, \quad \mu = \infty,$$
$$T\text{-}Zahl,\ wenn \qquad \omega = \infty, \quad \mu = \infty,$$
$$U\text{-}Zahl,\ wenn \qquad \omega = \infty, \quad \mu < \infty.$$

Nach Satz 6 ist jede algebraische Zahl A-Zahl. Nach der Bemerkung bei Satz 9 gilt für transzendentes ξ die Ungleichung $\omega \geqq 1$, falls ξ reell, und $\omega \geqq \tfrac{1}{2}$, falls ξ nicht reell ist; ξ kann also keine A-Zahl sein: die Menge der algebraischen Zahlen ist identisch mit jener der A-Zahlen; jede transzendente Zahl ist S-, T- oder U-Zahl. Aus Satz 10 folgt, daß e eine S-Zahl und daß π entweder S- oder T-Zahl ist. Die LIOUVILLESchen Zahlen sind U-Zahlen mit $\mu = 1$; sie sind also sowohl von e wie von π algebraisch unabhängig. Die Existenz von T-Zahlen ist noch nicht nachgewiesen worden. MAHLER [9] zeigt, daß die Nicht-S-Zahlen auf der Zahlengerade das Linienmaß Null und in der komplexen Ebene das Flächenmaß Null haben: *fast alle Zahlen sind S-Zahlen*, d. h. zu fast allen ξ gibt es für jede ganze $n \geqq 1$ zwei Zahlen $\gamma \geqq 1$ (nur von ξ abhängig) und $c > 0$ (nur von ξ und n abhängig), so daß für jeden Gitterpunkt $(a_0, \ldots, a_n)$ der Höhe $a \geqq 1$ gilt:

$$\left| \sum_{\nu=0}^{n} a_\nu \xi^\nu \right| > c\, a^{-\gamma n}.$$

Aus einem KHINTCHINEschen Satz (V Satz 4) folgt, daß auf der Zahlengeraden die Menge der S-Zahlen mit $\gamma = 1$ das Maß Null hat.

MAHLER [**16**] führt dieselbe Klassifikation auch im p-adischen Fall durch.

MAHLER [**10**] zeigt die Transzendenz der p-adischen Exponentialfunktion an algebraischen Stellen.

BEMERKUNG. Es gibt in der Literatur mehrere Klassifikationen der Zahlen (vgl. MAILLET [**1, 2**], PERNA [**2**], MORDOUKHAY-BOLTOWSKOY [**8**] und auch III 4). Von MORDOUKHAY-BOLTOWSKOY [**4, 5**] wurden einige Transzendenzsätze behauptet (u. a. über die algebraische Unabhängigkeit von e und π), deren Beweis noch aussteht. MORDOUKHAY-BOLTOWSKOY [**9**] zeigt einige Sätze, die in den Sätzen der obengenannten früheren Arbeiten von SIEGEL, POPKEN, MAHLER enthalten sind.

22. Im Jahre 1900 stellte HILBERT [**2**] eine Reihe von berühmten Problemen, unter denen die Frage vorkommt, ob die EULERsche Konstante C transzendent, und weiter, ob bei algebraischem $\eta \neq 0$ und $\neq 1$ und irrationalem algebraischen ω die Zahl η^ω transzendent ist. Die erste Frage ist noch ungelöst; die zweite wurde neuerdings (aber nicht mit den obigen Methoden) gelöst. GELFOND [1] zeigte zuerst die Transzendenz der Zahl $e^\pi = (-1)^i$. Er entwickelte dabei die transzendente Funktion $e^{\pi z}$ in eine NEWTONsche Interpolationsreihe (vgl. auch GELFOND [2, 3, 4], MORIMOTO [1]), wobei er als Interpolationsstellen die ganzen Zahlen der GAUSSschen Ebene $Z_0 = 0$, $Z_1 = 1$, $Z_2 = i$, $Z_3 = -1, \ldots$ benutzt:

$$(8) \qquad e^{\pi z} = \sum_{n=0}^{\infty} A_n F_{n-1}(z), \text{ wo } F_n(z) = \prod_{\mu=0}^{n}(z - Z_\mu) \text{ ist } (F_{-1} = 1).$$

Man hat für die A_n zwei Ausdrücke (Residuensatz):

$$(9) \qquad A_n = \sum_{\nu=0}^{n} \frac{e^{\pi Z_\nu}}{F_n'(Z_\nu)}, \qquad\qquad (10) \qquad A_n = \frac{1}{2\pi i} \int_{K_n} \frac{e^{\pi w}}{F_n(w)}\, dw,$$

während

$$(11) \qquad e^{\pi z} = \sum_{n=0}^{s} A_n F_{n-1}(z) + \frac{F_s(z)}{2\pi i} \int_{K_s} \frac{e^{\pi w}}{(w - z) F_s(w)}\, dw,$$

wo K_n den Kreis um O mit Radius Max $(4, n)$ bedeutet.

Aus Primzahlsätzen, (8) und (9), folgert er, daß $e^{[\sqrt{n}]\pi} A_n$ ein Polynom vom Grade $\leq 2[\sqrt{n}]$ in e^π ist, mit Koeffizienten aus $K(i)$, deren Hauptnenner $= O(c^n)$ bei geeignetem von n unabhängigen $c > 0$ ist. Wegen (10) kann man diese „Näherungspolynome" bequem nach oben abschätzen, während aus (8) und der Transzendenz der Funktion $e^{\pi z}$ folgt, daß A_n für unendlich viele n nicht verschwindet. Ein ähnlicher Schluß wie Satz 9 liefert dann die Transzendenz von e^π.

KOKSMA-POPKEN [1] bauten diese Methode zur Bestimmung eines Transzendenzmaßes für e^π aus. Die dazu benötigte Abschätzung der $|A_n|$ nach unten wurde für unendlich viele n gefunden durch wiederholte Differentiation von (11).

SIEGEL [7] erreichte unter Anwendung der NEWTONschen Interpolationsreihe (nach dem GELFONDschen Ansatz) u. a. das Ergebnis, daß bei der elliptischen $\wp$-Funktion wenigstens eine der Invarianten g_2, g_3 oder wenigstens eine der Perioden ω_1, ω_2 transzendent ist.

Das GELFONDsche Ergebnis wurde von SIEGEL (in einer nicht publizierten Vorlesung), von KUSMIN [3] und von BOEHLE [1] verallgemeinert. Ihre Sätze wurden jedoch durch die folgende endgültige Lösung des HILBERTschen Problems überholt:

SATZ 11. *Die Zahl* $\xi = \eta^\omega$ (η *algebraisch* $\neq 0$, $\neq 1$; ω *algebraisch irrational*) *ist transzendent.*

Dieser Satz, der u a. auch enthält, daß der BRIGGSsche Logarithmus einer algebraischen Zahl entweder rational oder transzendent ist, wurde zuerst von GELFOND [5] und wenige Wochen später (unabhängig) von

SCHNEIDER [1[I]] mit ganz anderem Beweis veröffentlicht. Beide Methoden benutzen den CAUCHYschen Integralsatz, verwenden aber statt der NEWTONschen Interpolationsreihe andere Interpolationsverfahren, wobei das Schubfachprinzip benutzt wird. Das SCHNEIDERsche Verfahren geht dabei auf SIEGELsche Gedanken zurück.

SCHNEIDER [1[II]] verallgemeinert den SIEGELschen Satz über die elliptischen Funktionen und kündigt verschiedene Ergebnisse über die Modulfunktionen an.

GELFOND [6] kündigt einen allgemeinen Satz an, in dem speziell die algebraische Unabhängigkeit von e und π enthalten ist, und er behauptet, daß Zahlen der Gestalt

$$e^{\xi_1 e^{\xi_2 e^{\cdot^{\cdot^{\cdot^{\xi_{n-1} e^{\xi_n}}}}}}} \qquad \text{und} \qquad \omega_1, \omega_2, \cdot^{\cdot^{\cdot^{\omega_p}}}$$

mit algebraischen $\xi_1 \neq 0; \xi_2; \ldots; \xi_n$ und $\omega_1 \neq 0, 1; \omega_2 \neq 0, 1; \omega_3 \neq 0; \omega_4; \ldots; \omega_p$ transzendent sind, und daß verschiedene derartige Zahlen in bezug auf den Körper der rationalen Zahlen algebraisch unabhängig sind (abgesehen von den trivialen Ausnahmen).

MAHLER [18] zeigt das Analogon des Satzes 11 im P-adischen.

BOEHLE [2] bestimmt ein gewisses Maß für die Transzendenz der Zahl $\xi = \eta^\omega$ des Satzes 11, das im Fall $\xi = e^\pi$ mit dem KOKSMA-POPKENschen Ergebnis übereinstimmt; sein Ergebnis wurde aber überholt durch den Beweis von GELFOND [8], daß für algebraische η und ω und transzendentes $\xi = \eta^\omega$ die Approximationsfunktion

$$\varphi(n; t) = \varphi(t) = t^{-(\log\log t)^5 + \varepsilon}. \qquad\qquad (\varepsilon > 0)$$

ein Transzendenzmaß für ξ bildet.

23. Eine neue Methode für Transzendenzuntersuchungen wurde vor kurzem von PÓLYA [2] und unabhängig davon von POPKEN-MAHLER [1] veröffentlicht: Nach einem Satz von POPKEN [5] und PÓLYA [2] können die TAYLOR-Koeffizienten einer ganzen transzendenten Funktion, die einer algebraischen Differentialgleichung genügt, dann nicht sämtlich algebraische Zahlen sein, wenn sie genügend stark mit wachsendem Index gegen Null streben. Diese Koeffizienten besitzen aber eine endliche algebraische Basis, so daß nicht alle Elemente dieser Basis algebraisch sein können. Sowohl PÓLYA [2] wie POPKEN-MAHLER [1] wenden diese Methode auf elliptische Funktionen an. Das PÓLYAsche Ergebnis ist im POPKEN-MAHLERschen enthalten; dieses lautet: *Von den drei Größen*

$$\frac{\omega\eta}{\pi^2}, \quad \frac{\omega^4 g_2}{\pi^4}, \quad \frac{\omega^6 g_3}{\pi^6},$$

die zu einer nicht ausgearteten $\wp$-Funktion gehören, ist mindestens eine transzendent.

Kapitel V.

Der homogene lineare Fall (III): Zahlensystem und Näherungsform.

§ 1. Das KHINTCHINEsche Übertragungsprinzip.

1. Nach I Satz 3, 4 läßt jede Form $L \equiv \alpha_1 x_1 + \alpha_2 x_2 + \cdots + \alpha_n x_n - y$ die Approximation $\frac{1}{t^n}$, jedes System (α_ν) die Approximation $\frac{1}{t^{1+\frac{1}{n}}}$ zu $(n \geqq 1)$. Wir definieren (vgl. KHINTCHINE [**10**]):

DEFINITION 1. *Die obere Grenze ω_1 der Zahlen ω, für die die Form* $L \equiv \alpha_1 x_1 + \alpha_2 x_2 + \cdots + \alpha_n x_n - y$ *die Approximation* $\frac{1}{t^{n+\omega}}$ *zuläßt, heiße der Index von* L, *und eigentlicher Index, wenn es ein $c > 0$ gibt, so daß L die Approximation* $\frac{1}{c\,t^{n+\omega_1}}$ *nicht zuläßt*[1].

DEFINITION 2. *Die obere Grenze ω_2 der Zahlen ω, für die das Zahlensystem* (α_ν) $(\nu = 1, 2, \ldots, n)$ *die Approximation* $\frac{1}{t^{1+\frac{1+\omega}{n}}}$ *zuläßt, heiße der Index des Systems, und eigentlicher Index, wenn es ein $c > 0$ gibt, so daß (α_ν) die Approximation* $\frac{1}{c\,t^{1+\frac{1+\omega_2}{n}}}$ *nicht zuläßt*[1].

Nach oben ist stets $\omega_1 \geqq 0$, $\omega_2 \geqq 0$.

DEFINITION 3. *Eine Form L mit eigentlichem Index $\omega_1 = 0$ heißt extrem. Ein System (α_ν) mit eigentlichem Index $\omega_2 = 0$ heißt extrem.*

SATZ 1. (KHINTCHINEsches Übertragungsprinzip.) *Bei gegebenen* $n \geqq 1$, $\alpha_1, \alpha_2, \ldots, \alpha_n$ *ist immer*

$$(1) \qquad \omega_1 \geqq \omega_2 \geqq \frac{\omega_1}{n^2 + \omega_1(n-1)}.$$

Gilt das erste Gleichheitszeichen und ist ω_1 eigentlicher Index, so ist auch ω_2 ein solcher. Gilt das zweite Gleichheitszeichen, und ist ω_2 eigentlicher Index, so ist auch ω_1 ein solcher.

Älter als Satz 1 ist sein Spezialfall:

SATZ 2. (a). *Ist die Form L extrem, dann auch das System (α_ν).*

(b). *Ist (α_ν) extrem, dann auch die Form L.*

Satz 2 (a) wurde zuerst von PERRON [**6**] bewiesen, indem er (implizit) sogar zeigte (PERRONscher Übertragungssatz):

---

[1] Vgl. auch III **4** und die dortige Fußnote **4**.

Satz 3. *Läßt die Form* $L \equiv \alpha_1 x_1 + \alpha_2 x_2 + \cdots + \alpha_n x_n - y \ (n \geqq 1)$
für gewisses festes $c > 0$ *die Approximation* $\dfrac{1}{c\,t^n}$ *nicht zu, so läßt das*
zugehörige System (α_ν) *die Approximation* $\dfrac{1}{n\,c\,t^{1+\frac{1}{n}}}$ *nicht zu.*

BEWEIS. Es gibt ein $A > 0$, so daß für jedes ganze y und für jeden
Gitterpunkt $(x_1, \ldots, x_n)$ der Höhe $X \geqq A$ gilt:

$$(2) \qquad |\alpha_1 x_1 + \alpha_2 x_2 + \cdots + \alpha_n x_n - y| \geqq \frac{1}{c\,X^n}.$$

System (α_ν) ist also eigentlich. Ist $(p_1, p_2, \ldots, p_n, q) = 1$, $q \geqq q_0 = q_0(A)$,
so hat die Gleichung

$$(3) \qquad p_1 x_1 + p_2 x_2 + \cdots + p_n x_n - q y = 0$$

wenigstens eine ganzzahlige Lösung $(x_1, \ldots, x_n)$, y mit

$$(4) \qquad A \leqq X \leqq \sqrt[n]{q}$$

(Schubfachprinzip). Wegen (3), (2) und (4) gilt für diese $x_1, \ldots, x_n, y$:

$$\left| \sum_{\nu=1}^{n} x_\nu \left(\alpha_\nu - \frac{p_\nu}{q} \right) \right| = \left| \sum_{\nu=1}^{n} \alpha_\nu x_\nu - y \right| \geqq \frac{1}{c\,X^n} \geqq \frac{1}{c\,q}.$$

Lieferte nun $\left(\dfrac{p_\nu}{q} \right)$ für (α_ν) die Approximation $\dfrac{1}{c\,n\,q^{1+\frac{1}{n}}}$, so wäre wegen (4)

$$\left| \sum_{\nu=1}^{n} x_\nu \left(\alpha_\nu - \frac{p_\nu}{q} \right) \right| < \sum_{\nu=1}^{n} \sqrt[n]{q} \; \frac{1}{c\,n\,q\sqrt[n]{q}} = \frac{1}{c\,q}.$$

Widerspruch!

Auf dieselbe Weise zeigt KHINTCHINE [**10**] die erste Ungleichung (1);
der Beweis von Satz 2 (b) und von der zweiten Ungleichung (1) (KHIN-
TCHINE [**8**] bzw. [**10**]) ist zwar elementar, aber viel komplizierter, und beruht
auf einer geschickten Anwendung des Schubfachprinzips.

2. Die Existenz *extremer Formen* L war schon längst bekannt:
Ist θ algebraisch vom Grade $n + 1$ $(n \geqq 1)$, so ist die Form $\theta x_1 + \theta^2 x_2 +$
$+ \cdots + \theta^n x_n - y$ nach IV Satz 6 extrem. Nach Satz 2 (a) ist also
auch das System (θ^ν) extrem.

Eine unechte Form $\alpha_1 x_1 + \alpha_2 x_2 + \cdots + \alpha_n x_n - y$ hat offenbar
stets den Index $\omega_1 = \infty$. Sind die α_ν $(1 \leqq \nu \leqq n)$ alle rational, so ist
$\omega_2 = \omega_1 = \infty$. Ist θ vom Grade $n \geqq 2$, so hat die unechte Form
$\theta x_1 + \theta^2 x_2 + \cdots + \theta^n x_n - y$ den Index $\omega_1 = \infty$; weil dann das
System $(\theta, \theta^2, \ldots, \theta^{n-1})$ extrem ist, läßt es bei geeignetem $c > 0$ die
Approximation $\dfrac{1}{c\,t^{1+\frac{1}{n-1}}} = \dfrac{1}{c\,t^{1+\frac{1+\frac{1}{n-1}}{n}}}$ nicht zu, also (weil θ^n linear von

$\theta, \ldots, \theta^{n-1}$ mit rationalen Koeffizienten abhängt) auch das System $(\theta, \theta^2, \ldots \theta^n)$ nicht; das letztere System hat also den Index $\omega_2 \leqq \dfrac{1}{n-1}$. Daraus folgt, daß wenigstens im Fall $\omega_1 = \infty$ die Grenzen für ω_2 in (1) schärfstmöglich sind.

Man vergleiche **9**, **10**, woraus hervorgeht, daß es zu jedem $\omega_2 \geqq 0$ und jedem $n \geqq 1$ eigentliche n-gliedrige Systeme (θ_ν) mit Index ω_2 gibt.

BEMERKUNG. Die Eigenschaft der irrationalen algebraischen Zahlen θ, daß es ein $n \geqq 1$ gibt, wofür das System $(\theta, \theta^2, \ldots, \theta^n)$ extrem ist, kommt nach KHINTCHINE [8] nur „wenigen" reellen Zahlen zu:

SATZ 4. *Die α, zu denen ein $n \geqq 1$ existiert, so daß das System $(\alpha, \alpha^2, \ldots, \alpha^n)$ oder die Form $\alpha x_1 + \alpha^2 x_2 + \cdots + \alpha^n x_n - y$ extrem ist, bilden auf der Zahlengeraden eine Menge vom Maß Null*[2].

3. Nach KHINTCHINE [6] heißen die extremen Systeme (α_ν) auch PERRONsche Systeme, weil PERRON mit Satz 2 (a) zuerst die Existenz solcher Systeme für jedes $n \geqq 1$ gezeigt hat. Vorher war in dieser Richtung nur bekannt, *daß für beliebige $\varepsilon > 0$, $n \geqq 1$ die Bildpunkte $P \equiv (\alpha_1, \ldots, \alpha_n)$ aller n-gliedrigen Systeme mit $\omega_2 > \varepsilon$ im R_n eine Menge von Maß Null darstellen*. Dies wurde von BOREL [8] mit derselben Methode gezeigt, die später KHINTCHINE zum Beweis von III Satz 37 (B) führte (III **30**). KHINTCHINE [6] zeigt dagegen:

SATZ 5. *Bei gegebenem $n \geqq 1$ bilden die Bildpunkte P der extremen n-gliedrigen Systeme $(\alpha_1, \ldots, \alpha_n)$ im R_n eine Menge vom Maß Null.* Der Beweis geht genau so wie der in Bemerkung 1 bei III Satz 37 (A) mitgeteilte kettenbruchfreie Beweis (III **30**). Vgl. den allgemeineren Satz 17 in **11**.

§ 2. Die Aufgabe A 2.

4. Setzt man im MINKOWSKISCHEN Linearformensatz (II Satz 5) $n + 1$ statt n; $\xi_{n+1} = \alpha_1 x_1 + \cdots + \alpha_n x_n + x_{n+1}$; $\xi_\nu = x_\nu$ $(\nu = 1, 2, \ldots, n)$; $-y$ statt x_{n+1}; $t_{n+1} = \dfrac{1}{t}$; $t_\nu = t^{\frac{1}{n}}$ $(\nu = 1, 2, \ldots, n)$, wo $t \geqq 1$, so folgt:

SATZ 6. *Für jede Form $L \equiv \alpha_1 x_1 + \cdots + \alpha_n x_n - y$ gibt es zu jedem $t \geqq 1$ wenigstens einen Gitterpunkt $(x_1, \ldots, x_n)$ der Höhe X und wenigstens ein ganzes y mit*

$$1 \leqq X \leqq t^{\frac{1}{n}}; \quad |\alpha_1 x_1 + \cdots + \alpha_n x_n - y| < \frac{1}{t}.$$

Setzt man in II Satz 5: $n + 1$ statt n; $\xi_{\nu+1} = x_\nu - \alpha_\nu x_{n+1}$ $(\nu = 1, 2, \ldots, n)$; $\xi_1 = x_{n+1}$; x statt x_{n+1}; y_ν statt x_ν; $t_{\nu+1} = \dfrac{1}{t}$ $(\nu = 1, 2, \ldots, n)$; $t_1 = t^n$, wo $t \geqq 1$, so folgt:

SATZ 7. *Für jedes System (α_ν) gibt es zu jedem $t \geqq 1$ wenigstens einen Gitterpunkt $(x, y_1, \ldots, y_n)$ mit*

$$1 \leqq x \leqq t^n; \quad |\alpha_\nu x - y_\nu| < \frac{1}{t} \quad (\nu = 1, 2, \ldots, n).$$

---

[2] Vgl. das in IV **21** Gesagte über die MAHLERschen S-Zahlen.

BEMERKUNG. Aus I Satz 1 (Schubfachprinzip) folgen ähnliche Sätze (vgl. I Sätze 3, 4). Vgl. zu Satz 6 mit $n = 2$ noch BOREL [8].

5. Die Aussagen dieser Sätze lassen sich für spezielle Systeme (α_ν) sehr verschärfen. KHINTCHINE [10] zeigt (Satz und Beweis lassen sich leicht auf den Fall $n > 2$ übertragen):

SATZ 8. *Es sei* $\psi(t) > 0$ *eine stetige, monoton und beliebig langsam mit* t *nach Unendlich strebende Funktion. Dann gibt es wenigstens ein eigentliches System* (θ_1, θ_2) *und ein* $t_0 > 0$ *mit folgenden Eigenschaften:*

(a). *Zu jedem* $t \geqq t_0$ *gibt es Gitterpunkte* (x_1, x_2, y) *mit* $R = \sqrt{x_1^2 + x_2^2}$ *und*

$$1 \leqq R < \psi(t); \quad |\theta_1 x_1 + \theta_2 x_2 - y| < \frac{1}{t}.$$

(b). *Zu jedem* $t \geqq t_0$ *gibt es Gitterpunkte* (x, y_1, y_2) *mit*

$$1 \leqq x < t\,\psi(t); \quad |\theta_\nu x - y_\nu| < \frac{1}{t} \qquad (\nu = 1, 2).$$

BEMERKUNG. Man vergleiche III Satz 24 für den Unterschied zwischen *ein-* und *mehrdimensionalem* homogenen Fall.

KHINTCHINE folgert Satz 8 (b) unschwer aus 8 (a).

BEWEIS von 8 (a). In der (u, v) Ebene heiße $g \equiv x_1 u + x_2 v - y = 0$ mit $(x_1, x_2, y) = 1$ eine rationale Gerade des Ranges $R = \sqrt{x_1^2 + x_2^2}$. Es seien g_1 und g_2 zwei solche Geraden der positiven Ränge $R_1 < R_2$. Es sei f die Umkehrfunktion von $\psi(t)$, s_1 ein Streifen um g_1 der Breite $d_1 < \dfrac{1}{R_1 f(R_2)}$ und σ_2 eine Strecke von g_2 ganz im Inneren von s_1, so kurz, daß σ_2 von keinem g vom Rang $R \leqq R_2$ getroffen wird. g_3 schneide σ_2; dann ist $R_3 > R_2$. Man wähle um σ_2, also um g_2 einen Streifen s_2 der Breite $d_2 < \dfrac{1}{R_2 f(R_3)}$, so kurz, daß s_2 ganz innerhalb s_1 liegt und mit keiner rationalen Geraden g vom Rang $R \leqq R_2$ außer g_2 einen Punkt gemein hat. Auf g_3 wähle man σ_3 ganz in s_2, so daß σ_3 von keinem g vom Rang $R \leqq R_3$ getroffen wird. Schneidet g_4 die Strecke σ_3, so ist $R_4 > R_3$ usw. Man kommt so zu einer Folge rationaler Geraden $g_1, g_2, g_3, \ldots$ der Ränge $R_1 < R_2 < R_3 < \cdots$ und zu einer Folge von Gebieten $s_1 \supset s_2 \supset s_3 \supset \cdots$, die wenigstens einen gemeinsamen inneren Punkt (u, v) haben. Für $\mu \geqq 2$ wird s_μ von keiner rationalen Geraden vom Rang $< R_\mu$ getroffen; wegen $R_\mu \to \infty$ können wir also $(u, v) = (\theta_1, \theta_2)$ setzen, wo (θ_1, θ_2) ein eigentliches System ist. Wir setzen nun $t_0 = f(R_1) + 1$ und bestimmen für $t > t_0$ die Zahl μ durch

$$(5) \qquad R_\mu < \psi(t) \leqq R_{\mu+1}.$$

Setzen wir $g_\mu \equiv a_\mu u + b_\mu v - c_\mu$, so ist wegen $(\theta_1, \theta_2) \subset s_\mu$ die Distanz von (θ_1, θ_2) zu g_μ gleich

$$\frac{|a_\mu \theta_1 + b_\mu \theta_2 - c_\mu|}{R_\mu} < d_\mu = \frac{1}{R_\mu f(R_{\mu+1})},$$

d. h. wegen (5)

$$|a_\mu \theta_1 + b_\mu \theta_2 - c_\mu| < \frac{1}{f(R_{\mu+1})} \leq \frac{1}{t}; \qquad R_\mu < \psi(t),$$

so daß Satz 8 (a) mit $x_1 = a_\mu$, $x_2 = b_\mu$, $y = c_\mu$, $R = R_\mu$ gezeigt worden ist.

§ 3. Simultane Approximationen.

6. Da nach **2** für jedes $n \geq 1$ n-gliedrige extreme Systeme existieren, so ist für jedes $n \geq 1$ die obere Grenze C_n der Zahlen $c > 0$ mit der Eigenschaft, daß *jedes* System (α_ν) $(\nu = 1, 2, \ldots, n)$ die Approximation $\dfrac{1}{c\,t^{1+\frac{1}{n}}}$ zuläßt, endlich. Wir haben also

$$1 \leq C_n < \infty \qquad\qquad (n \geq 1)$$

und nach dem Hurwitzschen Satz (III Satz 13) speziell:

$$C_1 = \sqrt{5}.$$

Der genaue Wert von C_n für $n \geq 2$ ist bis jetzt unbekannt. In **7** folgen untere, in **8** obere Abschätzungen von C_n.

7. Minkowski [1] zeigt zahlengeometrisch:

$$(6) \qquad\qquad C_n \geq 1 + \frac{1}{n} \qquad\qquad (n \geq 1);$$

er definiert dazu den Eichkörper im R_{n+1} durch die Ungleichungen:

$$|u_\nu - \alpha_\nu u_{n+1}| + \left|\frac{u_{n+1}}{t}\right| \leq 1 \qquad (\nu = 1, 2, \ldots, n;\ t \text{ ein Parameter} > 0).$$

Weiter folgert Minkowski [12] aus seinem Ergebnis II **16** sogar

$$C_2 \geq \sqrt{\frac{19}{8}}$$

(vgl. auch Minkowski [2]).

Blichfeldt [1] verschärft (6) zu

$$(7) \qquad C_n \geq \gamma_n, \qquad \text{wo} \qquad \gamma_n = \frac{n+1}{n}\left\{1 + \left(\frac{n-1}{n+1}\right)^{n+3}\right\}^{\frac{1}{n}},$$

und zeigt sogar (Aufgabe A 2):

Satz 9. *Für jedes $n \geq 1$, jedes n-gliedrige System (α_ν) und jedes $t > 1$ gibt es Bruchsysteme $\left(\dfrac{p_\nu}{q}\right)$ mit*

$$1 \leq q \leq 2\left(\frac{2t}{\gamma_n}\right)^n; \qquad |\alpha_\nu q - p_\nu| \leq \operatorname{Min}\left(\frac{1}{t}, \frac{1}{\gamma_n q^{\frac{1}{n}}}\right) \qquad (\nu = 1, 2, \ldots, n).$$

Bemerkung. Minkowski [1] leitet ein Analogon von (6) im Komplexen her, indem er zeigt, daß sich für jedes $n \geq 1$ zu jedem n-gliedrigen System (ξ_ν) komplexer Zahlen ξ_ν unendlich viele Bruchsysteme

$\left(\dfrac{P_\nu}{Q}\right)$ [wo $P_1, \ldots, P_n, Q$ ganze Zahlen in $K(i)$ sind] finden lassen so, daß

$$\left| \xi_\nu - \frac{P_\nu}{Q} \right| < \frac{2n}{(n+1)\sqrt{\pi}} \sqrt[2n]{\frac{4(2n+1)}{(n+1)\pi}} \frac{1}{|Q|^{1+\frac{1}{n}}} \qquad (\nu = 1, 2, \ldots, n)$$

ist.

8. PERRON [6] war der erste, der C_n für beliebiges $n \geqq 1$ nach oben abschätzte; er zeigte:

SATZ 10. *Ist* $n \geqq 1$, *sind* $\theta_1, \ldots, \theta_n$ *ganze Zahlen eines reellen algebraischen Zahlkörpers* $\Re$ *vom Grade* $n+1$, *ist das System* (θ_ν) $(\nu = 1, 2, \ldots, n)$ *eigentlich, bedeuten* $\Re^{(1)}, \Re^{(2)}, \ldots, \Re^{(n)}$ *die zu* $\Re$ *konjugierten Körper, bedeutet* $\theta_\nu^{(\mu)}$ *die zu* θ_ν *konjugierte Zahl in* $\Re^{(\mu)}$ $(\mu = 1, 2, \ldots, n)$ *und wird*

$$(8) \qquad \varrho_\mu = \sum_{\nu=1}^{n} |\theta_\nu^{(\mu)} - \theta_\nu|; \qquad \sigma = \prod_{\mu=1}^{n} \varrho_\mu \qquad \text{(also } \sigma > 0)$$

gesetzt, so läßt System (θ_ν) *für kein festes* $c > \sigma n$ *die Approximation* $\dfrac{1}{c\,t^{1+\frac{1}{n}}}$ *zu. Anders ausgedrückt: es ist*

$$C_n \leqq \sigma n .$$

BEWEIS. Sei c fest und $> \sigma n$. Wir brauchen nur zu zeigen, daß es ein $A > 0$ gibt, so daß für alle Gitterpunkte $(x_1, \ldots, x_n)$ der Höhe $X \geqq A$ und für alle ganzen y

$$(9) \qquad \left| \sum_{\nu=1}^{n} \theta_\nu x_\nu - y \right| > \frac{n}{c\,X^n}$$

gilt; denn dann lehrt der PERRONsche Übertragungssatz 3 den Rest. Angenommen, (9) gilt nicht für die Zahlen $x_1, \ldots, x_n, y$; dann ist wegen (8):

$$\left| \sum_{\nu=1}^{n} \theta_\nu^\mu x_\nu - y \right| \leqq$$

$$\left| \sum_{\nu=1}^{n} x_\nu (\theta_\nu^{(\mu)} - \theta_\nu) \right| + \left| \sum_{\nu=1}^{n} \theta_\nu x_\nu - y \right| \leqq X \varrho_\mu + \frac{n}{c\,X^n} \qquad (1 \leqq \mu \leqq n),$$

also $\left(\text{man beachte } \sigma < \dfrac{c}{n}\right)$:

$$(10) \quad \left\{ \begin{aligned} &\left| \sum_{\nu=1}^{n} \theta_\nu x_\nu - y \right| \prod_{\mu=1}^{n} \left| \sum_{\nu=1}^{n} \theta_\nu^{(\mu)} x_\nu - y \right| \leqq \\ &\left| \sum_{\nu=1}^{n} \theta_\nu x_\nu - y \right| X^n \prod_{\mu=1}^{n} \left\{ \varrho_\mu + \frac{n}{c\,X^{n+1}} \right\} < \left| \sum_{\nu=1}^{n} \theta_\nu x_\nu - y \right| X^n \frac{c}{n} \end{aligned} \right.$$

für $X > A$ bei geeignetem nur von $c, n, \theta_1, \ldots, \theta_n$ abhängigem $A > 0$. Auf der linken Seite von (10) steht der Absolutwert der Norm einer ganzen, nicht verschwindenden algebraischen Zahl, also eine Zahl $\geqq 1$, so daß

$$\left|\sum_{\nu=1}^{n} \theta_\nu x_\nu - y\right| > \frac{n}{cX^n}$$

ist: Widerspruch!

Aus Satz 10 kann man herleiten:

$$C_n \leqq n\left(\frac{2}{\sqrt[n+1]{2}-1}\right)^n \qquad (n \geqq 1).$$

BLICHFELDT [9] teilt ohne Beweis eine Verschärfung dieser Ungleichung für $n \geqq 1$ mit; speziell gilt im Fall $n = 2$:

$$C_2 \leqq \sqrt[4]{23}.$$

Seine Ergebnisse im Fall $n > 2$ wurden aber von FURTWÄNGLER [$2^{\mathrm{I,\,II}}$] überholt, der Satz 10 zu folgendem Satz 11 verschärft (zum Beweise vergleiche auch SCHOLZ [1]):

SATZ 11. *Ist D_n für $n \geqq 1$ die absolut kleinste Körperdiskriminante eines reellen Zahlkörpers $(n + 1)$-ten Grades, so ist*

$$C_n \leqq \sqrt[2n]{|D_n|}.$$

Die Schärfe dieses Satzes folgt daraus, daß für $n = 1$ der genaue HURWITZsche Wert $C_1 = \sqrt{5}$ herauskommt. Weiter folgt u. a.

$$C_2 \leqq \sqrt[4]{23}, \qquad C_3 \leqq \sqrt[6]{275}, \qquad C_n \leqq \sqrt[2n]{n+1}\sqrt{2(n+1)} \qquad (n \geqq 1).$$

HOFREITER [6] verallgemeinert die FURTWÄNGLERsche Arbeit. Er betrachtet den Körper $K(i\sqrt{m})$ der Klassenzahl 1 ($m \geqq 1$ ganz). Es sei $D_n^{(m)}$ für $n \geqq 1$ die absolut kleinste Relativdiskriminante eines komplexen Relativkörpers $(n + 1)$-ten Relativgrades über den Grundkörper $K(i\sqrt{m})$ und es sei $c_n^{(m)} = \sqrt[2n]{|D_n^{(m)}|}$. Dann gilt der Satz: *Es gibt sicher n komplexe Zahlen $\xi_1, \ldots, \xi_n$, derart, daß $\xi_1, \ldots, \xi_n, 1$ in bezug auf $K(i\sqrt{m})$ linear unabhängig sind und die n Ungleichungen*

$$\left|\xi_\nu - \frac{P_\nu}{Q}\right| < \frac{1}{c|Q|^{1+\frac{1}{n}}} \qquad (\nu = 1, 2, \ldots, n) \qquad (c > c_n^{(m)} \text{ und fest})$$

höchstens endlich viele Lösungen in ganzen Zahlen $P_1, \ldots, P_n, Q$ aus $K(i\sqrt{m})$ haben.

Dieser Satz ist also dem Satz 11 vollkommen analog. Für $n = 1$ ergibt sich

$$D_1^{(1)} = 3; \quad D_1^{(2)} = 2; \quad D_1^{(3)} = \sqrt{13}; \quad D_1^{(7)} = \sqrt{8}; \quad D_1^{(11)} = \sqrt{5},$$

also

$$c_1^{(1)} = \sqrt{3}; \quad c_1^{(2)} = \sqrt{2}; \quad c_1^{(3)} = \sqrt[4]{13}; \quad c_1^{(7)} = \sqrt[4]{8}; \quad c_1^{(11)} = \sqrt[4]{5}.$$

Die Schranken $c_1^{(1)}, c_1^{(2)}, c_1^{(3)}$ waren bereits durch FORD und PERRON bekannt und sind auch die genauen Schranken (vgl. IV 4, insbesondere IV Satz 1).

9. Aus **8** geht hervor, wie schlecht gewisse Zahlensysteme (θ_ν) sich approximieren lassen. PERRON [6] beweist in umgekehrter Richtung, *daß es zu jedem $n \geqq 1$ und zu jeder noch so scharfen Approximationsfunktion $\varphi(t)$ eigentliche Systeme (θ_ν) gibt, die die Approximation $\varphi(t)$ zulassen,* z. B. das System

$$\theta_\nu = \sum_{\lambda=1}^{\infty} \frac{\nu^\lambda}{g_1 g_2 \cdots g_\lambda} \qquad (\nu = 1, 2, \ldots, n),$$

wo die natürliche Zahl g_λ so schnell mit λ wächst, daß

$$g_{\lambda-1} > n + \frac{n^{\lambda+1} g_1 g_2 \cdots g_\lambda}{\varphi(g_1 g_2 \cdots g_\lambda)}.$$

JARNÍK [3] zeigt sogar:

SATZ 12. *Ist $\varphi(t)$ eine monotone Approximationsfunktion, $\varphi(t) = o\left(\dfrac{1}{t^2}\right)$ für $t \to \infty$, so gibt es zu jedem $n \geqq 1$ ein eigentliches n-gliedriges System (θ_ν), das zwar die Approximation $\varphi(t)$, aber für kein festes $\gamma\,(0 < \gamma < 1)$ die Approximation $\gamma\varphi(t)$ zuläßt.*

BEWEISGANG: Für $n = 1$ Kettenbrüche (vgl. III Satz 10). Für $n > 1$ Induktion: geschickte Hinzufügung von Zahlen $\theta_2, \theta_3, \ldots$, die die erreichte Approximation nicht stören. Der scharfe Satz besagt nichts für den Fall, daß $\varphi(t)$ ebenso scharf oder schwächer ist als $\dfrac{1}{t^2}$. Dann gilt nach JARNÍK [3]:

SATZ 13. VORAUSSETZUNGEN: *Es sei $n \geqq 1$, für $t \geqq 1$ die Approximationsfunktion $\varphi(t)$ stetig und die Funktion $\varphi^n(t)\,t^{n+1}$ monoton; es konvergiere das Integral*

$$\int_1^{\infty} \varphi^n(t)\,t^n\,dt;$$

es sei $\tau(t)$ für $t \geqq 1$ differenzierbar mit stetiger Ableitung, ferner $\dfrac{\tau(t)}{t} \geqq 1$ für $t \geqq 1$ und monoton nach Unendlich wachsend für $t \to \infty$.

BEHAUPTUNG: *Es gibt eigentliche n-gliedrige Systeme (θ_ν), die zwar die Approximation $\varphi(t)$, nicht aber die Approximation $\varphi(\tau(t))$ zulassen.*

Im Gegensatz zum konstruktiven Beweis von Satz 12 ist der von Satz 13 ein reiner Existenzbeweis, der sehr komplizierte mengentheoretische Hilfsmittel verlangt (vgl. die Bemerkungen nach Satz 18). Mit wesentlich einfacheren Betrachtungen zeigt JARNÍK [4] ähnliche, aber schwächere Sätze, z. B.:

SATZ 14. *Es gibt zu beliebigen $n \geqq 1$ und $\Omega \geqq 1 + \dfrac{1}{n}$ eigentliche Systeme (θ_ν), die die Approximation $\dfrac{2}{t^\Omega}$ zulassen, nicht aber die Approximation $\dfrac{1}{t^\Omega \log^2 t}$.*

10. Wie hängt die simultane Approximation eines Systems (x_ν) mit den Approximationseigenschaften der einzelnen Zahlen $x_\nu\ (\nu = 1, 2, \ldots, n)$ zusammen?

Nach JARNÍK [5] bedeute $E = E(\alpha_1, \alpha_2, \ldots, \alpha_n)$ die obere Grenze derjenigen Zahlen $\Omega > 0$, für die das System $x_1, \ldots, \alpha_n$ die Approximation $\dfrac{1}{t^\Omega}$ zuläßt. Nach Satz 14 gibt es dann zu beliebigen $n \geqq 1$ und

$\Omega \geqq 1 + \dfrac{1}{n}$ ein System (θ_ν) mit $E\,(\theta_1, \theta_2, \ldots, \theta_n) = \Omega$.

Jarník zeigt nun im Fall $n = 2$:

Satz 15. *Es sei* (α_1, α_2) *ein beliebiges zweigliedriges System,* $E_1 = E\,(\alpha_1)$, $E_2 = E\,(\alpha_2)$, $E = E\,(\alpha_1, \alpha_2)$, $E_1 \geqq E_2$.

Dann ist:
$$\mathrm{Max}\left(\frac{3}{2}, \frac{2\,E_1}{E_1 + 1}\right) \leqq E \leqq E_2.$$

Satz 16. *Sind* E_1 *und* E_2 *beliebige Zahlen mit* $2 \leqq E_2 \leqq E_1 \leqq \infty$, *so gibt es* (a) *ein eigentliches System* (θ_1, θ_2) *mit*
$$E\,(\theta_1) = E_1, \qquad E\,(\theta_2) = E_2, \qquad E\,(\theta_1, \theta_2) = \mathrm{Max}\left(\frac{3}{2}, \frac{2\,E_1}{E_1 + 1}\right),$$
und (b) *ein eigentliches System* (θ_1, θ_2) *mit*
$$E\,(\theta_1) = E_1, \qquad E\,(\theta_2) = E_2, \qquad E\,(\theta_1, \theta_2) = E_2.$$

Satz 15 ist leicht beweisbar (Schubfachprinzip). Zum Beweise von Satz 16, der die Schärfe von Satz 15 demonstriert, werden Kettenbrüche und mengentheoretische Überlegungen benutzt. Dabei liegt die wesentliche Schwierigkeit im Beweis von 16 (a).

11. Khintchine [11] zeigt den folgenden *metrischen*

Satz 17. *Es sei* $n \geqq 1$ *und die Approximationsfunktion* $\varphi\,(t)$ *stetig; es konvergiere* $t^{n+1} \varphi^n\,(t)$ *monoton gegen Null für* $t \to \infty$, *und es werde gesetzt:* $I_n = \int\limits^{\infty} \{t\,\varphi\,(t)\}^n\,dt$.

Behauptungen: (A). *Divergiert* I_n, *so lassen fast alle* n-*gliedrigen Systeme* (α_ν) *die Approximation* $\varphi\,(t)$ *zu.* (B). *Konvergiert* I_n, *so lassen fast alle* (α_ν) *die Approximation* $\varphi\,(t)$ *nicht zu* $(\nu = 1, 2, \ldots, n)$.

Spezialfälle: III Satz 37 (III **30**); V Satz 5 (V **3**). Vgl. dort über den Beweis von Satz 17. [,,Fast alle" heißt, daß die Menge der Bildpunkte $P \equiv (\alpha_1, \ldots, \alpha_n)$ der Ausnahmesysteme (α_ν) im R_n das Lebesguesche Maß Null hat].

12. Jarník [3] hat Satz 17 unter Benutzung eines Maßbegriffes nach Hausdorff verfeinert (vgl. auch III **31**).

Es sei $\mathfrak{M}$ eine Punktmenge im R_n $(n \geqq 1)$, $f\,(t)$ für $t > 0$ stetig, positiv, wachsend, mit $f\,(t) \to 0$ für $t \to 0$, und ϱ eine Zahl > 0. Es bedeute $\mathfrak{S}_\varrho$ eine höchstens abzählbare Folge von n-dimensionalen offenen achsenparallelorientierten Würfeln $W_1, W_2, \ldots$, deren Kantenlängen $d_1, d_2, \ldots$ sämtlich $< \varrho$ sind. Bildet man für alle solchen $\mathfrak{S}_\varrho$, die ein

Überdeckungssystem von $\mathfrak{M}$ sind, die Summe $\sum\limits_{i=1}^{\infty} f\,(d_i)$, so heiße die untere Grenze aller dieser Summen $L_\varrho\,(\mathfrak{M}; f\,(t))$. Dann existiert der Limes (das neue ,,Maß" von $\mathfrak{M}$):
$$L = L\,(\mathfrak{M}; f\,(t)) = \mathrm{Lim}_{\varrho \to 0} L_\varrho\,(\mathfrak{M}; f\,(t)) \qquad (0 \leqq L \leqq \infty).$$

Für $f\,(t) \equiv t^n$ ist L das äußere Lebesguesche Maß von $\mathfrak{M}$.

Jarník [**3**] zeigt dann u. a. den folgenden

Satz 18. Voraussetzung 1. *$f(t)$ sei für $t > 0$ stetig, positiv und wachsend, mit $f(t) \to 0$ für $t \to 0$; es bedeute $\varphi(t)$ für $t \geq 1$ eine stetige und monotone Approximationsfunktion. Es sei $n \geq 1$ und formal*

$$I_n^* = \int\limits_1^\infty f(2\varphi(t))\, t^n\, dt\,.$$

Es bedeute $\mathfrak{M} = \mathfrak{M}(\varphi(t); n)$ die Menge der Punkte $(\alpha_1, \ldots, \alpha_n)$ mit $0 \leq \alpha_\nu < 1$, für die das System (α_ν) die Approximation $\varphi(t)$ gestattet, $\mathfrak{M}_e = \mathfrak{M}_e(\varphi(t); n)$ die Menge derjenigen Punkte von $\mathfrak{M}(\varphi(t); n)$, für die das System (α_ν) eigentlich ist.

Voraussetzung 2. *Es seien $\varphi^n(t)\, t^{n+1}$ und $f(2\varphi(t))\, t^{n+1}$ monoton für $t \geq 1$, $\dfrac{f(t)}{t^n}$ monoton für $t > 0$ und es konvergiere $\int\limits_1^\infty \varphi^n(t)\, t^n\, dt$.*

Behauptung. *Es ist $L(\mathfrak{M}; f(t)) = 0$, wenn Voraussetzung 1 gilt und I_n^* konvergiert. Es ist $L(\mathfrak{M}_e; f(t)) = \infty$, wenn die Voraussetzungen 1 und 2 gelten und I_n^* divergiert.*

Der Beweis bei konvergierendem I_n^* ist leicht (analog zum Beweis von III Satz 37 (B)); der andere Teil dagegen ist *sehr* schwierig, und zwar hauptsächlich der Fall $n > 1$. Wichtig ist dabei die Einführung des Begriffes „*Überschlagungssystem*" (Verallgemeinerung von „*Überdeckungssystem*"). Satz 13 ist eine Folge von Satz 18.

Setzt man in Satz 18: $\varphi(t) = t^{-\beta}$, $f(t) = t^\gamma$, so folgt unmittelbar:

Satz 19. *Ist $n \geq 1$, $\beta > 1 + \dfrac{1}{n}$, so gilt*

$$L(\mathfrak{M}(t^{-\beta}; n);\, t^\gamma) = L(\mathfrak{M}_e(t^{-\beta}; n);\, t^\gamma) = 0 \quad \text{für} \quad \gamma > \frac{n+1}{\beta}\,,$$

$$L(\mathfrak{M}(t^{-\beta}; n);\, t^\gamma) = L(\mathfrak{M}_e(t^{-\beta}; n);\, t^\gamma) = \infty \quad \text{für} \quad 0 < \gamma \leq \frac{n+1}{\beta}\,.$$

In diesem Satz ist III Satz 38 enthalten.

Kapitel VI.

Der eindimensionale inhomogene lineare Fall.

§ 1. Vorbemerkungen.

1. Bei der Annäherung von

$$L_\beta \equiv L_\beta(\alpha) \equiv \alpha x - y - \beta$$

an die Null beschränken wir uns meistens auf den Fall, daß α irration und $0 \leq \beta < 1$ ist; ist $0 < \beta < 1$, so kommen offenbar nur Gitterpunk

$$(x, y) \quad \text{mit} \quad x \neq 0, \quad y = [\alpha x]$$

in Betracht, weil ja sonst

$$|L_\beta| > \mathrm{Min}\ (\beta,\ 1 - \beta)$$

ist. Mehrere neuere Untersuchungen über $L_\beta(\alpha)$ wurden durch einige Vermutungen von HARDY-LITTLEWOOD [1[III]] angeregt.

§ 2. Klassische Approximationssätze und Verschärfungen.

2. TCHEBYCHEF [2] hat gezeigt, daß $L_\beta(\theta)$ für jedes irrationale θ und jedes β die Approximation $\dfrac{2}{t}$ zuläßt. Nach Mitteilung von HERMITE [9] zeigte TCHEBYCHEF sogar:

SATZ 1. *Für beliebiges θ und β läßt $L_\beta(\theta)$ die Approximation $\dfrac{1}{2t}$ zu*[1].

HERMITE [9] gibt für Satz 1 einen sehr einfachen Beweis. Wir zeigen nach KRONECKER [5] mit ebenso elementaren Mitteln wie HERMITE den etwas allgemeineren

SATZ 2. *Zu jeder Form $L_\beta(\theta)$ gibt es* (a) *unendlich viele Tripel ganzer Zahlen $r > 1,\ x,\ y$ mit*

$$|\theta x - y - \beta| < \frac{1}{r}; \quad |x| \leqq \frac{r}{2},$$

und (b) *unendlich viele solcher Tripel mit*

$$|\theta x - y - \beta| < \frac{2}{r}; \quad \frac{r}{2} \leqq x \leqq \frac{3}{2}r.$$

FOLGERUNGEN: Satz 1 und I Satz 5 (d. h. der eindimensionale Spezialfall des KRONECKERschen Approximationssatzes VII Satz 5).

BEWEIS. Es gibt unendlich viele $\dfrac{p}{q}$ mit $\theta q - p = \dfrac{\vartheta}{q}(|\vartheta| < 1)$; bedeute q^* die zu $q\beta$ nächstliegende ganze Zahl. Wegen $(p,\ q) = 1$ gibt es ganze (u, v) mit

$$uq + vp = q^*, \quad |v| \leqq \frac{q}{2},$$

so daß

$$q(\theta v + u) = \frac{\vartheta v}{q} + uq + vp = \frac{\vartheta v}{q} + q^* = \frac{\vartheta v}{q} + q\beta + \frac{\vartheta_1}{2} \quad (|\vartheta_1| \leqq 1).$$

---

[1] Bei seiner Untersuchung von $L_\beta(\theta)$ zeigt TCHEBYCHEF [2] sogar, daß unendlich viele Gitterpunkte $(x,\ y)$ mit $x > 0$ die Approximation $\dfrac{2}{t}$ realisieren. Aus Satz 1 geht nicht hervor, ob Gitterpunkte $(x,\ y)$ mit $x > 0$ die Approximation $\dfrac{1}{2t}$ realisieren. Ein entsprechender Unterschied zwischen Satz 2 (b) und Satz 2 (a)! Neuerdings zeigte KHINTCHINE [15], daß für beliebiges $\theta,\ \beta$ und ε $(0 < \varepsilon < \sqrt{5})$ unendlich viele Gitterpunkte $(x,\ y)$ mit $x > 0$ die Approximation $\dfrac{1}{(\sqrt{5} - \varepsilon)t}$ realisieren. Läßt man die Forderung $x > 0$ weg, so hat man die schärferen (klassischen (Sätze 3 und 4.

Also ist
$$-1 < q(\theta v + u - \beta) < 1.$$

Mit $v = x, q = r, u = -y$ folgt Satz 2 (a)[2], mit $v = x - q, q = r$, $u = -y + p$ Satz 2 (b).

3. Nach dem in II **17, 18** über quadratische Formen Gesagten gibt es ganze $x, y, z \neq 0, 0, 0$ mit

$$\Phi(x, y, z) = (\theta x - y - \beta z)^2 + k_1^2 k_2 x^2 + k_1 k_2^2 z^2 < k_1 k_2 \sqrt[3]{2} \quad (k_1 > 0, k_2 > 0).$$

Analog zu III **21** leitet Hermite [**9**] hieraus her:

$$\left|\theta x - y - \beta z\right| < \sqrt{\frac{2}{27}} \frac{1}{|xz|}, \qquad x^2 < \frac{\sqrt[3]{2}}{k_1}, \qquad z^2 < \frac{\sqrt[3]{2}}{k_2},$$

und weitere Betrachtungen führen ihn zum Ergebnis, daß man sogar $z = 1$ setzen kann. Er zeigt so die folgende Verschärfung von Satz 1:

Satz 3. *Genügen θ und β für jeden Gitterpunkt $(x, y) \neq (0, 0)$ den Bedingungen*

$$(1) \qquad\qquad \theta x - y \neq 0, \ y \neq \beta, \ \theta x - y - \beta \neq 0,$$

so läßt $L_\beta(\theta) \equiv \theta x - y - \beta$ die Approximation $\sqrt{\dfrac{2}{27}} \dfrac{1}{t}$ zu.

Obwohl er die Bedingungen (1) nicht explizite hervorhebt, sind sie wichtig: sonst widerspräche Satz 3 mit $\theta = \dfrac{1 + \sqrt{5}}{2}$, $\beta = 0$ ja III Satz 13 b.

4. Minkowski [**7, 9**] zeigt durch Vertiefung des Beweises von II Satz 8 mit $n = 2$ (er studiert die Kette der Lösungen (x, y) von $\left|(\xi_1 - \xi_1^*)(\xi_2 - \xi_2^*)\right| \leq \frac{1}{4}$, und spezialisiert nachher: $\xi_1 = \theta x - y$, $\xi_2 = x, \xi_1^* = \beta, \xi_2^* = 0$) die folgende Verschärfung von Satz 3 (vgl. auch Minkowski [**2**]):

Satz 4. *Unter den Bedingungen von Satz 3 läßt $L_\beta(\theta)$ die Approximation $\dfrac{1}{4t}$ zu.*

Neubeweise bei Fujiwara [**11**], Morimoto [**5, 3**[I]], Seale [**1**].

Grace [**3**] konstruiert zu $\beta = \frac{1}{2}$ einen Kettenbruch θ mit der Eigenschaft, daß für jedes feste $\varepsilon > 0$ und jedes Paar ganzer x, y mit genügend großem $|x|$ gilt:

$$\left|\theta x - y - \beta\right| = \left|\theta x - y - \frac{1}{2}\right| = \left|x\left(\theta - \frac{2y + 1}{2x}\right)\right| > \frac{1}{(4 + \varepsilon)|x|}.$$

Satz 4 ist also schärfstmöglich. Anders ausgedrückt:

Satz 5. *Für geeignete Paare (α, β) (sogar mit irrationalem α und $0 < \beta < 1$) gilt:*

$$(2) \qquad\qquad Lim\ inf\left|x(\alpha x - y - \beta)\right| = \tfrac{1}{4} \qquad\qquad (x \neq 0, y\ ganz).$$

Satz 5 wird von Morimoto [**5**] neu bewiesen. Khintchine [**10**] (Schubfachprinzip) und nachher Morimoto [**3**[III]] zeigen:

---

[2] Dieser einfache Beweis von Satz 2 (a) wurde (unabhängig von Kronecker) auch von Stieltjes gegeben; siehe Hermite [**2**[II] S. 140—142].

SATZ 6. *Es gibt eine Weltkonstante* $c > 0$, *so daß zu jedem* α *wenigstens ein* β *zu finden ist mit*

$$(3) \qquad |x(\alpha x - y - \beta)| > c \ \textit{für alle ganzen } x > 0 \textit{ und } y.$$

MORIMOTO findet sogar $c > \frac{1}{457}$ und zeigt überdies:
SATZ 7. *Zu jedem* α *gibt es wenigstens ein* β *mit*

$$(4) \qquad Lim\,inf\,|x(\alpha x - y - \beta)| = 0 \qquad (x \neq 0,\ y\ \textit{ganz}).$$

5. Die Methoden von MORIMOTO [**5**, $3^{\mathrm{I—IV}}$] (vorangehende kleinere Noten: MORIMOTO [**6**, 7^{III}]) stützen sich auf die KLEINsche geometrische Darstellung. Geometrische Betrachtungen liefern ihm zu jeder Form $L_\beta(\alpha)$ eindeutig eine Folge $\mathfrak{Z}$ *charakteristischer Zahlentripel*, für die er brauchbare Algorithmen aufstellen kann. Bei der arithmetischen Fassung dieser Algorithmen wird er auf die Kettenbruchdarstellung von α nach nächsten ganzen Zahlen geführt:

$$(5) \quad \begin{cases} \alpha = q_0' - \dfrac{\mu_1|}{|q_1'} - \dfrac{\mu_2|}{|q_2'} - \dfrac{\mu_3|}{|q_3'} - \cdots \\[2mm] \left(q_0'\ \text{ganz},\ q_i' \geqq 1\ \text{ganz},\ \mu_i = \pm 1,\ \omega_i = q_i' - \dfrac{\mu_{i+1}|}{|q_{i+1}} - \cdots > 2,\ i = 1, 2, \ldots \right). \end{cases}$$

Daneben entwickelt er dann (eindeutig!):

$$(6) \quad \begin{cases} -\beta = p_0' + \dfrac{\mu_1}{\omega_1} p_1' + \dfrac{\mu_1 \mu_2}{\omega_1 \omega_2} p_2' + \cdots \quad \left(p_i'\ \text{ganz},\ i = 0, 1, 2, \ldots, \right. \\[2mm] 0 \leqq p_i' + \dfrac{\mu_{i+1}}{\omega_{i+1}} p_{i+1}' + \dfrac{\mu_{i+1}\mu_{i+2}}{\omega_{i+1}\omega_{i+2}} p_{i+2}' + \cdots < \omega_i,\ i = 1, 2, \ldots \Big). \end{cases}$$

Die Tripel $\{q_i', p_i', \mu_i'\}$ $(i = 0, 1, 2 \ldots)$ lassen sich durch die charakteristischen Tripel von $\mathfrak{Z}$ ausdrücken. Zwei Formen heißen *äquivalent*, wenn sie durch eine Affintransformation, welche das Gitter als Ganzes invariant läßt, in einander übergeführt werden; die zugehörigen Folgen $\mathfrak{Z}$ und $\mathfrak{Z}'$ unterscheiden sich nur in höchstens einer endlichen Anzahl von Tripeln.

Mit Hilfe dieses Algorithmus zeigt MORIMOTO [**5**] u. a. einen Satz, der sich zu Satz 4 verhält wie der BORELsche Satz III Satz 18 zum HURWITZschen III Satz 13 a. Weiter kann er die folgenden Aufgaben lösen (MORIMOTO [$3^{\mathrm{I,\ II,\ IV}}$]) (vgl. die analoge Problemstellung in III § 2):

(a). *Sämtliche Formen* $L_\beta(\alpha)$ *zu bestimmen, für die*

$$(7) \qquad Lim\,inf\,|x(\alpha x - y - \beta)| = \tfrac{1}{4} \qquad (x \neq 0,\ y\ \textit{ganz})$$

ist. Er zeigt:
SATZ 8. *Formel* (7) *gilt dann und nur dann, wenn* α *und* β *die Bedingungen* (5) *und* (6) *mit* $q_i' \to \infty$ *und* $\dfrac{p_i'}{q_i'} \to \dfrac{1}{2}$ $(i \to \infty)$ *erfüllen.*

(b). *Die* MINKOWSKISche *Approximation* $\dfrac{1}{4t}$ *für die anderen Formen zu verschärfen. Er findet u. a., daß alle Formen, für die* $\liminf\limits_{i \to \infty} q_i' < \infty$ *ist, die Approximation* $\dfrac{1}{4\sqrt{2}\,t}$ *zulassen*, und bestimmt diejenigen Formen, die (7) mit $\dfrac{1}{4\sqrt{2}}$ statt $\dfrac{1}{4}$ genügen. Weiter zeigt er u. a.:

Satz 9. *Genügt* α *der Bedingung* (5) *mit* $q'_i \to \infty$, *so gibt es zu jedem* γ *in* $0 \leqq \gamma \leqq \frac{1}{4}$ *ein passendes* β *mit*

$$\operatorname{Lim\,inf}\,|x(\alpha x - y - \beta)| = \gamma \qquad (x \neq 0,\ y \text{ ganz}).$$

(c). *Die Gitterpunkte* (x, y) *zu charakterisieren, die die in* (a) *und* (b) *erwähnten Approximationen liefern.*

§ 3. Die Aufgabe A 2.

6. Satz 2 (a) in **2** besagt weniger als im homogenen Fall III Satz 23 (in III Satz 23: „zu *jedem* ganzen $r > 1$", in Satz 2 (a): „unendlich viele Tripel ganzer $r \gtrless 1, x, y$"). Der Unterschied „*homogen-inhomogen*" geht aus der Tatsache hervor, daß man Satz 2 (a) *nicht* zu der Schärfe von III Satz 23 verbessern kann. Es gilt nämlich (vgl. eine Vermutung von Hardy-Littlewood [1III]):

Satz 10. *Ist* $\psi(t)$ *eine positive stetige, mit* t *beliebig schnell nach Unendlich strebende monotone Funktion von* $t > 0$, *so gibt es wenigstens ein Paar irrationaler Zahlen* θ, β *und dazu eine unendliche Folge wachsender natürlicher Zahlen* r, *derart, daß die simultanen Ungleichungen*

$$(8) \qquad |\theta x - y - \beta| < \frac{1}{r}\,; \qquad 1 \leqq |x| \leqq \psi(r)$$

keine Lösungen in ganzen x *und* y *besitzen.*

Bemerkung. Satz 10 wurde 1926 von Khintchine [10] bewiesen. Unabhängig von ihm publizierte Vijayaraghavan [1] 1927 einen tieferen Satz, der Satz 10 enthält. Morimoto [3III] gab einen Neubeweis von Satz 10.

Beweis. (Nach Khintchine.) Es sei β ein Kettenbruch mit beschränkten Teilnennern, z. B. $\beta = \dfrac{1 + \sqrt{5}}{2}$, und (III Satz 9) θ eine Irrationalzahl, zu der unendlich viele $\dfrac{p}{q}$ mit

$$(9) \qquad \left|\theta - \frac{p}{q}\right| < \frac{1}{q^3 \psi(q^3)}\,, \qquad q > 1, \qquad (p, q) = 1$$

existieren. Die Folge der r bestehe aus allen Zahlen $r = q^3$, wo q die Nenner der Brüche mit (9) durchläuft. Gilt für solches r nun (8) mit ganzen x und y $(x \neq 0)$, so ist

$$\left|x\Big(\theta - \frac{p}{q}\Big) + \frac{xp}{q} - y - \beta\right| = |\theta x - y - \beta| < \frac{1}{r}\,;$$

$$1 \leqq |x| \leqq \psi(r) = \psi(q^3)\,,$$

also

$$\left|\beta - \frac{px - qy}{q}\right| = \left|\frac{px}{q} - y - \beta\right| < \frac{1}{r} + \left|x\left(\theta - \frac{p}{q}\right)\right| < \frac{1}{q^3} + \frac{\psi(q^3)}{q^3\psi(q^3)} = \frac{2}{q^3}.$$

Das kann wegen der Wahl von β nur für endlich viele q gelten.

7. Aus Satz 10 folgt selbstverständlich nicht, daß es keine speziellen Formen $L_\beta(\alpha)$ gibt, die einem ähnlichen Näherungsgesetz gehorchen, wie es das DIRICHLETsche nach III Satz 24 für homogene Formen bildet.

KHINTCHINE [5] nennt eine derartige Form $\alpha x - y - \beta$ $(\beta \gtrless 0)$ *normal:*

DEFINITION 1. $L_\beta(\alpha) \equiv \alpha x - y - \beta$ *heiße* **normal,** *wenn es ein* $\gamma = \gamma(\alpha, \beta) > 0$ *und ein* $t_0 = t_0(\alpha, \beta) > 0$ *gibt, so daß zu jedem* $t \geq t_0$ *wenigstens ein Gitterpunkt* (x, y) *mit*

$$1 \leq |x| < \gamma t; \qquad |\alpha x - y - \beta| < \frac{1}{t}$$

zu finden ist.

Er zeigt dann:

SATZ 11.   *Damit $L_\beta(\theta)$ bei gegebenem irrationalen θ für jedes β normal sei, ist notwendig und hinreichend, daß die Teilnenner von $\theta = (b_0, b_1, \ldots)$ beschränkt sind.*

SATZ 12.   *Sind die Teilnenner von $\theta = (b_0, b_1, \ldots)$ nicht beschränkt, so bilden die eventuellen β, für die $L_\beta(\theta)$ normal ist, eine Menge vom* LEBESGUE*schen Maß. Null.*

Man vergleiche die allgemeinere Theorie in VII **1, 2** (Sätze 1, 2).

8. Für $t \geq 1$ definieren wir:

$$\Phi_{\alpha, \beta}(t) = \mathop{\mathrm{Min}}_{\substack{0 < |x| \leq t \\ x, y \text{ ganz}}} |t(\alpha x - y - \beta)|;$$

$$I_{\alpha, \beta} = \mathop{\mathrm{Lim\,inf}}_{t \to \infty} \Phi_{\alpha, \beta}(t); \qquad S_{\alpha, \beta} = \mathop{\mathrm{Lim\,sup}}_{t \to \infty} \Phi_{\alpha, \beta}(t).$$

Dann ist nach III **17**: $\Phi_{\alpha, 0}(t) = \Phi_\alpha(t)$. Es ist offenbar

$$I_{\alpha, \beta} = \mathrm{Lim\,inf}\,|x(\alpha x - y - \beta)| \qquad (x \neq 0, y \text{ ganz}),$$

so daß die Sätze des vorigen § 2 Ausschluß über $I_{\alpha, \beta}$ geben.

HARDY-LITTLEWOOD [1^{III}] stellten dagegen die Aufgabe, $S_{\alpha, \beta}$ zu untersuchen. Für normale Formen ist offenbar $S_{\alpha, \beta} < \infty$, und Satz 10 besagt u. a., daß es Zahlenpaare (α, β) mit $S_{\alpha, \beta} = \infty$ gibt. MORIMOTO [11, 3^{V}] hat die HARDY-LITTLEWOODsche Aufgabe eingehend untersucht; seine Ergebnisse und die KHINTCHINEschen ergeben zusammen den:

SATZ 13.   *Sind die Teilnenner des regelmäßigen Kettenbruchs der Irrationalzahl α beschränkt, so ist $S_{\alpha, \beta}$ positiv und endlich; sind diese dagegen nicht beschränkt, so gibt es zu α sowohl ein β mit $S_{\alpha, \beta} = 0$ als auch ein β mit $S_{\alpha, \beta} = \infty$.* (Vgl. die älteren Sätze 11, 12, die Satz 13 teilweise überdecken.)

Morimoto [13] hat ausführlich den Fall untersucht, daß die Teilnenner von α beschränkt sind. Er findet:

Satz 14. *Sei* $\alpha = (b_0, b_1, b_2, \ldots)$, *wo die* $b_n \leqq b$ *beschränkt sind. Dann ist für alle reellen* β *mit* $0 < \beta < 1$[3]:

$$S_{\alpha,\beta} \leqq \frac{(k+1)^2 + 2\sqrt{k^2 + 2k}}{8\sqrt{k^2 + 2k}}, \qquad falls\ b = 2k > 1,$$

$$S_{\alpha,\beta} \leqq \frac{(k^2 + 3k + 2) + \sqrt{4k^2 + 12k + 5}}{4\sqrt{4k^2 + 12k + 5}}, \qquad falls\ b = 2k + 1 > 1,$$

$$S_{\alpha,\beta} \geqq \frac{b + 2 + \sqrt{b^2 + 4b}}{2(b+4)\sqrt{b^2 + 4b}}, \qquad falls\ b \geqq 5.$$

In jedem dieser Fälle wird gezeigt, daß die Aussage *schärfstmöglich* ist.

Bei den Beweisen dieser Sätze benutzt Morimoto wieder die Kleinsche geometrische Darstellung. Der Algorithmus in Morimoto [11, 3$^\mathrm{V}$] ist aber von dem in Morimoto [3$^\mathrm{I, II, IV}$] (wo der Ausdruck $I_{\alpha,\beta}$ untersucht wird; vgl. 5) verschieden. Im Gegensatz zu dort ist es in Morimoto [3$^\mathrm{V}$] möglich, die *besten* Näherungspaare (x, y) von $\alpha x - y - \beta$ zu finden (analog zu III Satz 1 im homogenen Fall). In Morimoto [7$^\mathrm{IV}$, 3$^\mathrm{VI}$] werden die beiden Methoden verglichen und eine Methode aufgestellt, mit der dann von Morimoto [13] (zum Beweise von Satz 14) hauptsächlich weitergearbeitet wird.

Kapitel VII.

Der n-dimensionale inhomogene lineare Fall.

§ 1. Inhomogene und homogene Form.

1. Wir definieren als Verallgemeinerung von VI Def. 1 (VI **7**):

Definition 1. *Die Form*

$$L_\beta \equiv L_\beta(\alpha_1, \ldots, \alpha_n) \equiv \alpha_1 x_1 + \cdots + \alpha_n x_n - y - \beta \quad (\beta \lessgtr 0)$$

heißt normal, falls es ein $\gamma = \gamma(\alpha_1, \ldots, \alpha_n, \beta) > 0$ *und ein* $t_0 = t_0(\alpha_1, \ldots, \alpha_n, \beta) > 0$ *gibt, derart, daß für jedes* $t \geqq t_0$ *wenigstens ein Gitterpunkt* $(x_1, \ldots, x_n)$ *der Höhe* X *und eine ganze Zahl* y *mit*

$$(1) \qquad 1 \leqq X < \gamma t^{\frac{1}{n}}; \quad |\alpha_1 x_1 + \cdots + \alpha_n x_n - y - \beta| < \frac{1}{t}$$

zu finden sind.

---

[3] Bei Morimoto [13] kommt die Einschränkung $0 < \beta < 1$ nicht vor; er definiert aber (etwas anders wie oben):

$$\Phi_{\alpha,\beta}(t) = \underset{\substack{|x| \leqq t \\ x, y\ \text{ganz}}}{\mathrm{Min}}\ |t(\alpha x - y - \beta)|.$$

Hat die normale Form L_β überdies die Eigenschaft, daß es für jedes noch so kleine $\gamma > 0$ wenigstens ein $t = t(\alpha_1, \ldots, \alpha_n, \beta, \gamma) > 0$, einen Gitterpunkt $(x_1, \ldots, x_n)$ der Höhe X und eine ganze Zahl y mit (1) *gibt, so heißt L_β übernormal.*

Eine etwas abweichende Definition[1] wurde von KHINTCHINE [5] gegeben, der übrigens nicht von normalen *Formen*, sondern von normalen *Gleichungen* redet: er studiert die näherungsweise Lösung der Gleichungen

$$L_\beta = 0 \quad \text{oder} \quad L_0 = 0$$

in ganzen $x_1, \ldots, x_n, y$.

Nach V Satz 6 ist *jede homogene Form $L = L_0$ normal.* Daß es für jedes $n \geqq 1$ *übernormale*, sowie *nicht-übernormale* homogene Formen gibt, folgt aus der leicht zu beweisenden Tatsache, daß die in V Definition 3 definierten *extremen* homogenen Formen *genau* mit den *nicht-übernormalen* homogenen Formen zusammenfallen.

Im Fall $n = 1$ ist die (normale) homogene Form

$$\alpha x - y$$

nach III (6) dann und nur dann *nicht-übernormal* (= *extrem*), wenn der Kettenbruch α irrational ist und beschränkte Teilnenner hat.

2. KHINTCHINE [5] zeigt:

SATZ 1. *Damit für gegebene $n \geqq 1$, $\alpha_1, \ldots, \alpha_n$ die Form L_β für jedes β normal sei, ist notwendig und hinreichend, daß die zugehörige Form L_0 nicht-übernormal ist.*

Die erste Hälfte dieses Satzes („notwendig") ist enthalten in

SATZ 2. *Ist für gegebene $n \geqq 1$, $\alpha_1, \ldots, \alpha_n$ die Form L_0 übernormal, so bilden die eventuellen β, für die die zugehörige Form L_β normal ist, auf der Zahlengerade eine Menge vom* LEBESGUE*schen Maß Null.*

Aus Satz 1 und Satz 2 folgen sofort VI Sätze 11, 12 (VI **7**). Hier stehen *ein-* und *mehrdimensionaler* Fall in Einklang. Aus Satz 2 folgt die Existenz nicht-normaler inhomogener Formen für jedes $n \geqq 1$. KHINTCHINE [**13**] zeigt sogar:

SATZ 3. *Zu jedem $n \geqq 2$ gibt es eigentliche Systeme (θ_ν) und Zahlen β, so daß die Form $L_\beta \equiv \theta_1 x_1 + \cdots + \theta_n x_n - y - \beta$ für kein $c > 0$ die Approximation $\frac{c}{t^n}$ zuläßt.*

Solche Formen sind erst recht *nicht-normal. Sehr bemerkenswert ist der Gegensatz zum eindimensionalen Fall $n = 1$: es läßt ja nach VI Satz 1*

---

[1] In der KHINTCHINEschen Definition wird $X = \text{Max}(|x_1|, \ldots, |x_n|, |y|)$ statt $= \text{Max}(|x_1|, \ldots, |x_n|)$ genommen. Der einzige Unterschied besteht nun darin, daß nach seiner Definition j e d e Form

$$\alpha_1 x_1 + \cdots + \alpha_n x_n - y - \beta$$

mit *ganzem* $\beta \neq 0$ übernormal ist, dagegen nach der obigen Definition dann und nur dann, wenn die zugehörige homogene Form

$$\alpha_1 x_1 + \cdots + \alpha_n x_n - \nu$$

es ist.

jede Form $L_\beta \equiv \theta x - y - \beta$ *die Approximation* $\dfrac{1}{2t}$ *zu.* Die Beweise der Sätze 2 und 3 sind einfach: elementare mengentheoretische Betrachtungen lehren, daß *die Form* $\alpha_1 x_1 + \cdots + \alpha_n x_n - y - \beta$ *sich sozusagen für fast alle β schlecht approximieren läßt, wenn das zugehörige n-gliedrige System* $(\alpha_1, \ldots, \alpha_n)$ *sich scharf approximieren läßt.*

Beim Beweis von Satz 2 folgt die Tatsache, daß (α_ν) sich scharf approximieren läßt, aus der Übertragungsidee in V **1**; bei dem von Satz 3 konstruiert man ein passendes System (θ_ν) mit Hilfe von V Satz 8 oder dessen Analogon für $n > 2$ (man beachte dort $n \geqq 2$ und vergleiche für $n = 1$ III Satz 24). Der Beweis, daß die Voraussetzungen von Satz 1 *hinreichend* sind, ist weit schwieriger; bei ihm treten noch komplizierte Hilfsbetrachtungen über Kongruenzen und Determinanten hinzu.

§ 2. Der Kroneckersche Approximationssatz.

3. Seine ausführlichen Untersuchungen über die näherungsweise Lösung inhomogener linearer Ungleichungen führen Kronecker [5] zu verschiedenen Sätzen. Im Hauptergebnis ist enthalten:

Satz 4. *Das reelle Ungleichungssystem*

$$(2) \quad -\varepsilon < \alpha_{\nu 1} u_1 + \cdots + \alpha_{\nu m} u_m - \beta_\nu < \varepsilon \ (\mathrm{mod}\, 1) \quad (\nu = 1, 2, \ldots, n)$$

ist dann und nur dann für jedes $\varepsilon > 0$ in ganzzahligen $u_1, \ldots, u_m$ (bzw. in reellen $u_1, \ldots, u_m$) lösbar, wenn für jeden Gitterpunkt $(h_1, \ldots, h_n)$, für den sämtliche m Zahlen

$$h_1 \alpha_{1\mu} + \cdots + h_n \alpha_{n\mu} \qquad (\mu = 1, 2, \ldots, m)$$

ganz sind (bzw. Null sind), die Zahl

$$h_1 \beta_1 + \cdots + h_n \beta_n$$

ganz ist.

Dieser *allgemeine Kroneckersche Approximationssatz* enthält den sogenannten Kroneckerschen *Approximationssatz:*

Satz 5. *Ist das System (θ_ν) $(\nu = 1, 2, \ldots, n)$ eigentlich, so liegen die Punkte*
$$P_x \equiv (\theta_1 x - [\theta_1 x], \ldots, \theta_n x - [\theta_n x]) \quad (x = 1, 2, \ldots)$$
im n-dimensionalen Einheitskubus überall dicht.

Die Kroneckerschen (algebraisch-arithmetischen) Betrachtungen sind elementarer Natur; vgl. die Darstellung bei Perron [5]. Die Sätze 4 oder 5 sind oft wiederentdeckt worden: vgl. Borel [4], F. Riesz [1], Kakeya [1, 2], Giraud [1], Châtelet [3, 4].

4². Hardy-Littlewood [1^{III}] untersuchen für verschiedene ihnen bekannte (elementare) Beweise des Satzes 5 mit $n = 1$ (I Satz 5; vgl. VI 2), ob sie sich auf den Fall $n > 1$ übertragen lassen, geben einen Induktionsbeweis von Satz 5 und zeigen eine Verallgemeinerung (vgl. VIII **9**) dieses Satzes.

---

² Siehe für den Gegenstand der Nummern **4** und **5** auch die kurze holländische Darstellung bei Kloosterman [1].

Einen sehr elementaren Beweis des Satzes 5 liefert LETTENMEYER [1], der die Menge der Vektoren $V_{x,r} = \overrightarrow{P_x P_{x+r}}$ $(x = 1, 2, \ldots; r = 1, 2, \ldots)$ im R_n betrachtet. Verschiebt man alle $V_{x,r}$ parallel zum Punkt P_1, so zeigt man, daß für jedes noch so kleine $\delta > 0$ von P_1 wenigstens n dieser Vektoren ausgehen, deren Länge $< \delta$ ist und die *nicht* in ein und demselben R_{n-1} liegen. Setzt man in jeden der n Endpunkte dieser Vektoren die nämlichen n Vektoren hin und iteriert man dieses Verfahren ad inf., so wird ein bestimmter Winkelraum vom R_n (mit Ecke P_1) durch kongruente n-dimensionale Parallelepipede überdeckt, deren Kanten sämtlich $< \delta$ und deren Eckpunkte sämtlich zu Punkten P_x kongruent (mod 1) sind. In diesem Winkelraum kann man immer einen Würfel finden, der dem Einheitswürfel kongruent und parallelorientiert ist, Gitterpunkte als Eckpunkte hat und ganz innerhalb des Winkelraumes liegt. Jetzt braucht man diesen Würfel nur durch Reduktion (mod 1) der Koordinaten seiner Punkte auf den Einheitswürfel abzubilden, um die Richtigkeit des Satzes einzusehen.

Das Gelingen des Beweises beruht offenbar darauf, daß die Punkte $(\theta_1 x - y_1, \ldots, \theta_n x - y_n)$ einen Modul bilden. Ebenso einfache Beweise vom Standpunkt der *Modultheorie:* NIELSEN [1] (Satz 4) und BERGSTRÖM [1] (vgl. auch CHÂTELET [3]). Einen sehr elementaren Beweis gab auch ESTERMANN [1] (Induktion; Anwendung von I Satz 1).

Es gibt einige wesentliche Vertiefungen und Verallgemeinerungen der obigen Sätze, auf die wir in VIII **8, 9** näher eingehen; vor allem sind hier die Ergebnisse von WEYL [**2, 3**] zu nennen, der die Eigenschaften der Exponentialfunktion $e^{2\pi i t}$ ausnutzt. Diese Idee veranlaßte BOHR [**5, 7, 8, 9, 10**], LANDAU [**2**], BOHR-JESSEN [**1, 2, 3**] zu verschiedenen neuen Beweisen der Sätze 5 oder 4, die meistens sehr einfach sind; es werden entweder FOURIERreihen oder endliche trigonometrische Summen benutzt. Eine große Rolle spielt die Beziehung

$$\lim_{T \to \infty} \frac{1}{2T} \int_{-T}^{T} e^{2\pi i k t} dt \begin{cases} = 0 \text{ wenn } k \neq 0 \\ = 1 \text{ wenn } k = 0 \end{cases} \qquad (k \text{ reell}).$$

Die Voraussetzung in Satz 5, daß (θ_ν) eigentlich sei, hat zur Folge, daß eine Exponentialfunktion $e^{2\pi i (h_1 \theta_1 + \cdots + h_n \theta_n) t}$ sich für keinen Gitterpunkt $(h_1, \ldots, h_n) \neq (0, \ldots, 0)$ auf eine Konstante reduziert.

Wir gehen auf die speziellen Beweise nicht ein[3]; eine Übersicht findet man u. a. bei BOHR-JESSEN [3]. Mit ähnlichen Grundgedanken zeigen HAVILAND-WINTNER [1] eine Verallgemeinerung des KRONECKERschen Satzes (vgl. VIII **14**).

5. Von den vielen Anwendungen des KRONECKERschen Satzes sind besonders diejenigen von BOHR und seinen Nachfolgern auf die DIRICHLETschen Reihen und die RIEMANNsche Zetafunktion zu erwähnen.

---

[3] Den Grundgedanken des LANDAUschen Beweises findet man im Beweis in X **7** zurück.

Wir heben z. B. die Bedeutung dieses Satzes und seiner Vertiefungen
für die Untersuchung der Werteverteilung von $\zeta(s)$ auf Geraden
$\sigma = $ Konstans in der komplexen s-Ebene $(s = \sigma + it)$, sowie für die
Abschätzung dieser Werte in bezug auf $|t|$ hervor, gehen aber auf diese
Untersuchungen nicht ein, ebensowenig wie auf die Rolle des KRO-
NECKERschen Satzes in der Entwicklung der Theorie der *fastperiodischen
Funktionen*. Man vgl. u. a. BOHR [1, 2, 3, 4, 6], BOHR-COURANT [1],
TITCHMARSH [2], sowie den ausführlichen Bericht von BOHR-CRAMÉR [1],
wo die Literatur bis etwa 1923 vollständig angeführt ist.

Auch deuten wir nur sehr flüchtig und unvollständig auf jene Literatur
hin, die andere Anwendungen der Sätze 4, 5 enthält: arithmetische (z. B.
USPENSKY [2], ÔISHI [1]), analytische (z. B. KAKEYA [1, 2]), geometrische
(z. B. über den Verlauf von Loxodromen auf Flächen usw., vgl. WEYL
[2, 3]), physikalische (z. B. über den Verlauf dynamischer Bahnkurven;
vgl. STÄCKEL [2], THOMAS [1], WEYL [2, 3]). Die modernen Untersuchungen
der Probleme dieser Art stehen in engster Beziehung zu der Weiterentwicklung der obenerwähnten Theorie der fastperiodischen Funktionen durch
BOHR, JESSEN, WINTNER und anderen (vgl. auch VIII **15**).

6. THOMAS [1] und später BACON [1] vertiefen Satz 4 in anderer
Richtung als der in **4**, indem sie nach Bedingungen für die Lösbarkeit
des Systems (2) bei *gegebenem speziellen* ε fragen. (Vgl. LANDAU [2].)

THOMAS bestimmt zwei nur von n abhängige positive Zahlen K und L
folgender Eigenschaft: Sind $\alpha_1, \ldots, \alpha_n$ reell, ist $\varepsilon > 0$, $\eta > 0$ und
$|\alpha_1 x_1 + \cdots + \alpha_n x_n - y| > \eta$ für alle ganzen y und alle Gitterpunkte
$(x_1, \ldots, x_n)$ der positiven Höhe $H < \dfrac{K}{\varepsilon}$, so ist das System

$$1 \leqq x \leqq \frac{L}{\eta\,\varepsilon^n}\,; \qquad -\varepsilon < \alpha_\nu x - \beta_\nu < \varepsilon \,(\mathrm{mod}\,1) \qquad (\nu = 1, 2, \ldots, n)$$

für jedes n-Tupel reeller Zahlen $\beta_1, \ldots, \beta_n$ in *ganzen* x lösbar.

BACON fragt nach notwendigen und nach hinreichenden Kriterien für
die Zahlen $\alpha_1, \ldots, \alpha_n$ $(n \geqq 1)$, damit die simultanen Diophantischen
Ungleichungen

$$-\varepsilon < \alpha_\nu u - \beta_\nu < \varepsilon \,(\mathrm{mod}\,1) \qquad (\nu = 1, 2, \ldots, n)$$

für *gegebenes* $\varepsilon = \dfrac{1}{N} > 0$ und für jedes System reeller $\beta_1, \ldots, \beta_n$ in *reellen* u
lösbar sind (vgl. Satz 4 mit $m = 1$). Er zeigt elementar arithmetisch, daß,
falls eine Relation

$$(3) \qquad h_1 \alpha_1 + \cdots + h_n \alpha_n = 0\,; \qquad (h_1, h_2, \ldots, h_n) = 1$$

besteht, die Ungleichung

$$(4) \qquad |h_1| + \cdots + |h_n| > \tfrac{1}{3} N$$

notwendig ist. Ist (3) die einzige Relation, so ist (4) auch hinreichend.
Falls mehrere voneinander unabhängige Relationen (3) bestehen, wird aus
Abschätzungen quadratischer Formen (BIEBERBACH-SCHUR [1]) mit zahlengeometrischen Überlegungen die folgende *hinreichende* Bedingung hergeleitet:

$$|h_1| + \cdots + |h_n| > k_n N, \qquad \text{wo} \qquad k_n = \left(\frac{125}{48}\right)^{\frac{n^3-n}{12}} \cdot n \cdot \sqrt{\frac{n-1}{4}}$$

für *alle* Relationen (3).

7. Satz 5 ist eine mehrdimensionale Verallgemeinerung des eindimensionalen Satzes I Satz 5. Es läßt sich der tiefere eindimensionale Satz VI Satz 4 nicht derart mehrdimensional übertragen.

VI Satz 4 ist als ein inhomogenes Analogon von I Satz 2 aufzufassen. I Satz 4 besitzt kein solches Analogon.

Vielmehr gilt sogar:

SATZ 6. *Zu jedem $n \geq 2$ und jeder (noch so schwachen) monotonen Approximationsfunktion $\varphi(t)$ gibt es wenigstens ein eigentliches System $(\theta_1, \ldots, \theta_n)$ und dazu wenigstens ein System $(\beta_1, \ldots, \beta_n)$, derart, daß das Funktionensystem $(\theta_\nu x - y_\nu - \beta_\nu)$ $(\nu = 1, 2, \ldots, n)$ in bezug auf x die simultane Approximation $\varphi(t)$ nicht zuläßt; das Ungleichungssystem*

$$|\theta_\nu x - y_\nu - \beta_\nu| < \varphi(|x|) \qquad (\nu = 1, 2, \ldots, n)$$

hat also höchstens endlich viele Lösungen $x, y_1, \ldots, y_n$ mit $|x| > 0$.

Dieser Satz wurde, sogar in allgemeinerer Gestalt und mit interessanten Zusätzen, zuerst von BLICHFELDT [7, 8, 11] gezeigt. Beim Beweise werden JACOBI-Algorithmen benutzt. KHINTCHINE [10] liefert unabhängig von ihm einen recht einfachen Beweis im Fall $n = 2$ und zeigt einige Zusätze (vgl. auch Satz 3)[4]. Siehe auch VIJAYARAGHAVAN [1].

8. BERWICK [2], KEMPNER [4] und SCHERRER [3] untersuchen mit geometrischen Methoden die Zahlenpaare (x, y), für die die Form $\alpha_1 x + \alpha_2 y - \beta$ klein wird.

Vgl. zu den inhomogenen Linearformen weiter noch die Literatur aus II **8, 9**.

Kapitel VIII.

Asymptotische Verteilung reeller Zahlen (mod 1).

§ 1. Verteilungsfunktionen (mod 1).

1. Zu der Problemstellung der Kap. VIII—X vergleiche man Kap. I § 4.

2. Es sei eine abzählbare Folge $\mathfrak{S}$ von Intervallen

$$Q \ldots a \leqq x < b \qquad (a \text{ und } b \text{ ganz, } a < b)$$

---

[4] Wie Herr KHINTCHINE mir brieflich mitteilt, wird er demnächst den Beweis des folgenden Satzes veröffentlichen:

Zu einem gegebenen System (α_ν) existiert dann und nur dann eine Konstante $\gamma = \gamma(\alpha_1, \ldots, \alpha_n) > 0$, derart, daß die Ungleichungen

$$0 < x < \gamma t^n, \qquad |\alpha_\nu x - y_\nu - \beta_\nu| < \frac{1}{t} \qquad (\nu = 1, 2, \ldots, n)$$

für alle $t > 1$ und alle reellen β_ν in ganzen $x, y_1, \ldots, y_n$ lösbar sind, wenn das System (α_ν) extrem ist.

(Vgl. Satz 1.)

gegeben, wo $N = N(Q) = b - a \to \infty$, wenn Q die Folge $\mathfrak{S}$ durchläuft. Jedem Q von $\mathfrak{S}$ sei eine in jedem ganzen x von Q definierte reelle Funktion $f(x)$ zugeordnet. Für jedes feste γ mit $0 \leq \gamma \leq 1$ bedeute $N'_\gamma = N'_\gamma(Q)$ die Anzahl der ganzen x aus Q mit

$$0 \leq f(x) < \gamma \pmod 1,$$

d. h. der x, zu denen ein ganzes y mit

$$0 \leq f(x) - y < \gamma$$

existiert. Durchläuft Q die Folge $\mathfrak{S}$, so existieren die Limites:

$$\omega(\gamma) = \omega(\gamma, \mathfrak{S}) = \operatorname{Lim\,inf} \frac{N'_\gamma(Q)}{N(Q)}, \quad \Omega(\gamma) = \Omega(\gamma, \mathfrak{S}) = \operatorname{Lim\,sup} \frac{N'_\gamma(Q)}{N(Q)}.$$

Offenbar sind $\omega(\gamma)$ und $\Omega(\gamma)$ in $0 \leq \gamma \leq 1$ *monoton nicht abnehmend* mit

(1) $\omega(0) = \Omega(0) = 0$, $\omega(1) = \Omega(1) = 1$, $0 \leq \omega \leq \Omega \leq 1$ $(0 \leq \gamma \leq 1)$.

DEFINITION 1. *Die Funktionen $\omega(\gamma)$ und $\Omega(\gamma)$ heißen die untere bzw. die obere Verteilungsfunktion $(\mod 1)$ der Funktion $f(x)$ in den Intervallen Q von $\mathfrak{S}$. Ist $\omega = \Omega (0 \leq \gamma \leq 1)$, so heißt $\omega(\gamma)$ die Verteilungsfunktion $(\mod 1)$ von $f(x)$ in den Intervallen Q von $\mathfrak{S}$.*

DEFINITION 2. *Hat $f(x)$ in den Intervallen Q der Folge $\mathfrak{S}$ die Verteilungsfunktion $(\mod 1)$ $\omega(\gamma) = \Omega(\gamma) = \gamma (0 \leq \gamma \leq 1)$, so heißt $f(x)$ in diesen Intervallen gleichverteilt $(\mod 1)$.*

BEMERKUNG. Es sei die reelle Funktion $f(x)$ für $x = 1, 2, 3, \ldots$ definiert. Dann heißen die oben definierten Verteilungsfunktionen $(\mod 1)$ von $f(x)$ in bezug auf die speziellen Intervalle

$$Q \ldots 1 \leq x \leq N \qquad\qquad (N = 1, 2, \ldots)$$

(wo also $a = 1$, $b = N + 1$) kurz die *obere* und die *untere Verteilungsfunktion $(\mod 1)$ von $f(x)$* (oder der Folge $f(1), f(2), \ldots$). Ist $f(x)$ in diesen Q gleichverteilt $(\mod 1)$, so heißt $f(x)$ (auch die Folge $f(1), f(2), \ldots$) *gleichverteilt $(\mod 1)$*, (vgl. I **19**).

3. Die Verteilungsfunktionen $(\mod 1)$ einer Zahlfolge $f(1), f(2), \ldots$ hängen wesentlich von der Reihenfolge dieser Zahlen ab. So zeigt VON NEUMANN [1] ganz elementar:

SATZ 1. *Ist $\omega(0) = 0$, $\omega(1) = 1$, $\omega(\gamma)$ monoton $(0 \leq \gamma \leq 1)$, so kann man jede im Einheitsintervall überall dicht liegende Folge $f(1), f(2), \ldots (0 \leq f \leq 1)$ so umordnen, daß $\omega(\gamma)$ die Verteilungsfunktion $(\mod 1)$ der umgeordneten Folge darstellt.*

Ebenfalls elementar zeigt VAN DER CORPUT [15]:

SATZ 2. *Sind ω und Ω zwei monotone Funktionen mit (1), so kann man jede im Einheitsintervall überall dicht liegende Folge $f(1), f(2), \ldots$ so umordnen, daß ω und Ω die untere bzw. die obere Verteilungsfunktion $(\mod 1)$ der umgeordneten Folge darstellen.*

Deshalb definieren wir:

DEFINITION 3. *Ist* $\omega(\gamma)$ *in* $0 \leq \gamma \leq 1$ *monoton mit* $\omega(0) = 0$, $\omega(1) = 1$, *so heißt* $\omega(\gamma)$ *eine Verteilungsfunktion (mod 1) (hier auch kurz Verteilungsfunktion).*

BEMERKUNG 1. Schon bei DIRICHLET [3] findet man ein Beispiel einer Verteilungsfunktion. Er zeigt u. a., daß $f(x) = \dfrac{N}{x}$ $(x = 1, 2, \ldots, N)$ in den Intervallen $1 \leq x \leq N$ $(N = 1, 2, \ldots)$ die Verteilungsfunktion (mod 1)

$$\int_0^1 \frac{1 - t^\gamma}{1 - t}\, dt \quad (0 \leq \gamma \leq 1)$$

hat. Spätere Beweise bei PÓLYA [1] und SCHOENBERG [1].

BEMERKUNG 2. Eine etwas andere Definition als Def. 1 benutzt VAN DER CORPUT [15]. Hat $f(x)$ in den Quadern Q irgend einer Teilfolge $\mathfrak{H}'$ der Folge $\mathfrak{H}$ gemäß Def. 1 die Verteilungsfunktion (mod 1) $\tau(\gamma)$, so nennt VAN DER CORPUT $\tau(\gamma)$ eine Verteilungsfunktion (mod 1) von $f(x)$ in $\mathfrak{H}$, und falls $\tau(\gamma)$ für alle Teilfolgen $\mathfrak{H}'$ von $\mathfrak{H}$ dieselbe Funktion ist, *die* Verteilungsfunktion (mod 1) von $f(x)$ in $\mathfrak{H}$. (Im letzten Fall stimmt seine Definition offenbar mit Def. 1 überein.) Die in Def. 1 auftretenden Funktionen $\omega(\gamma)$ und $\Omega(\gamma)$ sind somit die *untere* bzw. *obere* Schranke der VAN DER CORPUTschen Verteilungsfunktionen (mod 1), brauchen aber nicht selbst VAN DER CORPUTsche Verteilungsfunktionen (mod 1) von $f(x)$ in $\mathfrak{H}$ zu sein. Ist $f(1), f(2), \ldots$ eine Folge reeller Zahlen und $\tau(\gamma)$ eine Verteilungsfunktion (mod 1) von $f(x)$ in der Folge $\mathfrak{H}$ der Intervalle $1 \leq x \leq N$ $(N = 1, 2, \ldots)$, so nennt VAN DER CORPUT $\tau(\gamma)$ eine Verteilungsfunktion (mod 1) der Folge $f(1), f(2), \ldots$ Er gibt u. a. eine hinreichende und notwendige Bedingung, damit eine vorgegebene Funktionenmenge die Menge der Verteilungsfunktionen (mod 1) einer geeignet gewählten, aus verschiedenen reellen Zahlen bestehenden Zahlfolge ist. Gleichfalls gibt er eine hinreichende Bedingung, damit eine vorgegebene Folge reeller Zahlen so umgeordnet werden kann, daß die Menge der Verteilungsfunktionen (mod 1) der umgeordneten Folge eine vorgegebene Funktionenmenge ist.

Wir werden im folgenden die VAN DER CORPUTsche Definition nicht benutzen.

4. Wächst eine Funktion $f(x)$ $(x = 1, 2, \ldots)$ sehr langsam mit x, so bleibt $[f(x)]$ in immer längeren Intervallen konstant (z. B. $f(x) = \sqrt{x}$, $f(x) = \log x$). Man kann dann die asymptotische Verteilung (mod 1) von $f(x)$ bequem untersuchen; das wurde schon von FÉJÈR benutzt[1]. Anwendungen dieser Methode bei PÓLYA-SZEGÖ [1], CSILLAG [1, 2], KOKSMA [6]. Es läßt sich zeigen[2]:

SATZ 3. $f(t)$ *sei für* $t \geq t_0 > 0$ *reell, stetig, monoton wachsend mit* $f(t) \to \infty$ *für* $t \to \infty$. $F(u)$ *bedeute die zu* $f(t)$ *inverse Funktion* $(u \geq u_0 = f(t_0))$ *und, wenn die ganze Zahl* $\varrho \to \infty$ *strebt, gelte die Beziehung*

$$F(\varrho + 1) - F(\varrho) \to \infty.$$

---

[1] Vgl. PÓLYA-SZEGÖ [1].

[2] Beweis bei KOKSMA [6]. Die wichtigsten Spezialfälle des Satzes 3 wurden (in etwas anderer Fassung) schon früher von PÓLYA-SZEGÖ [1] gezeigt.

Außerdem existiere für jedes feste $\gamma\,(0 \leqq \gamma \leqq 1)$ der Grenzwert

$$\operatorname*{Lim}_{\varrho \to \infty} \frac{F(\varrho + \gamma) - F(\varrho)}{F(\varrho + 1) - F(\varrho)} = \psi(\gamma).$$

BEHAUPTUNG 1. *$f(x)$ hat die Verteilungsfunktion $\psi(\gamma)$ in den Intervallen*

$$Q_\varrho \dots [F(\varrho)] + 1 \leqq x < [F(\varrho + 1)] + 1.$$

BEHAUPTUNG 2. *Setzt man* $\operatorname*{Lim\ inf}_{\varrho \to \infty} \dfrac{F(\varrho)}{F(\varrho + \gamma)} = \chi(\gamma)\ (0 \leqq \gamma \leqq 1)$, *so sind*

$$\omega(\gamma) = \psi(\gamma) \quad und \quad \Omega(\gamma) = 1 - \chi(\gamma)\{1 - \psi(\gamma)\} \qquad (0 \leqq \gamma \leqq 1)$$

die untere und obere Verteilungsfunktion von $f(x)$.

BEHAUPTUNG 3. *Ist λ bei festem γ aus $0 \leqq \gamma \leqq 1$ eine Zahl mit $\omega(\gamma) \leqq \lambda \leqq \Omega(\gamma)$, so gibt es eine Folge natürlicher Zahlen $N \to \infty$ mit*

$$\frac{N'_\gamma}{N} \to \lambda,$$

wo N'_γ die Anzahl der ganzen x mit

$$0 \leqq f(x) < \gamma \ (\mathrm{mod}\,1); \quad t_0 \leqq x \leqq N$$

bedeutet.

Aus Satz 3 folgen sofort die Sätze 4 und 5:

SATZ 4. *$f(t)$ habe für $t \geqq t_0 > 0$ eine positive endliche Ableitung $f'(t)$; für $t \to \infty$ gelte*

$$f(t) \to \infty, \quad f'(t) \to 0, \quad tf'(t) \to \infty,$$

$$(2) \qquad \frac{f'(t)}{f'(T)} \to 1 \ \textit{für alle } T \textit{ mit } t - \frac{1}{f'(t)} \leqq T \leqq t + \frac{1}{f'(t)}.$$

Dann ist $f(x)$ $(x = 1, 2, \dots)$ gleichverteilt $(\mathrm{mod}\,1)$.

BEMERKUNG. Statt (2) darf man nach PÓLYA-SZEGÖ [1] voraussetzen, daß $f'(t)$ für $t \geqq t_0$ monoton ist.

Vergleiche BEHNKE [3], der u. a. eingehend den Fall $f(t) = t^{1 - \frac{1}{n}}$ $(n \geqq 2)$ betrachtet.

SATZ 5. *$f(t)$ habe für $t \geqq t_0 > 0$ eine positive Ableitung $f'(t)$; für $t \to \infty$ gelte $f(t) \to \infty$, $tf'(t) \to 0$. Dann hat $f(x)$ als untere und obere Verteilungsfunktion $(\mathrm{mod}\,1)$:*

$$\omega(\gamma) = 0 \ (0 \leqq \gamma < 1), \ \omega(1) = 1, \ \text{bzw.} \ \Omega(0) = 0, \ \Omega(\gamma) = 1 \ (0 < \gamma \leqq 1).$$

Die Funktion $^d\!\log x$ $(d > 1)$ bildet den Übergang zwischen den Funktionen der Sätze 4 und 5; man leitet ihre Verteilungsfunktionen leicht aus Satz 3 her: $\omega = \dfrac{d^\gamma - 1}{d - 1}$; $\Omega = \dfrac{1 - d^{-\gamma}}{1 - d^{-1}}$ $(0 \leqq \gamma \leqq 1)$. WINTNER [6] zeigt, daß die Funktion $f(x) = {}^e\!\log p_x\,(x = 1, 2, \dots)$, wo $p_1, p_2, \dots$ die Folge der Primzahlen bedeutet, dieselben Verteilungsfunktionen hat wie $^e\!\log x$.

§ 2. Die allgemeine Definition der Gleichverteilung (mod 1).

5. Wir wollen den wichtigen Begriff der *Gleichverteilung* (mod 1) (Def. 2) in zweifacher Weise *mehrdimensional* verallgemeinern (vgl. WEYL [3] und VAN DER CORPUT [12^{I}]):

DEFINITION 4. *Es seien m und n gegebene natürliche Zahlen und $\mathfrak{F}$ eine Folge von m-dimensionalen Quadern*

$$Q \ldots a_\mu \leqq x_\mu < b_\mu \qquad (a_\mu \text{ und } b_\mu \text{ ganz}, \ a_\mu < b_\mu, \ \mu = 1, 2, \ldots, m),$$

wo die Anzahl $N = N(Q)$ der Gitterpunkte $(x) = (x_1, \ldots, x_m)$ von Q unbeschränkt wächst, falls Q die Folge durchläuft. Jedem Q sei ein System von n reellen Funktionen $f_\nu(x) = f_\nu(x_1, \ldots, x_m)$, die in jedem Gitterpunkt (x) von Q definiert sind, zugeordnet. Dieses Funktionensystem (f_ν) heißt in den Quadern Q von $\mathfrak{F}$ gleichverteilt (mod 1), falls für jedes System fester Zahlen $\gamma_1, \ldots, \gamma_n$ mit $0 \leqq \gamma_\nu \leqq 1$ die Anzahl $N' = N'(Q) = N'(Q; \gamma_1, \ldots, \gamma_n)$ der Gitterpunkte (x) von Q mit

$$0 \leqq f_\nu < \gamma_\nu \ (\text{mod } 1) \qquad\qquad (\nu = 1, 2, \ldots, n)$$

der Beziehung

$$\operatorname{Lim} \frac{N'(Q)}{N(Q)} = \gamma_1 \gamma_2 \cdots \gamma_n$$

genügt, falls Q die Folge $\mathfrak{F}$ durchläuft.

BEMERKUNG 1. Ist das System $(f_\nu(x))$ in jedem Gitterpunkt (x) $= (x_1, \ldots, x_m)$ des m-dimensionalen Quaders Q definiert, sind α_ν, β_ν reelle Zahlen mit

$$(3) \qquad\qquad \alpha_\nu \leqq \beta_\nu \leqq \alpha_\nu + 1 \qquad\qquad (\nu = 1, 2, \ldots, n),$$

bedeutet $N'(Q) = N'(Q; \alpha_1, \beta_1; \alpha_2, \beta_2; \ldots; \alpha_n, \beta_n)$ die Anzahl der Gitterpunkte aus Q mit

$$(4) \qquad\qquad \alpha_\nu \leqq f_\nu(x) < \beta_\nu \ (\text{mod } 1) \qquad\qquad (\nu = 1, 2, \ldots, n),$$

so heißt der Ausdruck

$$(5) \qquad \begin{cases} R = R(Q) = R(Q; \alpha_1, \beta_1; \alpha_2, \beta_2; \ldots; \alpha_n, \beta_n) \\ \quad = N'(Q) - (\beta_1 - \alpha_1)(\beta_2 - \alpha_2) \cdots (\beta_n - \alpha_n) N(Q) \end{cases}$$

das *Fehlerglied* des Systems (f_ν) [im Quader Q und in bezug auf die Ungleichungen (4), oder auch in bezug auf die n Zahlpaare (α_ν, β_ν)].

Nach Definition 4 ist die Aussage ,,(f_ν) ist in den Quadern Q der Folge $\mathfrak{F}$ gleichverteilt (mod 1)'' gleichbedeutend mit: ,,für jedes System fester Zahlpaare (α_ν, β_ν) $(\nu = 1, 2, \ldots, n)$ mit (3) gilt:

$$R(Q) = o(N(Q)), \text{ falls } Q \text{ die Folge } \mathfrak{F} \text{ durchläuft}''.$$

Die obere Grenze des Quotienten $\dfrac{|R(Q)|}{N(Q)}$ für alle möglichen Zahlpaarsysteme (α_ν, β_ν) $(\nu = 1, 2, \ldots, n)$ mit (3) (bei gegebenem Q) heißt (auf Vorschlag von VAN DER CORPUT) die *Diskrepanz* $D = D(Q)$ *des Systems* (f_ν) *(im Quader Q)*. Es ist offenbar stets $\dfrac{1}{N} \leqq D \leqq 1$. Im Fall $m = n = 1$, $a_1 = 1$, $b_1 = N + 1$, $f_1 = f(x)$ reden wir vom Fehlerglied $R = R(N)$ und von der Diskrepanz $D = D(N)$ der Funktion $f(x)$ oder *der N Zahlen $f(1)$, $f(2), \ldots, f(N)$*.

BEMERKUNG 2. Ist $m = 1$ und (f_ν) gemäß Def. 4 in den Intervallen

$$Q \ldots 1 \leqq x < N + 1 \qquad (N = 1, 2, \ldots)$$

gleichverteilt (mod 1), so sagen wir: „(f_ν) ist gleichverteilt (mod 1)". (Vgl. I **19**.)

§ 3. Das WEYLsche Kriterium für die Gleichverteilung (mod 1) [3].

6. Ist $f(x)$ $(x = 1, 2, \ldots)$ gleichverteilt (mod 1), so zeigt man für jede auf $0 \leqq t \leqq 1$ R-integrierbare Funktion $w(t)$ leicht:

$$(6) \qquad \lim_{N \to \infty} \frac{1}{N} \sum_{x=1}^{N} w((f(x))) = \int_0^1 w(t)\, dt,$$

also speziell:

$$(7) \qquad \lim_{N \to \infty} \frac{1}{N} \sum_{x=1}^{N} e^{2\pi i h f(x)} = 0 \qquad (h \neq 0 \text{ ganz und fest}).$$

7. Nach dem wichtigen Satz von WEYL [**2, 3**] (1914) läßt sich dies umkehren:

SATZ 6. *Die reelle Funktion $f(x)$ ist dann und nur dann gleichverteilt (mod 1), falls für jedes feste ganze $h \neq 0$ die Beziehung (7) gilt.*

BEWEIS, daß (7) hinreichend ist: Für $0 < \gamma < 1$ ordnen wir dem Intervall $0 \leqq t \leqq \gamma$ die Gewichtsfunktion $G(t)$:

$$G(t) = 1 \ (0 \leqq t < \gamma), \quad G(t) = 0 \ (\gamma \leqq t < 1), \quad G(t+l) = G(t) \ \big(l \gtreqless 0 \ \text{ganz}\big)$$

zu. Dann ist

$$(8) \qquad N'_\gamma = \sum_{x=1}^{N} G(f(x)),$$

wenn N'_γ die Anzahl der x mit

$$(9) \qquad 1 \leqq x \leqq N; \quad 0 \leqq f(x) < \gamma \ (\text{mod } 1)$$

bedeutet. Ist $2\eta < \gamma$, $2\eta < 1 - \gamma$ $(\eta > 0$ von t unabhängig), so definieren wir zwei *stetige* Funktionen $G_1(t)$ und $G_2(t)$, welche beide *periodisch mit Periode* 1 sind. Wir brauchen dazu nur G_1 auf $-\eta \leqq t \leqq 1 - \eta$ und G_2 auf $0 \leqq t \leqq 1$ eindeutig festzulegen:

$$G_1(t) = 1\,(0 \leqq t \leqq \gamma), \ G_1(t) = 0\,(\gamma + \eta \leqq t \leqq 1 - \eta),$$
$$G_1(t) \text{ linear für } -\eta \leqq t \leqq 0 \text{ und } \gamma \leqq t \leqq \gamma + \eta.$$
$$G_2(t) = 1 \ (\eta \leqq t \leqq \gamma - \eta), \ G_2(t) = 0\,(\gamma \leqq t \leqq 1),$$
$$G_2(t) \text{ linear für } 0 \leqq t \leqq \eta \text{ und } \gamma - \eta \leqq t \leqq \gamma.$$

---

[3] Eine (holländische) Darstellung der WEYLschen Theorie gibt KLOOSTERMAN [**1**]; sie betrifft hauptsächlich den Stoff der Nummern **6** bis **10**.

Es gelten dann die gleichmäßig konvergenten Fourier-Entwicklungen

$$G_1(t) = \gamma + \eta + \sum_{h=1}^{\infty} (A_h' \cos 2\pi\,ht + B_h' \sin 2\pi\,ht);$$

$$G_2(t) = \gamma - \eta + \sum_{h=1}^{\infty} (A_h'' \cos 2\pi\,ht + B_h'' \sin 2\pi\,ht).$$

Setzt man in diesen Reihen $t = f(x)$ und addiert für $x = 1, 2, \ldots N$, so folgt, weil $\eta > 0$ beliebig klein ist, aus

$$G_2(t) \leqq G(t) \leqq G_1(t)$$

und aus (8), (7) und der gleichmäßigen Konvergenz für jedes feste $\gamma\,(0 < \gamma < 1)$ leicht die Formel $\dfrac{N_\gamma'}{N} \to \gamma$, q. e. d.

Analog zu Satz 6 gilt die folgende Verallgemeinerung:

Satz 7. *Das Funktionensystem (f_ν) ist (im Sinne der Definition 4 aus 5) dann und nur dann gleichverteilt (mod 1), wenn für jeden festen Gitterpunkt $(h_1, h_2, \ldots, h_n) \neq (0, 0, \ldots, 0)$ (Q durchlaufe die Folge $\mathfrak{H}$):*

$$\mathrm{Lim}\; \frac{1}{N(Q)} \sum_{(x)\ \mathrm{in}\ Q} e^{2\pi i(h_1 f_1(x) + \cdots + h_n f_n(x))} = 0.$$

(Man vergleiche die ausführlichen Beweise bei van der Corput [12^1].)

Direkte Folgerung:

Satz 8. *Ein System (f_ν) ist in den Quadern Q einer Folge $\mathfrak{H}$ dann und nur dann gleichverteilt (mod 1), wenn für jeden festen Gitterpunkt $(h_1, \ldots, h_n) \neq (0, \ldots, 0)$ die Funktion $h_1 f_1 + \cdots + h_n f_n$ in diesen Quadern gleichverteilt (mod 1) ist.*

8. Wir betrachten zuerst den *linearen eindimensionalen* Fall. Ist α reell, so findet man für jedes ganze $h \neq 0$

$$(10)\qquad \left|\sum_{x=1}^{N} e^{2\pi i h \alpha x}\right| \leqq \mathrm{Min}\left(N, \frac{1}{|\sin \pi h \alpha|}\right)\quad (\text{d. i.} = N \text{ für } \sin \pi h \alpha = 0),$$

indem man die Reihe linkerhand als geometrische Reihe summiert.

Hieraus folgt Weyl [**2, 3**] mittels Satz 6 sofort die folgende Verfeinerung des Kroneckerschen Approximationssatzes (I Satz 5):

Satz 9. *Ist θ eine beliebige Irrationalzahl, so ist die Folge $\theta, 2\theta, 3\theta, \ldots$ gleichverteilt (mod 1).*

Folgerung [wegen (6) mit $w(t) = t - \frac{1}{2}$]:

$$(11)\quad R^* = R^*(N) = \sum_{x=1}^{N} ((\theta x) - \tfrac{1}{2}) = o(N)\ \text{für } \textit{beliebiges irrationales } \theta.$$

Bemerkung. Diese Tatsachen waren schon früher *elementar* (d. h. ohne Gebrauch der Funktion $e^{2\pi i t}$) bewiesen worden, und zwar durch Bohl [1] (bei der Untersuchung von Störungsproblemen; vgl. auch Bohl [2], Bernstein [1]), Sierpinski [**1, 2, 4, 5, 6**], Weyl [1] und Bohr (vgl. Weyl [**2, 3**] und Titchmarsh [**2**]).

Die ersten Abschätzungen von R^* finden sich schon bei LERCH [1] (vgl. IX **7, 9**).

Zu (6) mit $w(t) = \log t$, $f(x) = \theta x$ vergleiche man die Ergebnisse von MACMILLAN [**2, 3**] über das geometrische Mittel der Zahlen $\{\theta x\}$ $(x = 1, 2, \ldots, N)$ für $N \to \infty$; vgl. auch MACMILLAN [1].

Verschiedenartige elementare Untersuchungen über die (θx) weiter noch bei HARDY-LITTLEWOOD [1^{III}], NORTON [**2**], KHINTCHINE [**3, 9**], RAJCHMANN [**1**], RAMANUJAN [**1**], BERGSTRÖM [**1**]. Für Fehlergliedsabschätzungen siehe IX § 2.

9. WEYL [**3**] zeigt als Verallgemeinerung von Satz 9 die folgende wesentliche Vertiefung des KRONECKERschen Approximationssatzes (VII Satz 4) (vgl. VAN DER CORPUT [**12**^I]):

SATZ 10. *Sind* $f_1, \ldots, f_n$ *Polynome in* $x_1, \ldots, x_m$ $(n \geqq 1, m \geqq 1$ *fest), und hat das Polynom* $h_1 f_1 + \cdots + h_n f_n$ *für jeden Gitterpunkt* $(h_1, \ldots, h_n) \neq (0, \ldots, 0)$ *wenigstens ein nicht-konstantes Glied mit irrationalem Koeffizienten, so ist das System* (f_ν) *in jeder Folge* $\mathfrak{F}$ *von* m*-dimensionalen Quadern* $Q \ldots a_\mu \leqq x < b_\mu$ *mit* $b_\mu - a_\mu \to \infty$ $(\mu = 1, 2, \ldots, m)$ *gleichverteilt (mod 1).*

BEMERKUNG 1. Einen wichtigen *nicht linearen* Spezialfall hatten schon HARDY-LITTLEWOOD [1^{III}] mit einer zwar elementaren, aber komplizierten Methode (Ergebnisse von PRINGSHEIM-LONDON über mehrfache Folgen) gezeigt. Ihr Satz wurde von KAKEYA [**3**] verallgemeinert, aber dann durch Satz 10 überholt. Vergleiche weiter die elementare Beweisführung von BERGSTRÖM [**1**] und **13**. (Vgl. auch die Bemerkungen von HARDY-LITTLE-WOOD [1^{VI}] über die WEYLschen Untersuchungen gegenüber ihren eigenen.)

BEMERKUNG 2. Die WEYLsche Methode zum Beweise von Satz 10 ist sehr wichtig. Es gelingt WEYL unter Anwendung der CAUCHY-SCHWARZschen Ungleichung, die Summe in (7) für ein Polynom $f(x)$ k-ten Grades $(k \geqq 2)$ auf gleichartige Summen für Polynome niedrigeren Grades zurückzuführen. Diese WEYLsche Umformung führt sogar zum WEYLschen

SATZ 11. *Es seien* a *und* b *ganz,* $b - a = N \geqq 1$, *und ferner* $f(x) = \alpha x^k + \alpha_1 x^{k-1} + \cdots + \alpha_k$ $(k \geqq 1; \varkappa = 2^k)$. *Dann gilt*

$$\left| \sum_{x=a}^{b-1} e^{2\pi i f(x)} \right|^{\frac{\varkappa}{2}} < 2^\varkappa \left(N^{\frac{\varkappa}{2}-1} + N^{\frac{\varkappa}{2}-k} \sum_{\substack{h_j=1 \\ 1 \leqq j \leqq k-1}}^{N} \mathrm{Min}\left(N, \frac{1}{\left\{ \alpha k! \prod\limits_{j=1}^{k-1} h_j \right\}} \right) \right),$$

wo $\mathrm{Min}(N, \frac{1}{0}) = N$ *und für* $k = 1$ *die Summe* $\sum\limits_{\substack{h_j=1 \\ 1 \leqq j \leqq k-1}}^{N}$ *gleich* $\mathrm{Min}\left(N, \frac{1}{\{\alpha\}} \right)$ *ist.*

BEWEIS: Für $k = 1$ folgt der Satz aus (10), weiter durch Induktion nach k, ausführlich dargestellt z. B. bei LANDAU [**5**^I]. (Vgl. die Anwendung dieser Approximationen auf $\zeta(s)$ durch WEYL [**4**]; Satz 11 spielt u. a. eine große Rolle beim WARINGschen Problem.)

10. Die Idee der WEYLschen Umformung führte VAN DER CORPUT [**6**^{II}, **12**^I] zu einer allgemeinen „*Fundamentalen Ungleichung*", die eine

Rolle spielt bei gewissen Induktionsbeweisen in diesem Gebiet. In spezialisierter Gestalt:

SATZ 12. *Ist $F(x)$ reell für $a \leq x < b$, wo a und b ganz sind mit $b - a = N \geq 1$, und ist ϱ ganz mit $2 \leq \varrho \leq N$, so gilt die ,, Fundamentale Ungleichung":*

$$(12) \quad \left| \sum_{x=a}^{b-1} e^{2\pi i F(x)} \right| < \frac{N\sqrt{2}}{\sqrt{\varrho}} + \left\{ \frac{4N^2}{\varrho} \sum_{\sigma=1}^{\varrho-1} \left| \frac{1}{N-\sigma} \sum_{x=a}^{b-\sigma-1} e^{2\pi i (F(x+\sigma) - F(x))} \right| \right\}^{\frac{1}{2}}.$$

Satz 12 gestattet also, die Untersuchung der Funktion $F(x)$ auf die der Differenzenfunktion $F(x + \sigma) - F(x)$ zurückzuführen. Als Anwendung folgt u. a. der für die Gleichverteilungstheorie sehr wichtige

SATZ 13. *Die reelle Funktion $f(x)$ ist gleichverteilt (mod 1), falls für jedes feste $q = 1, 2, \ldots$ die Funktion $f(x + q) - f(x)$ gleichverteilt (mod 1) ist.*

11. Satz 13 ist nicht nur für Polynome $f(x)$ brauchbar, sondern gestattet allgemeinere Anwendungen, u. a. auf Funktionen des Typus $f(x) = x^{\omega}$ ($\omega > 0$ nicht ganz), $f(x) = x^{\alpha} \log x$ ($\alpha > 0$), usw., bei denen man durch wiederholte Differenzenbildung (bzw. Differentiation) auf eine Funktion stößt, die den Bedingungen des Satzes 4 genügt. Derartige Untersuchungen bei CSILLAG [1, 2]. Unabhängig von ihm leitet VAN DER CORPUT [12[I]] mit Hilfe seiner allgemeinen fundamentalen Ungleichung auf ähnlichem Wege den folgenden Satz her:

SATZ 14. *Es seien $m \geq 1$, $k_1 \geq 1$, $k_2 \geq 0$, $\ldots$, $k_m \geq 0$ feste ganze Zahlen, und $\mathfrak{F}$ eine Folge m-dimensionaler Quader*

$$Q \ldots a_\mu \leq x_\mu < b_\mu \quad (a_\mu < b_\mu,\ a_\mu\ und\ b_\mu\ ganz,\ \mu = 1, 2, \ldots, m);$$

jedem Q seien zwei positive Zahlen r und R mit $r \leq R$ zugeordnet, und falls Q die Folge $\mathfrak{F}$ durchläuft, gelte

$$b_\mu - a_\mu \to \infty \ (\mu = 1, 2, \ldots, m), \qquad (b_1 - a_1) r \to \infty, \qquad R \to 0.$$

Weiter sei jedem Q eine in jedem Gitterpunkt (x) von Q definierte reelle Funktion $f(x) = f(x_1, \ldots, x_m)$ zugeordnet, so daß

$$u = \Delta_1^{k_1} \Delta_2^{k_2} \ldots \Delta_m^{k_m} f(x)$$

im Quader $Q_k \ldots a_\mu \leq x_\mu < b_\mu - k_\mu$ ($\mu = 1, 2, \ldots, m$) eine monotone (nicht-zu- oder nicht-abnehmende) Funktion von x_1 ist, die in Q_k entweder beständig im Intervall $r \leq u \leq R$ oder beständig im Intervall $-R \leq u \leq -r$ liegt.

Dann ist $f(x)$ in den Quadern Q gleichverteilt (mod 1).

12. WEYL [3] folgert aus Satz 6 u. a. den folgenden metrischen Satz:

SATZ 15. *Sind je zwei der ganzen rationalen Zahlen $g(x)$ ($x = 1, 2, \ldots$) voneinander verschieden, so ist für fast alle α die Funktion $\alpha g(x)$ ($x = 1, 2, \ldots$) gleichverteilt (mod 1) (,,fast alle" im LEBESGUEschen Sinne).*

Wichtige Spezialfälle u. a. schon bei Hardy-Littlewood [1^{III}]; vgl. auch I **18**, IX § 6 und X **6**.

Zum Beweise wird die Identität

$$\int_0^1 \left| \frac{1}{N} \sum_{x=1}^{N} e^{2\pi i h \alpha g(x)} \right|^2 d\alpha = \frac{1}{N} \qquad (\alpha \text{ reell, } h \neq 0 \text{ ganz})$$

benutzt. Hieraus kann man eine obere Schranke für das Maß der Menge aller α herleiten, für die der Integrand größer als eine gegebene positive Zahl ist.

Koksma [**9**] wendet die Weylsche Methode auf allgemeinere Funktionen $f(x, \alpha)$ an Stelle von $\alpha g(x)$ an und zeigt u. a.:

Satz 16. *Für fast alle reellen Zahlen* $\alpha \geqq 1$ *ist die Folge* α^x ($x = 1, 2, \ldots$) *gleichverteilt* (mod 1).

§ 4. Die elementare Methode Vinogradoffs und die van der Corputsche Verschärfung.

13. Der Weylsche Satz 10 besagt u. a., daß jedes Polynom

$$f(x) = \theta x^k + \alpha_1 x^{k-1} + \cdots + \alpha_k \qquad (\theta, \alpha_1, \ldots, \alpha_k \text{ reell}, \theta \text{ irrational}, k \geqq 1)$$

gleichverteilt (mod 1) ist. Diese Tatsache wurde von Vinogradoff [**2**] (1926) mit elementaren arithmetischen Hilfsmitteln neu bewiesen[4], sogar mit einer weit schärferen Abschätzung des Fehlerglieds als $o(N)$ (vgl. IX **5**). Der (nicht einfache) Beweis stützt sich auf ein Lemma, das für die Diskrepanz (mod 1) von N reellen Zahlen $\varrho_1, \varrho_2, \ldots, \varrho_N$ eine obere Schranke herzuleiten gestattet, falls man eine solche Schranke für die Diskrepanz (mod 1) der N^2 Differenzen $\varrho_\mu - \varrho_\nu$ ($\mu = 1, 2, \ldots, N$; $\nu = 1, 2, \ldots, N$) kennt. Dieses Lemma enthält implizite einen Beweis des Satzes 13, wodurch es einen *elementaren* Beweis für verschiedene der in § 3 zitierten Gleichverteilungssätze einschließt (z. B. Satz 14). Beim Beweise des Lemmas kann Vinogradoff sich auf den Fall beschränken, daß die $\varrho_1, \ldots, \varrho_N$ rationale Zahlen mit gemeinsamem Nenner N sind. Seine Methode wurde von van der Corput vereinfacht und wesentlich verschärft. In einer demnächst erscheinenden Arbeit zeigt van der Corput nämlich folgende Verschärfung des Vinogradoffschen Lemmas:

Satz 17. *Bedeutet D die Diskrepanz der N reellen Zahlen* $\varrho_1, \ldots, \varrho_N$ *und $\varDelta$ die Diskrepanz der N^2 Zahlen* $\varrho_\mu - \varrho_\nu$ ($\mu = 1, 2, \ldots, N$; $\nu = 1, 2, \ldots, N$), *so ist*

$$D \leqq 2^{5 + \sqrt{2|\log \varDelta|}} \sqrt{\varDelta}.$$

Mit den bis jetzt bekannten Methoden zur Untersuchung der Gleichverteilung (mod 1) kann man leider nur ziemlich spezielle Klassen von

---

[4] Vgl. auch Vinogradoff [1].

Funktionen $f(x)$ angreifen. Abgesehen von „fast alle"-Ergebnissen wie in **12** ist man nämlich fast ausschließlich auf Differenzenbildung und Anwendung von Sätzen wie 13 und 17 angewiesen. So ist z. B. noch unbekannt, ob die Exponentialfunktion e^x gleichverteilt (mod 1) ist oder nicht (vgl. Satz 16).

§ 5. Das Analogon zum WEYLschen Kriterium bei anderen Verteilungsfunktionen (mod 1).

14. Die reelle Funktion $f_N(x)$ habe in den Intervallen $1 \leqq x < N + 1$ $(N = 1, 2, \ldots)$ gemäß Definition 1 des § 1 eine *stetige* Verteilungsfunktion, die wir mit $z(\gamma)$ $(0 \leqq \gamma \leqq 1)$ bezeichnen. SCHOENBERG [1] zeigt dann, daß für jede Funktion $w(t)$ $(0 \leqq t \leqq 1)$ beschränkter Schwankung die zu (6) analoge Formel

$$\operatorname*{Lim}_{N \to \infty} \frac{1}{N} \sum_{x=1}^{N} w((f_N(x))) = \int_0^1 w(t)\, dz(t)$$

gilt, wo das STIELTJESsche Integral im rechten Glied wegen der Stetigkeit von $z(t)$ einen Sinn hat. Speziell stellen in

$$(13) \quad \operatorname*{Lim}_{N \to \infty} \frac{1}{N} \sum_{x=1}^{N} (f_N(x))^k = \mu_k; \quad \operatorname*{Lim}_{N \to \infty} \frac{1}{N} \sum_{x=1}^{N} e^{2\pi i k f_N(x)} = \omega_k \quad (k = 0, 1, \ldots)$$

die Zahlen

$$(14) \quad \mu_k = \int_0^1 t^k dz(t), \; \mu_0 = 1, \text{ bzw. } \omega_k = \int_0^1 e^{2\pi i k t} dz(t), \; \omega_0 = 1 \quad (k = 1, 2, \ldots)$$

die STIELTJES- bzw. die FOURIER-Momente von $z(t)$ dar, woraus hervorgeht, daß eine enge Beziehung zwischen asymptotischer Verteilung (mod 1) der f_N und den Momentenproblemen von FOURIER und STIELTJES besteht. Die SCHOENBERGschen Untersuchungen haben denn auch Berührungspunkte zu einer HAUSDORFFschen Arbeit über Momente und im Falle der FOURIER-Momente zu Arbeiten von RIESZ, NEDER und SIDON (Literatur bei SCHOENBERG [1]).

SCHOENBERG zeigt auf einfache Weise:

SATZ 18. *Ist der gemäß* (13) *definierte Grenzwert* μ_k *(bzw.* ω_k) *für* $k \geqq 1$ *vorhanden und läßt sich für diese* μ_k *(bzw.* ω_k) *das Momentenproblem* (14) *durch eine stetige monotone Funktion* $z(t)$ *lösen* $(z(0) = 0)$, *so besitzt* $f_N(x)$ *in den Intervallen* $1 \leqq x < N + 1$ *die Verteilungsfunktion* $z(\gamma)$.

Mit Hilfe dieses Satzes findet er Kriterien, welche die Verteilung (mod 1) der Zahlen $f_N(x)$ nach einem *gegebenen* $z(\gamma)$ gewährleisten.

Er untersucht weiter die interessante Frage, wann eine vorgegebene Funktion $f_N(x)$ $(N \geqq 1, 1 \leqq x < N + 1)$ *überhaupt* in den Intervallen $1 \leqq x < N + 1$ *eine* *stetige* Verteilungsfunktion (mod 1) besitzt und findet verschiedenartige Kriterien, je nachdem er vom FOURIERschen oder vom STIELTJESschen Momentenproblem ausgeht (vgl. im letzteren Fall auch KALUZA [1], SCHOENBERG [2]).

Wir führen nur noch zwei der SCHOENBERGschen Sätze an (Satz 19 wurde in etwas anderer Gestalt schon vorher von WIENER [1] gezeigt):

SATZ 19. *$f_N(x)$ hat dann und nur dann in den Intervallen $1 \leqq x < N+1$ eine stetige Verteilungsfunktion, wenn die ω_k ($k = 0, 1, 2, \ldots$) nach (13) existieren und überdies gilt:*

$$\operatorname*{Lim}_{N \to \infty} \frac{|\omega_0| + |\omega_1| + \cdots + |\omega_N|}{N} = 0.$$

SATZ 20. *Hat $f_N(x)$ ($x = 1, 2, \ldots, N$; $N \geqq 1$, $0 < f_N \leqq 1$) in den Intervallen $1 \leqq x < N + 1$ die stetige Verteilungsfunktion $z(\gamma)$, so hat $\frac{1}{f_N(x)}$ in diesen Intervallen die Verteilungsfunktion*

$$z^*(\gamma) = \sum_{p=1}^{\infty} \left\{ z\left(\frac{1}{p}\right) - z\left(\frac{1}{\gamma + p}\right) \right\} \qquad (0 \leqq \gamma \leqq 1).$$

HAVILAND-WINTNER [1] leiten, vom FOURIERschen Momentenproblem ausgehend, ein allgemeines Kriterium her, damit ein System von n gegebenen Funktionen eine Verteilungsfunktion besitzt. Ihr Ergebnis enthält im linearen Fall den KRONECKERschen Approximationssatz.

15. Ohne näher darauf einzugehen, weisen wir noch auf zwei Problemgebiete hin, die zu dem Obigen in Beziehung stehen: Einerseits die Theorie der fastperiodischen Funktionen, wo Momentenproblem und ,,Verteilungsfunktion'' eine große Rolle spielen (sowie in den Anwendungen dieser Theorie u. a. auf dynamische Probleme); man vergleiche die vielen diesbezüglichen Arbeiten von HAVILAND, JESSEN, WINTNER (z. B. WINTNER [1—5]), und anderen (vgl. VII 5). Andererseits das Problem der Verteilung der sog. ,,numeri abundantes'', das von DAVENPORT und CHOWLA mit der Methode der Arbeit von SCHOENBERG [1] angegriffen wurde.

Kapitel IX.

Abschätzungen des Fehlergliedes und verwandter Größen.

§ 1. Vertiefung des WEYLschen Ansatzes. Polynome vom Grade $k \geq 2$. Ein allgemeiner Satz.

1. Es sei die reelle Funktion $f(x)$ für $x = 1, 2, \ldots$ definiert und N' bedeute für reelle α und β mit

(1) $$\alpha < \beta \leqq \alpha + 1$$

und für ganzes $N \geq 1$ die Anzahl der ganzen x mit

$$(2) \qquad \alpha \leq f(x) < \beta \pmod 1 \qquad\qquad (1 \leq x \leq N).$$

Wir wollen das *Fehlerglied*

$$(3) \qquad R = R(N) = N' - (\beta - \alpha) N$$

und die *Diskrepanz* $D = D(N)$ (siehe VIII 5) in bezug auf N so scharf wie möglich abschätzen. Ist $f(x)$ gleichverteilt (mod 1), so ist

$$(4) \qquad R = o(N) \qquad\qquad (\alpha \text{ und } \beta \text{ fest}).$$

2. Verschärfungen von (4) liefern im allgemeinen Verschärfungen der Formel VIII (6).

Satz 1. *$\Lambda(t)$ sei für $t > 0$ definiert und habe eine positive untere Schranke. Ferner sei $w(t)$ auf $0 \leq t \leq 1$ definiert und*

$$\left| \frac{w(t+h) - w(t)}{h} \right| \qquad (0 \leq t \leq 1,\ 0 \leq t + h \leq 1,\ h \neq 0)$$

gleichmäßig in t und h beschränkt. Dann folgt aus

$$(5) \qquad N D(N) = O(\Lambda(N))$$

die Beziehung

$$(6) \qquad \sum_{x=1}^{N} w((f(x))) = N \int_0^1 w(t)\, dt + O(\Lambda(N)).$$

Der leichte Beweis (elementare Summenumformung) findet sich bei Behnke [3] für die Spezialfälle

$$w(t) = e^{2\pi i t} \quad \text{und} \quad w(t) = P_r(t) \qquad (r = 1, 2, \ldots),$$

wo P_r das r-te Bernoullische Polynom darstellt ($P_1 = t - \frac{1}{2}$, $P_2 = \frac{1}{2} t^2 - \frac{1}{2} t + \frac{1}{12}, \ldots$). *In diesen Fällen verschwindet das Integral auf der rechten Seite von* (6).

3. O-Abschätzungen von D liefern nach Satz 1 sofort solche von

$$(7) \qquad \begin{cases} R_r^* = \sum\limits_{x=1}^{N} P_r((f(x))) \quad (r \geq 1), \qquad \text{insbesondere von} \\[2mm] R^* = R_1^* = \sum\limits_{x=1}^{N} ((f(x)) - \tfrac{1}{2}). \end{cases}$$

Die Abschätzung von R^* spielt eine fundamentale Rolle bei der approximativen Bestimmung der Gitterpunktsanzahl im Trapez der (u, v)-Ebene, das von den Geraden $u = 0$, $u = N$, $v = v_0$ und der Kurve $v = f(u)$ begrenzt wird [$f(u)$ sei für $u > 0$ definiert und $\geq v_0$].

Zur Abschätzung von R^* wird der Umweg über Satz 1 nur selten gewählt; die üblichen Methoden sind meistens bequemer auf R^* als auf D anwendbar. Historisch ist das Interesse für R^* das ältere.

Eine große Anzahl von Abschätzungen beziehen sich auf den speziellen Fall $f(x) = \theta x$. In den betreffenden Untersuchungen von Hardy-Little-wood treten die höheren Summen R_r^* naturgemäß bei der Abschätzung der Cesàro-Mittel der $R^*(N)$ $(N \geqq 1)$ auf. Wir schicken den vielen Sätzen der Spezialfälle $f(x) = \theta x$, bzw. $f(x) = \theta x^2$ (§§ 2, 3) einige neueren Ergebnisse allgemeineren Charakters voran.

4. Wie das Weylsche Kriterium vermuten läßt, kann man (umgekehrt als bei Satz 1) aus schärferen Abschätzungen der Summe

$$(8) \qquad \sum_{x=1}^{N} e^{2\pi i h f(x)} \qquad\qquad (h \neq 0 \text{ ganz}),$$

als die Gleichverteilungsabschätzung $o(N)$ Verschärfungen von (4) herleiten. Dieser Gedanke wurde bei Polynomen $f(x)$ zweiten Grades von Ostrowski [1] und Behnke [3] (vgl. § 3) und bei solchen vom Grade $k \geqq 2$ von Vinogradoff [3] angewandt.

5. Vinogradoff [3] zeigt mit Hilfe des Weylschen Satzes VIII Satz 11 zunächst seinen

Satz 2. *Es seien a und b ganz mit $b - a = N \geqq 1$, ferner $\varepsilon > 0$, $f(x) = \alpha x^k + \alpha_1 x^{k-1} + \cdots + \alpha_k$ mit $k \geqq 2$, $\varkappa = 2^k$,*

$$(9) \qquad \left| \alpha - \frac{p}{q} \right| < \frac{\tau}{q^2} , \ (p, q) = 1, \ 1 \leqq q \leqq N^k, \ 1 < \tau \leqq q.$$

Dann gilt

$$(10) \qquad \sum_{x=a}^{b-1} e^{2\pi i f(x)} = O\!\left(N^{1+\varepsilon} (N^{-1} + \tau q^{-1} + q N^{-k} + \tau N^{-k+1})^{\frac{2}{\varkappa}} \right).$$

Bemerkung 1. Der Satz wurde in etwas weniger allgemeiner Fassung schon früher von Vinogradoff gezeigt und auf das Waringsche Problem angewandt. Vgl. die ausführlichen Beweise bei Landau [4, 5^{I}] (s. a. Landau [8]).

Bemerkung 2. Im Fall $k = 1$ siehe VIII (10). Im Fall $k = 2$ *gab es schon scharfe Abschätzungen, hauptsächlich von* Hardy-Littlewood *und* Behnke (§ 3). Analoge Sätze für beliebiges $k \geqq 1$ bei Koksma [1, 4, 7].

Vinogradoff [3] zeigt als Anwendung von Satz 2:

Satz 3. *Ist $f(x) = \alpha x^k + \alpha_1 x^{k-1} + \cdots + \alpha_k$ $(k \geqq 2, \ \varkappa = 2^k)$,*

$$(11) \qquad \left| \alpha - \frac{p}{q} \right| < \frac{1}{q^2}, \ (p, q) = 1, \ 1 < q < N^k, \ N \text{ ganz } \geqq 1,$$

und ist $D(N)$ die Diskrepanz von $f(x)$, so gilt für jedes $\varepsilon > 0$

$$(12) \qquad D(N) = O(L), \ wo \ L = N^\varepsilon (N^{-1} + q^{-1} + q N^{-k})^{\frac{2}{\varkappa}}.$$

Um den Beweisgang anzudeuten, nehmen wir $\eta = N^{-\frac{2}{\varkappa}} < \frac{1}{3}$ und $0 < \gamma < 1 - 2\eta$ an, während wir die Funktionen $G(t)$ und $G_1(t)$ genau so definieren wie in VIII 7. Dann folgt leicht

$$(13) \qquad \begin{cases} |A'_h| \leqq \operatorname{Min}\left(\dfrac{1}{h}, \dfrac{1}{\eta h^2}\right), \quad |B'_h| \leqq \operatorname{Min}\left(\dfrac{1}{h}, \dfrac{1}{\eta h^2}\right), \qquad\qquad \text{also} \\[2ex] \displaystyle\sum_{h=N+1}^{\infty} (|A'_h| + |B'_h|) = O\!\left(N^{\frac{2}{\varkappa}}\right) = O\!\left(N^{1-\frac{2}{\varkappa}}\right). \end{cases}$$

Deshalb ist wegen der Definition von G, G_1 und N'_γ in VIII 7 und
wegen (13)

$$(14) \quad \begin{cases} N'_\gamma = \sum_{x=1}^{N} G(f(x)) \leqq \sum_{x=1}^{N} G_1(f(x)) \leqq \\[2ex] (\gamma + \eta)N + 2 \sum_{h=1}^{N} \frac{1}{h} \left| \sum_{x=1}^{N} e^{2\pi i h f(x)} \right| + O\left(N^{1-\frac{2}{\varkappa}}\right). \end{cases}$$

Der Schwerpunkt des Beweises liegt im Nachweis (mit Hilfe von Satz 2),
daß die Doppelsumme im rechten Glied gleich $O(NL)$ ist. Sobald das
gezeigt ist, folgt aus (14) (offenbar gleichmäßig in γ)

$$(15) \quad \begin{cases} N'_\gamma \leqq \gamma N + O(NL) \text{ für } 0 \leqq \gamma < 1 - 2\eta, \\ N'_\gamma = \gamma N + O(NL) \text{ (wegen } \gamma = O(L)) \text{ für } \gamma \leqq 2\eta. \end{cases}$$

Wir nehmen nun $2\eta < \gamma \leqq 1$ an und definieren $G_2(t)$ wie in VIII 7.
Vollkommen analog zum vorangehenden folgt dann

$$\begin{cases} N'_\gamma \geqq \gamma N - O(NL) \text{ für } 2\eta < \gamma \leqq 1, \\ N'_\gamma = \gamma N + O(NL) \text{ für } 1 - 2\eta \leqq \gamma \leqq 1. \end{cases}$$

Zusammenfassend haben wir also wegen (15):

$$R(N) = N'_\gamma - \gamma N = O(NL) \qquad (0 \leqq \gamma \leqq 1).$$

BEMERKUNG 1. In den Sätzen 2 und 3 spielen die arithmetischen
Eigenschaften von α wegen (9) und (11) eine wichtige Rolle. So folgt
(unter Benutzung der Typeneinteilung in III 4) aus Satz 3:

$$D(N) = O\left(N^{-\frac{2}{\varkappa}+\varepsilon} + N^{-\frac{2k}{(1+\eta)\varkappa}+\varepsilon}\right), \text{ falls } \alpha \text{ irrational vom Typus I}\eta \text{ ist};$$

$$D(N) = O\left(N^{-\frac{2}{\varkappa}+\varepsilon}\right) \text{ für jedes irrationale } \alpha, \text{ falls } N \text{ auf eine geeignete}$$
$$\text{Weise gegen Unendlich strebt.}$$

Ist α vom Typus II$\overline{\eta}$, III$\overline{\overline{\eta}}$, ..., so liefert (12) wegen des ε nicht für
jedes N eine scharfe Abschätzung.

Abschätzungen im Fall $k = 2$ waren schon durch BEHNKE [3] bekannt
(§ 3).

BEMERKUNG 2. Mit der in VIII 13 erwähnten elementaren Methode
hatte VINOGRADOFF [2] ein weniger scharfes Ergebnis als Satz 3 gefunden.
(statt $\varkappa = 2^k$ trat $\varkappa' = 3^k$ auf). Es gelang VAN DER CORPUT mit der verschärften elementaren Methode (VIII Satz 17) auch Satz 3 herzuleiten.

BEMERKUNG 3. VINOGRADOFF [6] leitet Satz 3 noch mit einer dritten
Methode her. Dabei wird das Problem zuerst auf den Fall zurückgeführt,
daß das Polynom $f(x)$ nur rationale Koeffizienten α, α_1, ..., α_n mit von N
abhängigem Hauptnenner Q besitzt. Es sei $0 < \gamma \leqq 1$, $u_1 = [\gamma Q] + 1$.
Dann ist die Summe

$$W = \sum_{h=0}^{Q-1} \sum_{x=1}^{N} \sum_{u=0}^{u_1-1} e^{2\pi i h\left(f(x) - \frac{u}{Q}\right)}$$

einerseits gleich $Q N_\gamma'$ und andererseits gleich $Q \gamma N +$ einem Rest, den VINOGRADOFF mit seinen Sätzen über endliche trigonometrische Summen abschätzen kann. Gleichsetzung liefert ihm Satz 3. Weitere Anwendungen dieser oder verwandter Methoden bei VINOGRADOFF [7—11].

BEMERKUNG 4. KUSMIN [2] verallgemeinert Satz 3 für den Fall der Gleichverteilung (mod 1) von simultanen Polynomsystemen; seine Ergebnisse werden von SKOPIN [1] ergänzt.

6. Es gilt[1]

SATZ 4. *Ist $f(x)$ für $x = 1, 2, \ldots$ reell, sind jedem ganzen $N \geqq 1$ die beiden Zahlen α, β mit $\alpha \leqq \beta \leqq \alpha + 1$ und die Zahl δ mit $0 < \delta \leqq 1$ zugeordnet, so gibt es eine absolute Konstante $K \geqq 1$ folgender Eigenschaft: Ordnet man jedem $N \geqq 1$ noch die Zahl*

$$M = \left[\frac{K}{\delta} \log \frac{3}{\delta} \left(\log \log \frac{3}{\delta} \right)^2 \right],$$

sowie die M Zahlen p_h $(h = 1, 2, \ldots, M)$:

$$p_h = \mathrm{Min}\left(\beta - \alpha + K\delta, \frac{K}{h} \right) \qquad \left(1 \leqq h < \frac{2}{\delta} \right),$$

$$p_h = \mathrm{Min}\left(\beta - \alpha + K\delta, \frac{K}{h} e^{-\frac{h\delta}{89 \log^2 h\delta}} \right) \qquad \left(h \geqq \frac{2}{\delta} \right),$$

zu, so gilt für das Fehlerglied $R(N)$ von $f(x)$ (in bezug auf (2)):

$$|R(N)| \leqq K\delta N + 2 \sum_{h=1}^{M} p_h \left| \sum_{x=1}^{N} e^{2\pi i h f(x)} \right|.$$

Der Satz ist Spezialfall eines allgemeineren (mehrdimensionalen) Satzes, der selber eine kleine Verschärfung und Umgestaltung eines VAN DER CORPUTschen Satzes (X Satz 2) ist. Obwohl X Satz 2 schon mehrfach angewandt wurde, wurde sein Beweis bis jetzt noch nicht veröffentlicht; der Beweis seiner Verschärfung erscheint demnächst in einer gemeinsamen Arbeit von VAN DER CORPUT-KOKSMA.

Zur Andeutung des Beweisganges werde der Kürze halber

$$\alpha = 0, \quad \beta = \gamma \ (0 < \gamma < 1), \quad 2\delta < \gamma, \quad 2\delta < 1 - \gamma$$

angenommen und $G(t)$ genau so definiert wie in VIII 7. Auch $G_1(t)$ und $G_2(t)$ werden analog definiert, wobei δ die Rolle des η aus VIII 7 spielt; statt aber die Verbindungskurven in den Intervallen $-\eta \leqq t \leqq 0$, $\gamma \leqq t \leqq \gamma + \eta$ bzw. $0 \leqq t \leqq \eta$, $\gamma - \eta \leqq t \leqq \gamma$ linear zu wählen, werden diese definiert durch Funktionen, die Ableitungen bis zu sehr hoher Ordnung besitzen, welche in den Anschlußpunkten

---

[1] Die VAN DER CORPUT-KOKSMASCHEN Untersuchungen in **6** und X wurden ohne Kenntnis der schönen VINOGRADOFFSCHEN Arbeiten aus **5** geführt. Erst beim systematischen Literaturstudium für vorliegenden Bericht stieß Ref. auf diese, ihm wegen der russischen Sprache schwer zugänglichen Arbeiten, die er sich dann sofort übersetzen ließ. Sämtliche im Literaturverzeichnis angegebenen VAN DER CORPUTSCHEN und KOKSMASCHEN Arbeiten sind aber noch von denselben unabhängig.

$t = -\eta, 0, \gamma, \gamma + \eta$ bzw. $t = 0, \eta, \gamma - \eta, \gamma$ sämtlich gleich Null sind. Deshalb kann man auf die Integrale für die FOURIER-Konstanten A_h', B_h', A_h'', B_h'' wiederholte partielle Integration ausüben und zu folgenden Abschätzungen gelangen:

$$\sum_{h=M+1}^{\infty} (|A_h'| + |B_h'|) \leqq (K-2)\,\delta; \qquad \sum_{h=M+1}^{\infty} (|A_h''| + |B_h''|) \leqq (K-2)\,\delta.$$

Dann lehrt VIII (8):

$$R(N) = N_\gamma' - \gamma N = \sum_{x=1}^{N} G(f(x)) - \gamma N \leqq \sum_{x=1}^{N} G_1(f(x)) - \gamma N \leqq$$

$$K\delta N + \left| \sum_{x=1}^{N} \sum_{h=1}^{M} (A_h' \cos 2\pi h f(x) + B_h' \sin 2\pi h f(x)) \right|,$$

$$R(N) = N_\gamma' - \gamma N \geqq \sum_{x=1}^{N} G_2(f(x)) - \gamma N \geqq$$

$$- K\delta N - \left| \sum_{x=1}^{N} \sum_{h=1}^{M} (A_h'' \cos 2\pi h f(x) + B_h'' \sin 2\pi h f(x)) \right|,$$

woraus mit Hilfe der gewonnenen Koeffizientenabschätzungen der Satz gefolgert wird.

BEMERKUNG. Aus Satz 4 geht hervor, wie wichtig scharfe Abschätzungen von Summen des Typus (8) für die Gleichverteilungstheorie sind.

§ 2. Polynome ersten Grades. (Der lineare Fall.)

7. In diesem Paragraphen beziehen sich die Größen R, R^*, R_r^*, D usw. ausschließlich auf die Gleichverteilung (mod 1) von

$f(x) = \theta x$ $(x \geqq 1; \theta = (b_0, b_1, \ldots)$ irrational, von x unabhängig).

Um die Gleichverteilungsrelationen (vgl. VIII **8**)

(16) $R = R(N) = o(N)$, $R_r^* = R_r^*(N) = o(N)$ *(für alle irrationalen θ)*

zu verschärfen, ist es nötig, Voraussetzungen über θ zu machen. Wir benutzen dabei die Typeneinteilung in III **4**: es stellt sich nämlich heraus, daß die (θx) um so unregelmäßiger verteilt sind, je besser sich θ durch rationale Zahlen approximieren läßt.

LERCH [1] zeigt 1904 die Formel

(17). $R^* = O(\log N)$ *für die θ mit b. T.*

als er (angeregt von FRANEL [1, 2, 3]) die Summe $\sum_{x=1}^{N} [\theta x]$ untersucht. Die LERCHsche Formel und Methode werden 1912 von HARDY-LITTLEWOOD.[1¹] wiederentdeckt und zusammen mit einer großen Anzahl ähnlicher Ergebnisse angekündigt; die betreffenden Beweise erscheinen 1920—1922 (H.-L. [1^{VII, VIII}]). 1921—1922 erscheinen (angeregt von H.-L. [1^{I, II, III}] und WEYL [2, 3]) unabhängig andere Beweise dieser und analoger Ergebnisse von

HECKE [2], OSTROWSKI [1], BEHNKE [1, 2]. Diese Arbeiten sind etwas später als H.-L. [1^{VII}], jedoch früher als H.-L. [1^{VIII}], wo sie zitiert werden. Es folgen weitere Arbeiten, und BEHNKE [3, 4] faßt die Ergebnisse ergänzend zusammen, hauptsächlich unter einheitlicher Benutzung der WEYLschen und der OSTROWSKIschen Methode. Wir bringen zuerst Ergebnisse (wobei wir verschiedene BEHNKEsche Präzisierungen der Kürze halber unterdrücken) und gehen dann kurz auf die Methoden ein.

8. Daß man die Formeln (16) nicht für allgemeines θ verschärfen kann, zeigen HARDY-LITTLEWOOD [1^{VII}] und etwas später unabhängig von ihnen KHINTCHINE [3]. Es gilt:

SATZ 5. *Zu jeder noch so schwachen monotonen Approximationsfunktion $\varphi(t)$ läßt sich wenigstens ein Kettenbruch θ konstruieren, für den sowohl*

$$R^* > N\varphi(N) \text{ für unendlich viele } N,$$

als auch

$$R^* < -N\varphi(N) \text{ für unendlich viele } N.$$

Dagegen zeigt KHINTCHINE [3] mittels seiner metrischen Kettenbruchergebnisse (III **29**):

$$R = o\,(\log^{1+\varepsilon}N),\; R^* = o\,(\log^{1+\varepsilon}N) \text{ für fast alle } \theta.$$

(Wie in der Folge bedeutet ε eine beliebig zu wählende feste positive Zahl.)

Er wendet sein Ergebnis zur Abschätzung der Gitterpunktsanzahl in Polygonen an.

OSTROWSKI [1] verschärft (17) zum

SATZ 6. *Es ist*

$$(18) \qquad |R^*| \leqq \tfrac{3}{2} K \log N, \quad ND \leqq 36\, K \log N \qquad (N > 10)$$

für alle $\theta = (b_0, b_1, \ldots)$ *mit* $b_i \leqq K$.

Nach HARDY-LITTLEWOOD, HECKE, OSTROWSKI oder BEHNKE gelten u. a. die folgenden O-Sätze:

SATZ 7. *Es ist*

$$(19) \qquad D = O\!\left(N^{-\frac{1}{\eta}+\varepsilon}\right), \quad R_r^* = O\!\left(N^{1-\frac{r}{\eta}+\varepsilon} + N^{r\varepsilon}\right) \qquad (r \geqq 1),$$

falls θ vom Typus $\mathrm{I}\,\eta$ $(\eta \geqq 1)$;

$$(20) \qquad D = O\!\left(N^{-\frac{1}{\eta}}\right), \quad R_r^* = O\!\left(N^{1-\frac{r}{\eta}}\right) \qquad (1 \leqq r < \eta),$$

falls θ vom Typus $\mathrm{I}\,\eta\,\lambda$ $(\eta \geqq 1;\, 0 \leqq \lambda < \infty)$;

$$(21) \qquad R_r^* = O\,(1) \qquad (r > \eta),$$

falls θ vom Typus $\mathrm{I}\,\eta$ $(\eta \geqq 1)$.

Ähnliches für θ höherer Typen, z. B.:

SATZ 8. *Es ist*

$$D = O\!\left((\log N)^{-\frac{1}{\eta}+\varepsilon}\right),\; R^* = O\!\left(N\,(\log N)^{-\frac{1}{\eta}+\varepsilon}\right) \text{ für die } \theta \text{ vom Typus } \mathrm{II}\,\eta.$$

Dagegen gelten nach HARDY-LITTLEWOOD und OSTROWSKI die folgenden Ω-Ergebnisse:

$$(22) \qquad R^* = \Omega \, (\log N) \quad \textit{für beliebiges } \theta,$$

$$(23) \qquad \limsup_{N \to \infty} \frac{R^*}{\log N} > 0, \qquad \liminf_{N \to \infty} \frac{R^*}{\log N} < 0 \quad \textit{für die } \theta \textit{ mit b. T.}$$

Für *beliebiges* θ kann man (22) nicht immer durch das zweiseitige Formelnpaar (23) ersetzen. Es gilt nach OSTROWSKI [1]

SATZ 9. *Zu jeder noch so schwachen monotonen Approximationsfunktion* $\varphi(t)$ *gibt es sowohl ein* θ *mit*

$$\limsup_{N \to \infty} R^* \, \varphi(N) \leqq 0,$$

als auch ein θ *mit*

$$\liminf_{N \to \infty} R^* \, \varphi(N) \geqq 0.$$

Ferner gilt (vgl. BEHNKE [3]):

$$(24) \qquad D = \Omega \, (N^{-1} \log N) \quad \textit{für beliebiges } \theta;$$

$$D = \Omega \Big(N^{-\frac{1}{\eta} - \varepsilon} \Big), \quad R_r^* = \Omega \Big(N^{1 - \frac{r}{\eta} - \varepsilon} \Big) \; (r \geqq 1), \; \theta \text{ vom Typus } \mathrm{I}\eta \; (\eta \geqq 1);$$

$$(25) \qquad D = \Omega \Big(N^{-\frac{1}{\eta}} \Big), \quad R_r^* = \Omega \Big(N^{1 - \frac{r}{\eta}} \Big) \; (1 \leqq r < \eta),$$

$$\theta \text{ vom Typus } \mathrm{I}\eta\,\lambda \qquad (\eta > 1, \; \lambda > 0).$$

Ähnliches für Zahlen θ von höheren Typen, und analoge Ergebnisse über die CESÀRO-Mittel der Reihe $\sum ((\theta x) - \tfrac{1}{2})$ usw.

9. HARDY-LITTLEWOOD [1^{VII, VIII}] benutzen zwei Methoden. Die eine ist elementar und eine systematische Vertiefung und Entwicklung des LERCHschen Ansatzes. Sie beruht auf einer elementaren Transformationsformel, die man in verschiedener Gestalt u. a. schon bei DIRICHLET [1^{II}], SYLVESTER [2] und HACKS [1] findet (vgl. auch GLAISHER [4] und Encyklop. d. Math. Wiss. I 2, S. 654 ff.) und von der wir nur folgenden Spezialfall anführen:

$$(26) \qquad \sum_{x=1}^{N} \Big((\theta x) - \frac{1}{2} \Big) + \sum_{x=1}^{[N\theta]} \Big((\theta_1'' x) - \frac{1}{2} \Big) = \frac{(N\theta)}{2} - \frac{(N\theta)(1 - (N\theta))}{2\theta}$$
$$(0 < \theta < 1),$$

wo θ_i'' $(i \geqq 0)$ durch III (3) mit θ statt α definiert ist. Ist θ eine beliebige Irrationalzahl, wendet man (26) mit θ_0'' statt θ an und schreibt man $R^*(N, \theta)$ statt R^*, so hat man:

$$(27) \qquad R^*(N, \theta) = -R^*([N\theta_0''], \theta_1'') + O\Big(\frac{1}{\theta_0''} \Big).$$

(Bequemlichkeitshalber schreiben wir für das Restglied $O\Big(\frac{1}{\theta_0''} \Big)$, obwohl es sogar absolut $\leqq \frac{1}{\theta_0''}$ ist.)

Bei gegebenem $N \geqq \dfrac{1}{\theta_0''}$ sei $r \geqq 1$ die ganze Zahl mit

$$(28) \qquad \frac{1}{\theta_0'' \, \theta_1'' \ldots \theta_{r-1}''} \leqq N < \frac{1}{\theta_0'' \, \theta_1'' \ldots \theta_r''} \, ;$$

dann liefert r-fache bzw. $(r-1)$-fache Iteration von (27) die Formeln

$$(29) \qquad R^*(N, \theta) = O\left(\frac{1}{\theta_0''}\right) + O\left(\frac{1}{\theta_1''}\right) + \cdots + O\left(\frac{1}{\theta_r''}\right),$$

$$(30) \qquad R^*(N, \theta) = O\left(N\theta_0'' \ldots \theta_{r-1}''\right) + O\left(\frac{1}{\theta_0''}\right) + \cdots O\left(\frac{1}{\theta_{r-1}''}\right).$$

Nehmen wir beispielsweise die b_i, also nach III (4) die $\dfrac{1}{\theta_i''}$ beschränkt an, so folgt aus (29), (28) und III (8):

$$R^* = O(r) = O(\log N).$$

In ähnlicher Weise leiten HARDY-LITTLEWOOD ihre anderen Abschätzungen von R^* her. Gleichzeitig betrachten sie ein allgemeineres Problem: sie zeigen, daß in der (u, v)-Ebene die Anzahl $A(M)$ der Gitterpunkte innerhalb des rechtwinkligen Dreiecks, das von den Geraden $u = 0$, $v = 0$, $\vartheta'u + \vartheta''v = M\left(M > 0, \dfrac{\vartheta'}{\vartheta''} = \theta > 0, \vartheta'' > 0\right)$ begrenzt wird, gleich dem Ausdruck

$$A(M) = \frac{M^2}{2\,\vartheta'\vartheta''} - \frac{M}{2\,\vartheta'} - \frac{M}{2\,\vartheta''} + R^{**}(M)$$

ist, wo für R^{**} in bezug auf M analoge Abschätzungen wie für R^* in bezug auf N gelten, u. a.:

$$R^{**} = o(M) \; \text{für alle } \theta; \qquad R^{**} = O(\log M) \; \text{für alle } \theta \text{ mit b. T.};$$

$$(31) \qquad R^{**} = O\left(M^{1 - \frac{1}{\eta} + \varepsilon}\right) \; \text{für die } \theta \text{ vom Typus } I\eta\,(\eta \geqq 1);$$

$$\operatorname*{Lim\,sup}_{M \to \infty} M^{-\left(1 - \frac{1}{\eta} - \varepsilon\right)} R^{**} > 0, \qquad \operatorname*{Lim\,inf}_{M \to \infty} M^{-\left(1 - \frac{1}{\eta} - \varepsilon\right)} R^{**} < 0$$

$$\text{für die } \theta \text{ vom Typus } I\eta\,(\eta \geqq 1).$$

Weiter gilt Satz 5 mit R^{**} statt R^* und M statt N, und der in Hinblick auf Satz 9 bemerkenswerte Satz 10, worin (22) mit R^{**} statt R^* und M statt N enthalten ist:

SATZ 10. *Für beliebiges θ ist*

$$\operatorname*{Lim\,sup}_{M \to \infty} \frac{R^{**}}{\log M} > 0, \qquad \operatorname*{Lim\,inf}_{M \to \infty} \frac{R^{**}}{\log M} < 0.$$

Bei der Untersuchung des Dreiecksproblems entwickeln HARDY-LITTLEWOOD eine transzendente analytische Methode, die auf den Eigenschaften der doppelten ζ-Funktion von BARNES [1] in der degenerierten Gestalt

$$\zeta_2(s) = \zeta(s, a, \vartheta', \vartheta'') = \sum_{m=0}^{\infty} \sum_{n=0}^{\infty} \frac{1}{(a + \vartheta'm + \vartheta''n)^s} \qquad (a > 0)$$

beruht. Mittels derselben wird eine komplizierte exakte Formel für $A(M)$ hergeleitet, ähnlich der VORONOIschen Formel für die Gitterpunktsanzahl im Hyperbelbereich $u > 0$, $v > 0$, $uv \leqq M$.

10. HECKE [2] leitet durch sehr einfache Überlegungen aus Abschätzungen für R^* solche für das Fehlerglied R in bezug auf Intervalle (α, β) des Einheitsintervalles her und zeigt u. a. den in Anbetracht von (24) merkwürdigen

Satz 11. *Zu jedem θ gibt es unendlich viele feste Intervalle (α, β) mit $\alpha < \beta \leqq \alpha + 1$, für die*

$$R(N) = O(1).$$

Es genügt sogar, $\alpha = (N_1\theta)$, $\beta = (N_2\theta)$ $(N_1 \geqq 0$ und $N_2 \geqq 1$ ganz, $\alpha < \beta)$ zu setzen.

OSTROWSKI [**2, 3**] hat Satz 11 beträchtlich verallgemeinert.

11. Die ebenfalls elementaren Methoden von OSTROWSKI [**1**] beruhen auf einfachen Kettenbruchungleichungen. Um $R^*(N)$ abzuschätzen, werden die Näherungsnenner $q_0, q_1, \ldots$ von $\theta = (b_0, b_1, \ldots)$ benutzt. Es sei $q_{i_0} \leqq N < q_{i_0+1}$; dann wird das Summationsintervall $(1, N)$ abhängig von den Werten der Zahlen $q_i (0 \leqq i \leqq i_0)$ derart zerschnitten, daß die entstehenden Teilsummen von R^* leicht abgeschätzt werden können. Man bekommt

$$(32) \qquad |R^*| \leqq \tfrac{1}{2}\sum_{i=0}^{l} b_i', \quad \text{wo} \quad l \leqq i_0$$

und wo die b_i' eine geeignete Teilfolge aus den $b_0, \ldots, b_{i_0}$ bilden. Aus (32) folgt wegen III (4) und III (9) u. a. sofort (17). Ähnliche Überlegungen führen zu den weiteren Abschätzungen von R^*, D usw.

12. Wir kommen jetzt zu den transzendenten Methoden von HECKE [**2**]. HECKE gibt von der Gleichverteilung (mod 1) der θx $(x = 1, 2, \ldots)$ die folgende Anwendung:

SATZ 12. *Für irrationales festes θ ist die Potenzreihe*

$$\mathfrak{P}(z) = \sum_{n=1}^{\infty} (n\theta) z^n$$

über den Einheitskreis nicht-fortsetzbar.

FOLGERUNG. *Dasselbe gilt von der Potenzreihe[2]*

$$\mathfrak{Q}(z) = \sum_{n=1}^{\infty} [n\theta] z^n.$$

Der Beweis beruht auf dem bekannten Lemma: *Haben die Koeffizienten der Potenzreihe $\sum c_n z^n$ den Mittelwert $\mathrm{Lim}_{N\to\infty} \dfrac{1}{N} \sum_{n=0}^{N} c_n = c$, so gilt bei radialer Annäherung an $z = 1$:*

$$\mathrm{Lim}_{r\to 1} (1 - r) \sum_{n=1}^{\infty} c_n r^n = c.$$

(Für $c \neq 0$ strebt also die Reihensumme gegen Unendlich.)

---

[2] Vgl. zu dieser Potenzreihe auch MAHLER [**2**].

Mit Hilfe von VIII (6) folgert man hieraus leicht, daß bei radialer Annäherung an einen Punkt $P = e^{2\pi i \eta}$ des Einheitskreises E

$$\operatorname*{Lim}_{r \to 1} (1 - r)\, \mathfrak{P}(r e^{2\pi i \eta}) = \frac{1}{2\pi i v} \text{ ist, falls } \eta = u + \theta v \quad (u \text{ ganz, } v \neq 0 \text{ ganz});$$

diese Punkte P liegen aber auf E überall dicht, q. e. d.

Bemerkenswert ist die transzendente Methode, welche HECKE [2] zur Abschätzung von R^* benutzt. Er betrachtet dazu die DIRICHLETsche Reihe

$$\chi_1(s, \theta) = \sum_{n=1}^{\infty} \frac{(n\theta) - \frac{1}{2}}{n^s} \quad (s = \sigma + it;\ \theta = \sqrt{D},\ D > 0 \text{ ganz und quadratfrei}),$$

und zeigt (im Fall $D \equiv 2$ oder $\equiv 3 \pmod 4$; von BEHNKE [2] ergänzt auch für $D \equiv 1 \pmod 4$):

SATZ 13. *$\chi_1(s, \theta)$ ist eine meromorphe Funktion von s, regulär für $\sigma > 0$; sie kann keine anderen als einfache Pole besitzen und dann höchstens in den Punkten*

$$s = -2k \pm \frac{2\pi i l}{\log E} \qquad (k,\ l = 0, 1, 2, \ldots),$$

wo E eine gewisse positive Einheit des Körpers $K(\sqrt{D})$ darstellt.

Zum Beweise wird χ_1 durch gewisse DIRICHLETsche Reihen ausgedrückt, die nach den von HECKE [1] eingeführten Zetafunktionen $\zeta(s, \lambda)$ entwickelt werden.

Um Satz 13 anzuwenden, schätzt er $|\chi_1|$ mit den in der Theorie der DIRICHLETschen Reihen gebräuchlichen Methoden in gewissen vertikalen Streifen in bezug auf t ab und kann daraus Abschätzungen für die Koeffizientensumme $R^*(N)$ herleiten.

Obwohl bei diesen tiefen Methoden die feinere arithmetische Struktur von θ eine wesentliche Rolle spielt, findet HECKE statt (18) nur $R^* = O(N^\varepsilon)$ ($\varepsilon > 0$ beliebig), leitet aber auch Abschätzungen für die CESÀROschen und RIESZschen Mittel höherer als erster Ordnung der Summen $\sum_{x=1}^{N} (\theta x)$ her.

13. (a) Unter Benutzung ihrer in **9** erwähnten Methoden leiten HARDY-LITTLEWOOD [1^{XI}] Satz 13 in ganz anderer Weise von neuem her, und zwar in einer abweichenden Fassung, die den Methodenunterschied erkennen läßt. (b) MAHLER [3] zeigt mittels eines MELLINschen Satzes (vgl. MAHLER [1]) einen ähnlichen, aber allgemeineren Satz als Satz 13 (ebenfalls für quadratische θ). (c) HECKE [3] untersucht in anderer Richtung verwandte Probleme.

14. BEHNKE [2, 1] führt die HECKEschen Untersuchungen in zwei Richtungen weiter. Erstens betrachtet BEHNKE [2] die HECKEschen Entwicklungen vom Standpunkt der Körpertheorie und überträgt sie auf algebraische Körper vom Grade $g \geq 2$. Das führt u. a. zu einer approximativen Bestimmung der Anzahl der totalpositiven Zahlen mit einer Spur unterhalb einer gegebenen Grenze in einem beliebigen totalreellen Körper. BEHNKE [1] dagegen leitet Abschätzungen für die Ausdrücke R_r^* her mit Hilfe der DIRICHLETSchen Reihen

$$(33) \qquad \chi_r(s, \theta) = \sum_{n=1}^{\infty} \frac{P_r((n\theta))}{n^s} \qquad (r = 1, 2, \ldots),$$

wobei er allgemein Zahlen θ vom Typus $I\eta$ betrachtet. Jetzt können also keine Körpereigenschaften benutzt werden, wie bei HECKE; statt dessen werden Thetatransformationen angewandt (nachdem die P_r in ihre FOURIERreihen entwickelt und die χ_r als Integrale dargestellt sind). Sind einmal Regularitätsaussagen über χ_r gemacht, so geht der Rest wie bei HECKE.

Das letzte dieser Probleme war unterdessen auch von HARDY-LITTLEWOOD [2] angegriffen worden. HARDY-LITTLEWOOD [1^X] zeigen mit ihren Methoden eine große Anzahl von Sätzen, unter denen die BEHNKESchen Ergebnisse enthalten sind. Wir führen nur an:

SATZ 14. *Ist θ vom Typus $I\eta$, so gilt:*

a) $\chi_r(s,\theta)$ *ist regulär für* $\sigma > \sigma_r$, *wo* $\sigma_r = 1 - \dfrac{r}{\eta}$ *ist* $(r = 1, 2, \ldots)$.

b) *Für* $\eta > 1$, $r \geqq 1$ *ist* $\sigma = \sigma_r$ *singuläre Gerade für* χ_r.

c) *Die Reihe* (33) *konvergiert in der Halbebene* $\sigma > \mathrm{Max}(0, \sigma_r)$.

(Ähnliche scharfe Aussagen über C-Summierbarkeit dieser Reihe χ_r usw.)

BEMERKUNG. Man beachte den Unterschied zwischen Satz 14b und Satz 13, wo $r = 1$ und θ vom Typus $I\eta$ mit $\eta = 1$ ist.

15. Bei ihren Untersuchungen benutzten HARDY-LITTLEWOOD [1^{VIII}] wiederholt einen Hilfssatz, der auch an sich Interesse hat:

SATZ 15. *Hat für gewisse* $\lambda' \geqq \lambda \geqq 1$ *und für alle natürlichen x der Ausdruck*

$$x^{\lambda'} |\sin \pi \theta x|^{\lambda}$$

eine positive von x unabhängige untere Grenze, so gilt

$$(34) \qquad \sum_{x=1}^{N} \frac{1}{x^{\lambda'} |\sin \pi \theta x|^{\lambda}} = O(\log^2 N).$$

Also:

$$\sum_{x=1}^{\infty} \frac{1}{x^{\eta+} |\sin \pi \theta x|} \qquad \text{konvergiert für jedes } \theta \text{ vom Typus } I\eta \, (\eta \geqq 1;\ \varepsilon > 0).$$

Daß Reihen dieser Art nicht für jedes θ konvergieren, war längst bekannt: 1899 zeigten CESÀRO, DE LA VALLÉE POUSSIN, BOREL, FABRY als Lösung einer Aufgabe von QUEMQUAERIS (siehe BOREL [3]), daß es zu $\psi(x) = \dfrac{1}{x!}$, sogar zu *jeder* positiven Funktion $\psi(x)$ Irrationalzahlen θ gibt,

so daß $\sum_{x=1}^{\infty} \dfrac{\psi(x)}{\sin \pi \theta x}$ divergiert. Man braucht offenbar nur ein geeignetes θ von genügend hohem Typus (vgl. III **4**) zu wählen.

BEHNKE [**3**] zeigt den zu Satz 15 analogen Satz 16, der u. a. bei der WEYLschen Umformung nützlich ist.

SATZ 16. *Für beliebiges θ mit Näherungsnennern q_k, ganzes $N \geqq 1$ und $q_n \leqq N < q_{n+1}$ ist bei geeignetem $C = C(\theta) > 0$:*

$$\sum_{\substack{x=1 \\ x_n \chi_x}}^{N} \frac{1}{\{\theta x\}} \leqq C N \log q_n \leqq C N \log N.$$

HARDY-LITTLEWOOD [**1**[XIII]] zeigen verschiedene verwandte Ergebnisse, u. a.:

SATZ 17. *Ist $\theta = \frac{1}{2}\sqrt{a^2 + 1}$ (a ganz, ungerade), so oszilliert die Reihe*

$$\sum_{x=1}^{\infty} \frac{1}{x \sin 2 \pi \theta x}$$

zwischen endlichen Grenzen; sie ist durch kein CESÀRO-Mittel summierbar, hat aber zur RIESZschen Summe: $-\frac{\pi}{12}\sqrt{a^2 + 1}$.

SATZ 18. *Hat θ b. T., so gelten die folgenden Abschätzungen:*

(A) $\qquad \displaystyle\sum_{x=1}^{N} \frac{1}{|\sin 2 \pi \theta x|} \left(= \sum_{x=1}^{N} |\cosec 2 \pi \theta x| \right) = O(N \log N);$

(B) $\quad \displaystyle\sum_{x=1}^{N} \frac{1}{x\,|\sin 2\pi\theta x|} = O(\log^2 N);$ $\qquad$ (C) $\quad \displaystyle\sum_{x=1}^{N} \frac{1}{\sin^2 2 \pi \theta x} = O(N^2);$

(D) $\quad \displaystyle\sum_{x=1}^{N} \frac{1}{\sin 2 \pi \theta x} = O(N);$ $\qquad$ (E) $\quad \displaystyle\sum_{x=1}^{N} (-1)^x \frac{1}{\sin 2 \pi \theta x} = O(N);$

(F) $\quad \displaystyle\sum_{x=1}^{N} \frac{1}{x \sin 2 \pi \theta x} = O(\log N).$

(A) und (B) sind die besten Abschätzungen ihrer Art; WALFISZ [**6**] gibt von (D) einen vereinfachten Beweis mittels (C) und elementarer Kettenbruchbetrachtungen. WALFISZ [**7**] zeigt:

$$\sum_{x=1}^{N} \frac{1}{x\,((\theta x) - \frac{1}{2})} = O(\log N) \qquad \textit{für alle } \theta \textit{ mit b. T.,}$$

und WALFISZ [**5**[II]] beweist, daß für jedes feste $\varepsilon > 0$ gilt:

$$\sum_{x=1}^{N} \frac{1}{\{\theta x\}} = O(N \log^{1+\varepsilon} N) \qquad \textit{für fast alle } \theta.$$

Man vergleiche auch CHOWLA [**2**], WALFISZ [**5**[I]] und § 4.

BEMERKUNG. Neben den obigen Untersuchungen sind die ihnen in gewisser Hinsicht verwandten, etwas älteren von MACMILLAN [**1**] über die Konvergenz der Doppelreihe

$$\sum_{y=0}^{\infty} \sum_{x=0}^{\infty} \frac{u^y v^x}{y - \theta x}$$

zu erwähnen, sowie diejenigen von LITTLEWOOD [1] und TAMBS LYCHE [1, 2] über das Verhalten der Produkte

$$\prod_{x=1}^{N} (1 + a_x e^{2\pi i \theta x}), \quad \text{bzw.} \quad \prod_{x=1}^{N} (e^{2\pi i \theta x} - 1).$$

§ 3. Polynome zweiten Grades.

16. Hier sind vor allem die Untersuchungen von HARDY-LITTLE-WOOD [1[III, IV]] zu nennen, die (vor dem Erscheinen des WEYLschen Kriteriums) die enge Beziehung zwischen Approximation reeller Zahlen θ und Eigenschaften der Summen

$$(35) \qquad S = S(N, \theta, \alpha) = \sum_{x=1}^{N} e^{2\pi i(\theta x^2 + \alpha x)} \qquad (N \gtreqless 1,\ \theta \text{ und } \alpha \text{ reell})$$

(und etwas modifizierter Summen) studierten und benutzten. Diese Summen hängen offenbar eng mit elliptischen Thetareihen und speziell mit deren Verhalten bei Annäherung an Punkte der Konvergenzgrenze zusammen.

HARDY-LITTLEWOOD [1[IV]] leiten eine grundlegende approximative Transformationsformel für derartige Summen her [die ähnliche Dienste leistet wie (26) im linearen Fall].

Der Beweisgedanke ist eine Vertiefung eines LINDELÖFschen Beweises des Reziprozitätsgesetzes der GAUSSschen Summen (Formel von GENOCCHI-SCHAAR; vgl. LINDELÖF [1]), und stützt sich auf den CAUCHYschen Integralsatz. Die Transformationsformel wurde von VAN DER CORPUT [3[I, II]] neu begründet, einmal mit Hilfe von FOURIER-Reihen, und ein andermal mit Hilfe des Integrals

$$\int_{-\infty}^{+\infty} \frac{e^{at^2 + bt}}{e^{ct} + d}\, dt,$$

das von MORDELL [2, 10] eingehend untersucht wurde (vgl. die RIEMANN-schen Untersuchungen bei SIEGEL [8]).

Es gilt:

SATZ 19. *Sind A und B reell, so bedeute $\sum\limits_{x=A}^{B}{}'$ eine Summe, die für $A = B$ gleich Null, für $A < B$ über alle ganzen x mit $A \leqq x \leqq B$ zu erstrecken und für $A > B$ gleich $-\sum\limits_{x=B}^{A}{}'$ ist; der Strich am Summenzeichen besagt, daß etwaige Glieder mit $x = A$ und $x = B$ zu halbieren sind.*

Für reelle $\vartheta \neq 0,\ \vartheta_1,\ A$ und B sei

$$S(A, B, \vartheta, \vartheta_1) = \sum_{x=A}^{B}{}' e^{\pi i(\vartheta x^2 + 2\vartheta_1 x)}.$$

Dann gilt (man lese $i + 1$ für $\vartheta > 0$, $i - 1$ für $\vartheta < 0$):

$$(36) \qquad \left| S(A, B, \vartheta, \vartheta_1) - \frac{i \pm 1}{\sqrt{2|\vartheta|}} \sum_{x=A\vartheta+\vartheta_1}^{B\vartheta+\vartheta_1}{}' e^{-\frac{\pi i}{\vartheta}(x - \vartheta_1)^2} \right| < \frac{7}{2}\left(1 + \frac{1}{\sqrt{|\vartheta|}}\right).$$

Also, wenn $0 < \vartheta < 1$:

$$(37) \quad |S(A,B,\vartheta,\vartheta_1)| < \frac{1}{\sqrt{\vartheta}}\left|S\left(A\vartheta+\vartheta_1, B\vartheta+\vartheta_1, \frac{1}{\vartheta}, -\frac{\vartheta'}{\vartheta}\right)\right| + \frac{7}{\sqrt{\vartheta}}.$$

Weitere Neubeweise des Satzes gaben noch HARDY-LITTLEWOOD [1^{XII}] (komplexe Integration), MORDELL [**4**] (mit einer einfachen Methode, die MORDELL [**1, 3**] zur Auswertung GAUSSscher Summen benutzte) und WILTON [**1**], der zugleich eine Verschärfung zeigte.

17. Aus den Thetaformeln (36) und (37) leiten HARDY-LITTLE-WOOD [$1^{\text{IV, IX}}$] Abschätzungen her mit einem ähnlichen Iterations-verfahren wie in **9.** Von den Formeln in III **2** ausgehend definieren wir θ_i'' ($i \geqq 0$) durch III (3) mit θ statt α und setzen $T_r = \theta_0'' \theta_1'' \ldots \theta_r''$ ($r = 0, 1, 2, \ldots$). Wiederholte Anwendung von (37) mit $\vartheta = \theta_0''$, $\vartheta = \theta_1'', \ldots$ (das erstemal mit $A = 1, B = N, \vartheta_1 = \alpha$) liefert durch In-duktion leicht:

$$S(1, N, \theta, \alpha) = O\left(N\sqrt{T_r} + \frac{1}{\sqrt{T_r}}\right) \quad (r = 0, 1, 2, \ldots).$$

Wenn man für $N > \frac{1}{T_0}$ den Index $r \geqq 1$ so wählt, daß

$$T_r \leqq \frac{1}{N} < T_{r-1},$$

so bekommt man nach Anwendung der letzten Abschätzung (einmal mit $r - 1$ statt r und ein andermal mit r) wegen III (9):

$$(38) \quad S(1, N, \theta, \alpha) = O\left(\text{Min}\left(\frac{N}{\sqrt{q_r}} + \sqrt{N}, \sqrt{q_{r+1}}\right)\right).$$

18. Aus (38) leiten HARDY-LITTLEWOOD nun leicht die folgenden o- und O-Abschätzungen her [diese gelten sowohl für $S(1, N, \theta, \alpha)$, als für die Summe $S = S(N, \theta, \alpha)$ aus (35), und zwar gleichmäßig in α; wir beschränken uns weiterhin auf letztere Summe S]:

$(39) \quad S = o(N)$ *für beliebiges irrationales* θ;

$(40) \quad S = O(\sqrt{N})$ *für jedes* θ *mit b. T.;*

$(41) \quad S = O(\sqrt{N\psi(\log N)})$ *für fast alle* θ; *darin bedeutet* $\psi(t)$ *eine beliebige positive logarithmisch-exponen-tielle Funktion, für die die Reihe* $\sum\limits_{N=N_0}^{\infty} \frac{1}{\psi(N)}$ *konvergiert;*

$(42) \quad S = O\left(N^{1-\frac{1}{\eta+1}}\right)$ *für jedes* θ *des Typus* $\mathrm{I}\eta\lambda$ ($\eta \geqq 1, \lambda < \infty$);

$(43) \quad S = O\left(N^{1-\frac{1}{\eta+1}+\varepsilon}\right)$ *für jedes* θ *des Typus* $\mathrm{I}\eta$ ($\eta \geqq 1$).

BEHNKE [3^{I}] zeigt, daß das maximale Anwachsen von $|S|$ davon abhängt, wie gut α auf gewisse Weise mit Hilfe von Näherungsnennern von θ zu approximieren ist; es gilt:

$(44) \quad S = O\left(N^{\frac{3}{4}}\right)$ *für beliebiges* θ *bei geeignetem* α.

Bei einem weiteren Ergebnis benutzt BEHNKE die folgende Verfeinerung der Typeneinteilung aus III **4**. Behält man in der durch die Relationen $q_{i+1} = q_i''^i$ $(i \geqq 0)$ definierten Folge $\eta_1, \eta_2, \ldots$ nur diejenigen η_i bei, für die $q_i \not\equiv 2 \pmod 4$, so entsteht die Teilfolge $\eta_1', \eta_2', \ldots$, deren oberer Limes η' heiße. Ist $\eta' < \infty$, so heiße θ vom Untertypus $\mathrm{I}\eta'$, gleichgültig ob θ zum Typus $\mathrm{I}\eta$, $\mathrm{II}\eta$, $\ldots$ gehört (offenbar ist $\eta' \leqq \eta$).

Er zeigt dann das merkwürdige Ergebnis:

$$(45) \quad S = O\left(N^{1 - \frac{1}{\eta'+1} + \varepsilon} + N^{\frac{3}{4}}\right) \; \textit{für alle } \theta \textit{ von beliebigem Typus und vom Untertypus } \mathrm{I}\eta' \; (\eta' \geqq 1), \textit{ gleichmäßig in } \alpha.$$

(Vgl. hierzu aber **20**.) Zum Neubeweise von (42) und (43) und zum Beweise von (44), (45) und ähnlichen Abschätzungen für höhere θ benutzt BEHNKE [3] die WEYLsche Umformung, die für ähnliche Abschätzungen schon von OSTROWSKI [1] benutzt worden war.

BEMERKUNG. WALFISZ [1^{III}] und KOKSMA [7] leiten mit der HARDY-LITTLEWOODschen Methode aus **17** Hilfssätze her, die O-Abschätzungen für $S\left(N, \dfrac{u}{v}\,\theta,\,\alpha\right)$ $(u \neq 0,\ v > 0$ ganz) enthalten.

19. HARDY-LITTLEWOOD [1^{IV}] zeigen verschiedene Sätze über elliptische Modulfunktionen und leiten daraus Ω-Ergebnisse her:

$$(46) \qquad S(N, \theta, 0) = \Omega\left(\sqrt{N}\right) \; \textit{für beliebiges irrationales } \theta.$$

Ist $\varphi(t)$ eine noch so schwache monotone Approximationsfunktion, so gilt:

$$(47) \qquad S(N, \theta, 0) = \Omega(N\varphi(N)) \; \textit{für geeignetes irrationales } \theta.$$

Weiter zeigen sie:
Ist $\psi(x)$ positiv und abnehmend, und divergiert die Reihe $\sum\limits_{x=1}^{\infty} \psi(x)$, so ist

$$\sum_{x=1}^{\infty} \psi(x)\, e^{2\pi i \theta x^2} \; \textit{für geeignetes irrationales } \theta \textit{ divergent},$$

und betrachten u. a. die trigonometrischen Reihen

$$(48) \quad \begin{cases} \displaystyle\sum_{x=1}^{\infty} x^{-\alpha} \cos 2\pi\theta x^2, \quad \sum_{x=1}^{\infty} x^{-\alpha} \sin 2\pi\theta x^2, \quad \sum_{x=1}^{\infty} x^{-\alpha}\, e^{2\pi i\theta x^2}, \\[2ex] \displaystyle\sum_{x=1}^{\infty} x^{-\alpha}\, e^{2\pi i\theta(x-\frac{1}{2})^2}, \quad \sum_{x=1}^{\infty} (-1)^x x^{-\alpha}\, e^{2\pi i\theta x^2}. \end{cases}$$

Ist $0 < \alpha \leqq \frac{1}{2}$, so konvergieren die Reihen (48) für keine Irrationalzahl θ und sind mit keinem CESÀRO-Mittel summierbar. Ist dagegen $\alpha > \frac{1}{2}$, so konvergieren sie für fast alle θ; vergleiche FATOU [2].

HARDY-LITTLEWOOD [1^{IX}] zeigen Ω-Ergebnisse für Zahlen θ verschiedener Klassen, die von BEHNKE [3^{I}] ergänzt werden, der u. a. zeigt:

$$(49) \qquad\qquad S(N, \theta, 0) = \Omega\left(N^{1 - \frac{1}{\eta'+1} - \varepsilon}\right)$$

für die θ vom Untertypus $\mathrm{I}\eta'$ und von beliebigem Typus.

Behnke benutzt zu (49) und ähnlichen Abschätzungen für höhere θ die Weylsche Methode. Er zeigt weiter, daß *Real-* und *Imaginärteil* von S dasselbe Mindestwachstum haben wie S, d. h. denselben Ω-Abschätzungen genügen. Dabei wird zunächst die Hardy-Littlewoodsche Theta-Methode benutzt, aber Behnke [3^{II}] kommt auch mit einer anderen, einfacheren Methode durch (Reihenentwicklungen nach Cesàro-Mitteln). Mit dieser Methode zeigte Behnke [3^{I}] Formel (46) von neuem.

20. Die Abschätzungen von $S(N, \theta, 0)$ geben Behnke [3] die Hilfsmittel zur Untersuchung der Diskrepanz $D(N)$ der Funktion θx^2. Es gilt:

$$(50) \qquad D(N) = O\left(N^{-\frac{1}{\eta+1}+\varepsilon} + N^{-\frac{2}{5}} \sqrt{\log N}\right)$$
$$\text{für die } \theta \text{ vom Typus } \mathrm{I}\eta \ (\eta > 1).$$

Ähnliches gilt für die Summen R_r^* der Funktion θx^2, und für θ von höheren Typen. Weiter u. a.:

$$(51) \qquad D = \Omega\left(N^{-\frac{1}{2}}\right), \qquad R_r^* = \Omega\left(\sqrt{N}\right) \ (r \geqq k,\ k > 0 \ \textit{absolut konstant})$$
$$\textit{für beliebiges irrationales } \theta.$$

$$(52) \qquad D = \Omega\left(N^{-\frac{1}{\eta+1}-\varepsilon}\right) \ \textit{für die } \theta \textit{ vom Typus } \mathrm{I}\eta \ (\eta \geqq 1).$$

Bemerkung. Aus (52) folgt, daß das merkwürdige Ergebnis (45) nicht in einer großen Regelmäßigkeit der asymptotischen Verteilung der (θx^2), sondern vielmehr in den Eigenschaften der verwendeten summatorischen Funktion, also in denen der Funktion $e^{2\pi i t}$ wurzelt.

§ 4. Summen und Reihen, die denen der Paragraphen 2 und 3 verwandt sind.

21. Oppenheim [1] zeigt mit einer Modifikation der Hardy-Littlewoodschen Methode (vgl. **16**, **17**) eine approximative Transformationsformel für die Summen

$$(53) \qquad \sum_{x=1}^{N} r_k(x)\, e^{2\pi i \alpha x}$$

$(r_k(x) = \textit{Anzahl der Zerlegungen von } x \textit{ in } k\text{-te Potenzen } (k \geqq 2))$,

und er schätzt diese Summen für verschiedene Typen von Zahlen α ab. Chowla [1, 2] und Walfisz [5, 6, 7] setzen seine Untersuchungen mit verschiedenen Methoden fort und leiten eine große Anzahl ähnlicher Abschätzungen u. a. für die Summen:

$$(54) \qquad \sum_{x=1}^{N} d(x)\, e^{2\pi i \alpha x}, \qquad \sum_{x=1}^{N} \frac{d(x)}{x}\, e^{2\pi i \alpha x}$$

$(d(x) = \textit{Anzahl der natürlichen Teiler von } x)$

her (vgl. auch Chowla-Walfisz [1, 2]).

Wilton [5] zeigt und vermehrt die Ergebnisse unter einheitlicher Benutzung approximativer Transformationsformeln für die Summen (54) nach der Methode von HARDY-LITTLEWOOD, verwendet dabei VORONOIsche Summationsformeln (vgl. WILTON [3, **4**, **5**]).

Formelntafeln bei WALFISZ [5] und WILTON [5].

22. COOPER [1] findet mit der HARDY-LITTLEWOODschen Methode approximative Formeln für die Abschnitte folgender (und verwandter) Reihen

$$E(s, \theta) = \sum_{x=1}^{\infty} \frac{e^{2\pi i\theta x^2}}{x^s} \quad (s = \sigma + it); \quad H(z, \theta) = \sum_{x=1}^{\infty} e^{2\pi i\theta x^2} z^x.$$

Er zeigt ähnliche Sätze wie 13 und 12: *E (s) ist regulär für $\sigma > \frac{1}{2}$ für fast alle θ, insbesondere wenn θ b. T. hat; ist θ quadratisch irrational, so ist E meromorph mit nur einfachen Polen,* die COOPER näher besimmt. *H (z) ist für beliebiges irrationales θ über den Einheitskreis nicht fortsetzbar.*

23. VAN DER CORPUT [7] zeigt unter sehr allgemeinen Voraussetzungen eine approximative Transformationsformel für die Summe

$$\sum_{x=a}^{b} g(x) e^{2\pi i f(x)},$$

deren Beweis ungeheuer kompliziert ist. WILTON [6] liefert mit einer einfacheren Methode den Beweis eines speziellen Falles des VAN DER CORPUTschen Satzes. Seine Ergebnisse setzen ihn instand, verschiedene Konvergenz- und Divergenzsätze von HARDY-LITTLEWOOD [1^{V}], HILLE [1], STEINHAUS [1], INGHAM [1] über spezielle trigonometrische Reihen des Typus

$$\sum \Phi(x) \cos 2\pi \{\theta x - \Psi(x)\}$$

neu zu zeigen, zu verallgemeinern oder zu präzisieren.

§ 5. Trigonometrische Summen der Gestalt I (11) für andere Funktionen $f(x)$.

24. VAN DER CORPUT [6^{II}] zeigt einen allgemeinen Satz, in dem der folgende Satz 20 enthalten ist (der allgemeine Satz betrifft Funktionen f mehrerer Variablen $x_1, \ldots, x_m$):

SATZ 20. *Es seien a und b ganz, $b - a = N \geq 1$, k ganz ≥ 2, $\varkappa = 2^k$, f (t) im Intervall $a \leq t \leq b$ reell, k mal differenzierbar (in den Endpunkten eventuell nur nach innen), $f^{(k)}(t)$ stets $\geq r$ oder stets $\leq - r$, wo r eine von t unabhängige positive Zahl bezeichnet. Dann gilt, wenn*

$$(55) \qquad R = \frac{1}{N} \left| f^{(k-1)}(b) - f^{(k-1)}(a) \right|$$

gesetzt wird, die Ungleichung

$$(56) \qquad \left| \sum_{x=a}^{b} e^{2\pi i f(x)} \right| < 21 N \left(\left(\frac{r}{R^2}\right)^{-\frac{1}{\varkappa-2}} + (r N^k)^{-\frac{2}{\varkappa}} + \left(\frac{r N}{R}\right)^{-\frac{2}{\varkappa}} \right).$$

Der Beweis verläuft in zwei Schritten: I. Beweis für $k = 2$; II. Induktion nach k mittels der fundamentalen Ungleichung (VIII Satz 12). Obwohl II nicht einfach ist, liegt die Hauptschwierigkeit in Schritt I; es werden dabei ältere Hilfsmittel von VAN DER CORPUT [1] benutzt, während geometrische Betrachtungen über Parabelbögen eine Rolle spielen. VAN DER CORPUT hat den Beweis aber wesentlich vereinfacht (nicht publiziert), und zwar unter Benutzung des folgenden Hilfssatzes, der sich elementar zeigen läßt:

SATZ 21. *Ist* $N \geqq 1$,

$$0 < \vartheta \leqq f(2) - f(1) \leqq f(3) - f(2) \leqq \cdots \leqq f(N) - f(N-1) \leqq 1 - \vartheta,$$

so ist

$$(57) \qquad \left| \sum_{x=1}^{N} e^{2\pi i f(x)} \right| \leqq \operatorname{cotg} \frac{\pi \vartheta}{2}, \quad \textit{also} \quad < \frac{1}{\vartheta}.$$

BEMERKUNG. (57) mit der rechten Seite $\frac{c}{\vartheta}$ ($c > 0$ fest) ist in einem Satz von VAN DER CORPUT [**1, 2**] enthalten, der neuerdings von JARNÍK-LANDAU [**1**] eingehend untersucht wurde. (57) mit der rechten Seite $\frac{1}{\vartheta}$ wurde in äußerst einfacher Weise von KUSMIN [**1**] gezeigt, und nachher mit $\operatorname{cotg}\frac{\pi\vartheta}{2}$ statt $\frac{1}{\vartheta}$ von LANDAU [**7**], der verschiedene Zusätze bewies. Satz 21 spielt u. a. eine Rolle beim WARINGschen Problem (vgl. LANDAU [**4, 5^I, 6**]). Durch elementar geometrische Betrachtungen in der GAUSSschen Ebene zeigt POPKEN [**4**] u. a., daß (57) mit der rechten Seite $\operatorname{cosec} \pi\vartheta$ gilt, falls man die Bedingungen

$$\vartheta \leqq \tfrac{1}{4}; \quad f(N) - f(N-1) \leqq \tfrac{1}{4}; \quad 0 \leqq \varDelta^3 f(x) \quad (x = 1, 2, \ldots, N-3)$$

hinzunimmt.

25. VAN DER CORPUT [**5^II**] zeigt die Bedeutung des Satzes 20 für allgemeine Gitterpunktprobleme; er beweist einen Satz, der gestattet, aus (56) eine obere Schranke herzuleiten für die Summe

$$\sum_{x=a}^{b} w\big((f(x))\big), \quad \textit{wo} \quad \int_0^1 w(t)\,dt = 0, \quad \big|w(t)\big| \leqq 1 \quad \textit{und } w(t) \textit{ monoton ist.}$$

Hieraus folgen also u. a. Abschätzungen für R^* usw. (vgl. **2, 3**). Anwendungen von Satz 20: auf das *Kreisproblem* der Gitterpunktlehre, NIELAND [**1**]; auf das *Teilerproblem*, VAN DER CORPUT [**8**]; auf andere analoge Probleme, NIELAND [**2**] und WALFISZ [**2**] (vgl. auch NIELAND [**3**] und WALFISZ [**3**]); auf die RIEMANNsche Zetafunktion, VAN DER CORPUT-KOKSMA [**1**]. *Die Bedeutung von Satz 20 für die Anwendung des Satzes 4 ist klar*[3].

BEMERKUNG. Von VINOGRADOFF [**4, 5**] und GELBCKE [**1**] wurden ähnliche Untersuchungen geführt. Ihr Ziel ist die Abschätzung von R^*. Dabei werden Sätze benutzt, die Satz 20 mit $k = 2$ ähneln, einmal für Funktionen $f(x)$ einer Variabeln, ein andermal für Funktionen $f(x_1, x_2)$ zweier unabhängigen Variabeln.

TITCHMARSH [**3^I**] zeigt einen Satz, der in Satz 20 enthalten ist und in den Anwendungen nie schärfere Abschätzungen liefern kann als Satz 20;

---

[3] Außer den Gitterpunktabschätzungen (R^*) kommen Fehlergliedabschätzungen usw. für die Funktionen $f(x)$ des Satzes 20 in der Literatur wenig vor. Bei BEHNKE [**3**], CHOWLA [**3**] findet man etwas für $f(x) = x^\alpha$ (α positiv und ungleich einer ganzen Zahl), jedoch unabhängig von Satz 20. Vgl. aber X **4**.

der Vorteil über Satz 20 liegt in dem *wesentlich* einfacheren Beweis. Titchmarsh [3$^{\mathrm{I—VI}}$] zeigt mit Hilfe dieses Satzes verschiedene Zeta-Abschätzungen von neuem und durch Weiterentwicklung der van der Corputschen Methode leitet er mehrere Verschärfungen her. Auf einen älteren Ansatz van der Corputs zurückgreifend, zeigt Phillips [1] eine wesentliche Verschärfung der Walfiszschen und van der Corput-Koksmaschen Zeta-Abschätzung im kritischen Streifen.

26. Titchmarsh [4, 5] leitet für die Anwendungen auf Epsteinsche Zetafunktion und Kreisproblem einen Satz her, der gestattet, die Summe

$$(58) \qquad \sum_{x_1=a_1}^{b_1-1} \sum_{x_2=a_2}^{b_2-1} e^{2\pi i f(x_1, x_2)}$$

abzuschätzen. Derartige Abschätzungen lieferten die älteren Methoden auch, jedoch mittels der Ungleichung

$$\left| \sum_{x_1=a_1}^{b_1-1} \sum_{x_2=a_2}^{b_2-1} \right| \le \sum_{x_1=a_1}^{b_1-1} \left| \sum_{x_2=a_2}^{b_2-1} \right|$$

und Anwendung eindimensionaler Sätze, wie Satz 20 (so ähnlich wird z. B. die allgemeine m-dimensionale Fassung des Satzes 20 von van der Corput hergeleitet). Titchmarsh greift nun die Summe (58) direkt an, wodurch er schärfere Ergebnisse bekommt.

Man vergleiche zu dieser Summe auch Vinogradoff [5], Gelbcke [1] (siehe **25**, Bemerkung).

Über verwandte Probleme kündigt van der Corput [13] Untersuchungen mittels der Methode der stationären Phase an.

§ 6. Metrische Sätze über die Gleichverteilung gewisser Folgen. Asymptotische Verteilung der Ziffern in Dezimalbrüchen.

27. Ist d eine natürliche Zahl >1, θ eine Irrationalzahl, so wird die Art der asymptotischen Verteilung (mod 1) der Zahlen θd^x ($x = 1, 2, \ldots$) vollständig beherrscht durch die Verteilung der Ziffern $0, 1, \ldots, d — 1$ in der d-nomischen Entwicklung von θ. Über diese Verteilung kann man bei gegebenem θ nur selten nicht-triviales aussagen. Verzichtet man aber auf eine gewisse Zahlmenge vom Maß Null, so gelten für die übrigen Zahlen einfache Gesetze.

Borel [**9, 12**] zeigte auf Grund wahrscheinlichkeitstheoretischer Betrachtungen den

Satz 22. *Fast alle α ($0 \le \alpha \le 1$) haben die Eigenschaft, daß in ihrer d-nomischen Entwicklung $\alpha = 0, d_1 d_2 \ldots$ ($d \ge 2$) die d Ziffern $0, 1, \ldots, d — 1$ asymptotisch gleich oft auftreten*[4].

---

[4] Hat α diese Eigenschaft für gewisses $d \ge 2$, so heißt α nach Borel *normal* in bezug auf d; hat α die Eigenschaft für *jedes* $d \ge 2$, so heißt α *absolut normal*. Fast alle α sind also absolut normal.

Sierpinski [7] bestimmt ein absolut normales α auf konstruktive Weise.

Der Satz wurde von FABER [2] mit mengentheoretischen Hilfsmitteln neu bewiesen (vgl. auch spätere Neubeweise von BURSTIN [1], LEBESGUE [1], SIERPIŃSKI [7], RADEMACHER [1], RUZIEWICS [1]) und von HAUSDORFF [1] neu bewiesen und verschärft; das HAUSDORFFsche. Ergebnis wurde von HARDY-LITTLEWOOD [1^{III}] und KHINTCHINE [2] noch weiter verschärft (vgl. **28, 29**). Es sei bemerkt, daß KNOPP [1] auch diesen Untersuchungen eine allgemeinere Grundlage gegeben hat, ähnlich wie in III **27** für die metrische Kettenbruchtheorie. Durch Heranziehung des HAUSDORFFschen Dimensionsbegriffs vertiefen KNICHAL [1], BESICOVITCH [1^{II}] den Satz in anderer Richtung. (Mehrere dieser Autoren beschränken sich auf dyadische oder Dezimalbrüche, was keine *wesentliche* Einschränkung bedeutet.)

28. HARDY-LITTLEWOOD [1^{III}] zeigen, daß αd^x für fast alle α gleichverteilt (mod 1) ist. Sie sprechen dazu Satz 22 etwas allgemeiner so aus: Es bedeute N die Häufigkeit, mit der bei gegebenem $d \geqq 2$, $r \geqq 1$ eine gegebene Kombination von r der Ziffern $0, 1, \ldots, d-1$ unter den ersten N Ziffern der d-nomischen Entwicklung von α $(0 \leqq \alpha \leqq 1)$ auftritt, und es sei

$$T = T(N) = N - \frac{N}{d^r}.$$

Dann ist

(59) $$T = o(N) \quad \text{für fast alle } \alpha.$$

Ist δ fest, $0 \leqq \delta \leqq 1$, und approximiert man δ durch Abschnitte seiner d-nomischen Entwicklung, so beweist man, daß die Anzahl N' unter den ersten N der Reste (mod 1) der Folge $\alpha d, \alpha d^2, \ldots$, welche $< \delta$ sind, gleich

$$N' = \delta N + o(N) \quad \text{(für fast alle } \alpha)$$

ist, so daß in der Tat die Fehlergliedabschätzung

(60) $$R(N) = o(N) \quad \text{für fast alle } \alpha$$

gilt. (Dieses Ergebnis wurde später von VIII Satz 15 überholt.) Mit Rücksicht auf eventuelle Verschärfung der Abschätzung (60) ist es wichtig, bessere Abschätzungen als (59) zu gewinnen.

29. HAUSDORFF [1] zeigt:

$$T = o\big(\sqrt{N^{1+\varepsilon}}\big) \quad \text{für fast alle } \alpha,$$

was von HARDY-LITTLEWOOD [1^{III}] verschärft und ergänzt wurde zu

$$T = O\big(\sqrt{N \log N}\big), \quad T = \Omega\big(\sqrt{N}\big), \quad \text{sogar} \quad T \neq O\big(\sqrt{N}\big) \quad \text{für fast alle } \alpha.$$

KHINTCHINE [2] zeigt sogar:

$$T = O\big(\sqrt{N \log \log N}\big) \quad \text{für fast alle } \alpha.$$

30. FOWLER [1] hat mit Hilfe der HARDY-LITTLEWOODschen Methoden Fehlergliedabschätzungen hergeleitet bei allgemeineren Funktionen $f(x) = \alpha \lambda(x)$, wo $\lambda(x)$ nicht allzu langsam mit x nach Unendlich strebt. Von seinen Ergebnissen sei z. B. genannt:

SATZ 23. *Ist* $\lambda(x) > 0$ $(x = 1, 2, \ldots)$, $\lambda(x) > B^x \lambda(x - 1)$ *für gewisses festes* $B > 1$ $(x \geqq x_0)$ *und bedeutet* $R(N)$ *das Fehlerglied von* $f(x) = \alpha \lambda(x)$ *in bezug auf* (2), *so gilt für fast alle* α:

$$R(N) = O\left(N^{\frac{2}{3}} \log^{\frac{1}{3}} N\right).$$

Kapitel X.

Diophantische Ungleichungen.

§ 1. Anwendung der Gleichverteilungsmethoden.

1. Wir fragen, ob ein vorgelegtes System Diophantischer Ungleichungen

$$(1) \qquad \alpha_\nu < f_\nu(x_1, \ldots, x_m) < \beta_\nu \ (\text{mod } 1) \qquad (\nu = 1, 2, \ldots, n)$$

unendlich viele Lösungen (d. h. *ganzen* Lösungen) $(x_1, \ldots, x_m)$ hat oder nicht. Die Gleichverteilungssätze aus VIII und IX sind für diese Frage von hoher Bedeutung:

Sind $m \geqq 1$ und $n \geqq 1$ fest, ist $\mathfrak{S}$ eine Folge m-dimensionaler Quader

$$Q \ldots a_\mu \leqq x_\mu < b_\mu \qquad (\mu = 1, 2, \ldots, m; \ a_\mu < b_\mu \ \text{ganz})$$

von unbeschränkt wachsendem Inhalt $N = N(Q)$, ist (f_ν) in diesen Quadern gemäß VIII Definition 4 gleichverteilt (mod 1), so hat (1) für jedes System fester $\alpha_1, \beta_1, \ldots, \alpha_n, \beta_n$ mit $\alpha_\nu < \beta_\nu$ unendlich viele Lösungen $x_1, \ldots, x_m$.

Sind $\varphi_1(t), \ldots, \varphi_n(t)$ n positive, monoton nicht zunehmende Funktionen des positiven t, ist $b = b(Q) = \text{Max}(b_1, \ldots, b_m)$ und genügt die Diskrepanz $D = D(Q)$ von (f_ν) in Q der Beziehung

$$\frac{D}{\varphi_1(b) \ldots \varphi_n(b)} \to 0, \quad \text{falls } Q \text{ die Folge } \mathfrak{S} \text{ durchläuft},$$

so zeigt man auf Grund von VIII **5** leicht, daß für jedes System reeller Zahlen $\alpha_1, \ldots, \alpha_n$ die Anzahl $N' = N'(Q)$ der Lösungen $(x_1, \ldots, x_m)$ des Systems

$$\alpha_\nu < f_\nu(x_1, \ldots, x_m) < \alpha_\nu + \varphi_\nu(b) \ (\text{mod } 1) \qquad (\nu = 1, 2, \ldots, n)$$

in Q der Formel

$$\frac{N'}{N \varphi_1(b) \ldots \varphi_n(b)} \to 1, \quad \text{wenn } Q \text{ die Folge } \mathfrak{S} \text{ durchläuft},$$

genügt; es läßt also erst recht das System (f_ν) (mod 1) die simultane Approximation $(\varphi_\nu(t))$ an die Zahlen $\alpha_1, \ldots, \alpha_n$ zu.

2. Als erste Anwendung folge der von VINOGRADOFF [**3**] durch Fallunterscheidung aus IX Satz 3 hergeleitete

Satz 1. *Ist $k \geqq 1$ ganz, $\varkappa = 2^k$ und $\varepsilon > 0$, so gibt es eine nur von k und ε abhängige Zahl $C > 0$, derart, daß für jedes reelle α und jedes ganze $N > 2$ ganze x und y zu finden sind mit*

$$\left| \alpha x^k - y \right| < C N^{-\frac{2k}{k\varkappa + 2} + \varepsilon}; \quad 1 \leqq x \leqq N.$$

Man folgert aus IX Satz 3 sogar ohne Mühe (vgl. die dortige Bemerkung 1), daß für beliebige feste $k \geqq 2$, θ, $\alpha_1, \ldots, \alpha_k$ das Polynom

$$\theta x^k + \alpha_1 x^{k-1} + \cdots + \alpha_k \pmod 1 \quad \text{die Approximation } t^{-\frac{2}{\varkappa} + \varepsilon} \text{ an die}$$

Null zuläßt[1].

Bemerkung. Zu Satz 1 mit $k = 2$ vgl. auch Behnke [3[I]] (siehe IX **20**), sowie die verwandten Untersuchungen von Norton [**1, 2**] und Khintchine [**12**]; zu Satz 1 mit $k \geqq 1$ vergleiche **5**. Siehe weiter Kusmin [**2**] und Skopin [**1**].

3. van der Corput zeigte den folgenden allgemeinen Satz[2]:

Satz 2. *Es sei $\mathfrak{S}$ eine Folge von m-dimensionalen Quadern*

$$Q \ldots a_\mu \leqq x_\mu < b_\mu \qquad (\mu = 1, 2, \ldots, m),$$

wo $m \geqq 1$ ist, a_μ und b_μ ganz sind und $a_\mu < b_\mu$ ist. Jedem Quader Q seien zugeordnet eine natürliche Zahl n, $2n$ reelle Zahlen α_ν und β_ν mit $\alpha_\nu < \beta_\nu \leqq \alpha_\nu + 1$, und n in jedem Gitterpunkt $(x) = (x_1, \ldots, x_m)$ von Q definierte reelle Funktionen $f_\nu(x) = f_\nu(x_1, \ldots, x_m)$ $(\nu = 1, 2, \ldots, n)$. Es sei

$$T(c) = \sum_{(h)}{}' \left| \frac{1}{N(Q)} \sum_{(x) \text{ in } Q} e^{2\pi i \left(h_1 f_1(x) + \cdots + h_n f_n(x) \right)} \right|,$$

wo $N(Q)$ die Anzahl der Gitterpunkte von Q bedeutet und $\sum\limits_{(h)}'$ erstreckt wird über alle Gitterpunkte

$$(h) = (h_1, \ldots, h_n) \neq (0, \ldots, 0)$$

mit

$$(2) \qquad \left| h_\nu \right| \leqq \frac{cn}{\beta_\nu - \alpha_\nu} \log \frac{2n}{\beta_\nu - \alpha_\nu} \qquad (\nu = 1, 2, \ldots, n).$$

Wir nehmen an, daß $T(c)$ für jedes feste $c > 0$ gegen Null strebt, wenn Q die Folge $\mathfrak{S}$ durchläuft. Es sei $N'(Q)$ die Anzahl der Lösungen $(x_1, \ldots, x_m)$ des Diophantischen Systems

$$(3) \qquad \alpha_\nu < f_\nu < \beta_\nu \pmod 1 \qquad (\nu = 1, 2, \ldots, n)$$

in Q. Unter diesen Bedingungen ist

$$(4) \qquad \operatorname{Lim} \frac{N'(Q)}{N(Q)(\beta_1 - \alpha_1) \cdots (\beta_n - \alpha_n)} = 1, \text{ wenn } Q \text{ die Folge } \mathfrak{S} \text{ durchläuft.}$$

---

[1] In einer neuen Arbeit teilt Vinogradoff [**13**] noch schärfere Ergebnisse mit: für $k \geqq 10$ kann er in Satz 1 den Exponenten $\dfrac{2k}{k\varkappa + 2}$ sogar durch $\dfrac{1}{15 k^2 \log 10 k}$ ersetzen. Zur Beweismethode vgl. auch Vinogradoff [**12**].

[2] Vgl. IX[1].

Bei vielen Anwendungen ist der Logarithmus rechts in (2) unangenehm. Der in IX **6** erwähnte VAN DER CORPUT-KOKSMAsche Satz (Spezialfall: IX Satz 4) ermöglicht es, in den Anwendungen diesen Logarithmus fortzuschaffen. Der Beweis des obigen Satzes beruht auf den Grundideen aus IX **6**.

Es folgen jetzt einige Anwendungen, der Kürze halber ohne Angabe der Lösungenanzahlen der betrachteten Systeme (3).

4. Oft gelingt es, Satz 2 anzuwenden, indem man $T(c)$ mittels IX Satz 20 abschätzt. So werde z. B. erwähnt, daß die Diophantische Ungleichung

$$0 < x^\omega < \frac{A}{x^\gamma} \pmod 1$$

für feste $A > 0$, $\omega > 1$, $\gamma \geqq 0$ unendlich viele Lösungen $x > 0$ hat, wenn ω ungleich einer ganzen Zahl ist und *entweder*

$$2^{[\omega]} \gamma < 1 \quad \text{und} \quad (2^{1+[\omega]} - 1)\gamma < 1 + [\omega] - \omega,$$

oder

$$2^{[\omega]+1} \gamma < 1 \quad \text{und} \quad (2^{2+[\omega]} - 1)\gamma < 2 + [\omega] - \omega$$

ist (für $\omega = \frac{5}{2}$ genügt es $\gamma < \frac{1}{14}$ zu setzen).

Satz 2 gestattet auch Anwendungen auf Diophantische Systeme, bei denen die Anzahl n der Ungleichungen mit x ins Unendliche wächst; z. B.: *Ist $\omega > 0$ fest und nicht ganz und δ fest mit $0 < \delta < 1$, so hat das Diophantische System*

$$0 < x^{\nu+\omega} < e^{-(\log x)^\delta} \pmod 1 \qquad (\nu = 1, 2, \ldots, n)$$

unendlich viele Lösungen x, falls

$$(5) \qquad \underset{x \to \infty}{\text{Lim sup}} \frac{n}{\log\log x} < \frac{1 - \delta}{\log 2}$$

(vgl. KOKSMA [1, 5]).

5. Die Ergebnisse von KOKSMA [1, **4, 5, 7**] für Polynome $f(x)$ sind im Fall $m = n = 1$ teilweise im VINOGRADOFFschen Satz 1 enthalten. Im Fall $n \geqq 1$ gilt u. a.:

Ist α beliebig (reell und fest) und $0 < \delta < 1$ (δ fest), so hat das Diophantische System

$$- e^{-(\log x)^\delta} < \alpha x^\nu < e^{-(\log x)^\delta} \pmod 1 \qquad (\nu = 1, 2, \ldots, n)$$

unendlich viele Lösungen x, falls (5) gilt.

6. Aus IX Satz 4 kann man u. a. herleiten:

SATZ 3. *Ist $g(1), g(2), \ldots$ eine Folge verschiedener ganzer Zahlen und ist $\psi(t)$ eine beliebig langsam mit t nach Unendlich strebende Funktion, so haben fast alle α die Eigenschaft, daß die Diophantische Ungleichung*

$$(6) \qquad \gamma < \alpha g(x) < \gamma + \frac{\psi(x)}{\sqrt[3]{x}} \pmod 1$$

für jedes reelle γ unendlich viele ganzzahlige Lösungen hat.

BEMERKUNG. Vergleiche VIII **12**.

KOKSMA [3] zeigte mit X Satz 2 ein etwas schwächeres Ergebnis [mit $\gamma + \dfrac{\psi(x)\log x}{\sqrt[3]{x}}$ statt $\gamma + \dfrac{\psi(x)}{\sqrt[3]{x}}$ in (6)]; der Beweis von Satz 3 und einem allgemeineren Satz [man kann in Satz 3 die Funktion $\alpha g(x)$ durch allgemeinere Funktionen $f(x, \alpha)$ ersetzen] erscheint demnächst (KOKSMA [10]).

7. Wie Herr SIEGEL dem Verfasser brieflich mitteilte, kann man Satz 3 unter Vermeidung des Satzes 2 einfach herleiten, indem man ausgeht von der bekannten FOURIER-Entwicklung jener Funktion $F(t)$, die stetig und periodisch mit Periode 2 und auf $-1 \leq t \leq 1$ gleich Null ist, außer auf dem Teilintervall $-\tau < t < \tau$ $(0 < \tau < 1)$, wo sie gleich $\tau - |t|$ ist. Dieselbe liefert die Formel:

$$\sum_{h=-\infty}^{\infty} \left(\frac{2\sin\dfrac{\pi h \tau}{2}}{\pi h}\right)^2 e^{\pi i h t} = 0 \quad \text{für} \quad \tau \leq t \leq 2 - \tau$$

(das Glied mit $h = 0$ hat den Wert τ^2).

Setzt man in dieser Formel $t = 2t' - \tau$, so bekommt man:

$$(7) \qquad \sum_{h=-\infty}^{\infty} \left(\frac{2\sin\dfrac{\pi h \tau}{2}}{\pi h}\right)^2 e^{2\pi i h(t' - \frac{1}{2}\tau)} = 0 \quad \text{für} \quad \tau \leq t' \leq 1.$$

Daß (7) für allgemeine Probleme der hier besprochenen Art brauchbar ist, zeigt jetzt die folgende Überlegung: Wir betrachten die Diophantische Ungleichung

$$(8) \qquad 0 \leq f(x) < \tau \pmod 1$$

für $x = 1, 2, \ldots, N$, wo $N \geq 1$ und $\tau = \tau_N$ eine vorläufig noch unbestimmte von N abhängige positive Zahl ist. Gesetzt, (8) habe für $1 \leq x \leq N$ keine Lösung x. Dann folgt aus (7)

$$\sum_{h=-\infty}^{+\infty} \left\{\left(\frac{2\sin\dfrac{\pi h \tau}{2}}{\pi h}\right)^2 \sum_{x=1}^{N} e^{2\pi i h(f(x) - \frac{1}{2}\tau)}\right\} = 0,$$

d. h.

$$(9) \qquad N\tau^2 \leq 2\sum_{h=1}^{\infty} \left\{\left(\frac{2\sin\dfrac{\pi h \tau}{2}}{\pi h}\right)^2 \left|\sum_{x=1}^{N} e^{2\pi i h f(x)}\right|\right\}.$$

Hat man nun für die Summen $\sum_{x=1}^{N} e^{2\pi i h f(x)}$ gute Abschätzungen nach oben, so kann man eine obere Schranke für die rechte Seite von (9) herleiten, und so gelingt es manchmal, τ als Funktion von N derart (nicht allzu klein) zu wählen, daß aus (9) ein Widerspruch entsteht.

Dieser Ansatz ist den Hilfsmitteln, die beim Beweise von IX Satz 4 oder X Satz 2 benutzt wurden, verwandt, ist aber einfacher und deshalb da zu bevorzugen, wo man auf die Angabe der asymptotischen Lösungsanzahl des Systems (8) verzichtet. Es sei noch bemerkt, daß dieser Ansatz große Ähnlichkeit mit dem LANDAUschen Beweise des KRONECKERschen Approximationssatzes (vgl. VII **4**) hat.

8. Schließlich sei auf die neueren russischen Arbeiten von KUSMIN [**4**], SEGAL [**1, 2, 3**] hingewiesen, die mit den obigen Untersuchungen manchen Berührungspunkt aufzuweisen scheinen und ausschließlich elementare Hilfsmittel benutzen.

§ 2. Eine elementare SKOLEMsche Methode.

9. Es sei N' die Anzahl der ganzen x mit:

$$(10) \qquad -\varphi(x) < f(x) < \varphi(x) \ (\mathrm{mod}\,1); \quad 1 \leqq x \leqq N,$$

wo $\varphi(x)$ eine Approximationsfunktion bedeutet. SKOLEM [**4**] (vgl. auch SKOLEM [**1, 2, 3**]) sucht Kriterien dafür, daß

$$(11) \qquad \operatorname*{Lim}_{N \to \infty} \frac{N'}{N} = 0$$

ist (damit „die Dichte der Gitterpunkte (x, y) des Streifens $-\varphi(x) < f(x) - y < \varphi(x)$ gleich Null ist").

Ist $f(x)$ gleichverteilt $(\mathrm{mod}\,1)$, so ist klar, daß (11) bei jeder Wahl der Approximationsfunktion $\varphi(x)$ in (10) gilt. Das Umgekehrte aber braucht nicht wahr zu sein. SKOLEM macht keinen Gebrauch von den Gleichverteilungsmethoden, sondern entwickelt elementare Hilfsmittel, die sich sämtlich auf die Überlegung stützen, daß, wenn $U(u_1, \ldots, u_s)$ für ganze $u_1, \ldots, u_s$ stets ganz ist, aus

$$0 < U(u_1, \ldots, u_s) < 1 \ (\mathrm{mod}\,1)$$

folgt, daß wenigstens eine der Zahlen $u_1, \ldots, u_s$ nicht ganz ist.

SATZ 4. *Ist $\varphi(t)$ eine beliebige Approximationsfunktion, ist $f(x)$ reell für $x = 1, 2, \ldots,$ und gilt für ein gewisses festes $k \geqq 1$ entweder* $\operatorname*{Lim}_{x \to \infty} \Delta^k f(x) = \theta$ *(θ fest irrational) oder* $\operatorname*{Lim}_{x \to \infty} \Delta^k f(x) = 0,$ $\operatorname*{Lim\,inf}_{x \to \infty} x\,\Delta^k f(x) > 0,$ $\Delta^k f(x)$ *monoton, so genügt die Lösungsanzahl N' von (10) der Formel (11).*

(Der Satz wurde von VAN DER CORPUTschen Sätzen [vgl. VIII Satz 14] überholt.)

Zum Beweise[3] sei für reelles α_i und ganzes r_i $(i = 0, 1, \ldots, k;$ $0 \leqq \alpha_i \leqq 1; 0 = r_0 < r_1 < \cdots < r_k = m > k)$:

$$f(\alpha_i, x + r_i) = f(x + r_i) + \alpha_i \varphi(x + r_i) = \sum_{r=0}^{r_i} \Delta^r f(x) \binom{r_i}{r} + \alpha_i \varphi(x + r_i)$$

$$(i = 0, 1, \ldots, k).$$

---

[3] Beim Beweise ersetzen wir (10) durch

$$0 \leqq f(x) < \varphi(x) \qquad (\mathrm{mod}\ 1); \qquad\qquad (1 \leqq x \leqq N),$$

denn für

$$-\varphi(x) < f(x) \leqq 0 \quad (\mathrm{mod}\ 1); \qquad\qquad (1 \leqq x \leqq N)$$

geht der Beweis analog.

Aus den Voraussetzungen des Satzes 4 folgert man dann die Existenz von $k + 1$ ganzen Zahlen A_i mit der Eigenschaft, daß $\sum_{i=0}^{k} A_i f(\alpha_i, x + r_i)$ nicht ganz sein kann für $x \geq x_0$, wo x_0 nicht von den α_i abhängt. Die obige Schlußweise lehrt dann, daß $f(\alpha_i, x + r_i)$ für wenigstens ein i nicht ganz ist. Daraus folgert man sofort Satz 4, denn es können nach dem Gezeigten bei beliebigem $m > k$ und $a > x_0(m)$ im Intervall $a \leq x < a + m$ höchstens k Lösungen x von (10) liegen.

Wir geben noch einige auf ähnliche Weise hergeleitete SKOLEMsche Ergebnisse, die bis jetzt noch nicht mittels der Gleichverteilungstheorie gezeigt worden sind; in ihnen bedeutet $P(x)$ ein Polynom mit wenigstens einem nicht-konstanten Glied mit irrationalem Koeffizienten und sind $P_1(x)$ und $P_2(x)$ zwei beliebige Polynome. *Wird in* (10)

$$f(x) = P_1(x)\left(1 + \sqrt{2}\right)^x + P_2(x)\left(1 - \sqrt{2}\right)^x + P(x) \ \ oder \ \ f(x) = \left(\frac{a}{b}\right)^x + P(x)$$
$$(a \ und \ b \neq 0 \ teilerfremd)$$

und für $\varphi(t)$ *eine beliebige Approximationsfunktion gesetzt, so gilt* (11).
Wird in (10)

$$f(x) = \frac{2^x - \theta}{x} \ \ (\theta \ irrational \ und \ fest), \ \ oder \ \ f(x) = \vartheta\, \Gamma(x) + P(x)$$
$$(\vartheta \ reell \ und \ fest)$$

gesetzt und ist $\varphi(t) = o(t^{-\omega})$ *für alle festen* $\omega > 0$, *so gilt* (11).

Wird in (10) $f(x) = \vartheta\left(1 + \sqrt{2}\right)^x$, *oder* $f(x) = P_1(x)\left(1 + \sqrt{2}\right)^x$ $(\vartheta \neq 0)$, *gesetzt und ist* $\varphi(t) = o\left((1 + \sqrt{2})^{-t}\right)$, *so gilt* (11).

Falls Lim inf $\varphi(t)\left(1 + \sqrt{2}\right)^t > 0$ *ist, zeigt* SKOLEM *die Existenz eines reellen* ϑ *mit der Eigenschaft, daß für die Lösungenanzahl* N' *von* (10) *mit* $f(x) = \vartheta\left(1 + \sqrt{2}\right)^x$ *statt* (11) $\displaystyle \lim_{N \to \infty} \frac{N'}{N} \geq \frac{1}{2}$ *gilt.*

SKOLEM untersucht weiter für irrationales θ die Dichte der primitiven Lösungen (x, y) der Ungleichung

$$\left|(\theta x - y)\, x\right| < \text{Konstans}.$$

SKOLEM und DÖRGE [**1, 2**] benutzen dieselbe Methode zum Studium der Gitterpunkte auf Kurven (analog RUNGEschen Sätzen; vgl. IV 11) und ferner zur Herleitung von Irreduzibilitätskriterien für Polynome.

§ 3. Die VAN DER CORPUTsche Theorie der rhythmischen Funktionensysteme.

10. Der Begriff der Gleichverteilung (mod 1) hat für die Untersuchung der Systeme (1) einige Nachteile, die schon im eindimensionalen Fall $m = n = 1$ klar ans Licht treten: 1. Dieser Begriff ist nicht invariant gegenüber *Addition*: sind f_1 und f_2 gleichverteilt (mod 1), dann nicht immer auch $f_1 + f_2$. 2. Ist $f(x)$ gleichverteilt (mod 1) und ist

$\Phi(u)$ periodisch (mod 1) (d. h. für reelles $u \gtreqless 0$ definiert, während aus $u \equiv v$ (mod 1) folgt $\Phi(u) \equiv \Phi(v)$ (mod 1)), dann ist nicht immer auch $\Phi(f(x))$ gleichverteilt (mod 1). 3. Ist $f(x)$ gleichverteilt (mod 1), dann nicht immer auch die Summenfunktion $F(x)$ (für die also $\Delta F = f$).

VAN DER CORPUT hat eine für die Theorie der Diophantischen Ungleichungen fruchtbare Methode entwickelt, in der mit Begriffen operiert wird, die diese Nachteile nicht besitzen. Seine Theorie ist elementar und benutzt ein Minimum an Rechnung (VAN DER CORPUT [12[II]]; A und B enthalten Definitionen und Eigenschaften dieser neuen Begriffe; C und D werden Anwendungen auf Systeme (1) bringen).

Wesentlich in dieser Theorie ist die Einschränkung, daß in (1) die Zahlen $m \geqq 1$, $n \geqq 1$, α_ν, β_ν ($\nu = 1, 2, \ldots, n$) *fest*, d. h. von den $x_1, \ldots, x_m$ unabhängig sind. Der Kürze halber nehmen wir hier (in Gegensatz zu VAN DER CORPUT) überdies $m = 1$ an und betrachten das System

$$(12) \qquad\qquad \alpha_\nu < f_\nu(x) < \beta_\nu \ (\text{mod } 1) \qquad (\nu = 1, 2, \ldots, n).$$

DEFINITION 1. *Ist $\varepsilon > 0$ und x ganz, so heißt die ganze Zahl $\tau = \tau(\varepsilon, x, f_\nu)$ eine zu ε und x gehörige Verschiebungszahl von (f_ν), falls für jedes ganze h mit $|h| \leqq \dfrac{1}{\varepsilon}$ gleichzeitig*

$$-\varepsilon < f_\nu(x + \tau + h) - f_\nu(x + h) < \varepsilon \ (\text{mod } 1) \qquad (\nu = 1, 2, \ldots, n).$$

DEFINITION 2. *Das System (f_ν) heißt rhythmisch, wenn jedem $\varepsilon > 0$ eine nur von ε abhängige Länge $L = L(\varepsilon, f_\nu)$ zugeordnet werden kann derart, daß für jedes ganze x jedes Intervall der Länge L wenigstens eine zu ε und x gehörige Verschiebungszahl τ von (f_ν) enthält. (Im Fall $n = 1$ spricht man von der rhythmischen Funktion f_1.)*

Es gilt dann:

(A). Mit (f_ν) ist rhythmisch: α) das System $(f_1, \ldots, f_n, f_1 + f_2) = (f_\nu, f_1 + f_2)$; β) das System $(f_\nu, c f_1)$ (c ganz und fest); γ) jedes Teilsystem von (f_ν), also δ) insbesondere jede der Funktionen f_ν des Systems.

(B). Ist $\psi(u_1, u_2, \ldots, u_n)$ in bezug auf $u_1, \ldots, u_n$ periodisch (mod 1) und stetig (mod 1) [d. h. zu jedem $(u) = (u_1, \ldots, u_n)$ gibt es ein ganzes y, so daß $\underset{(u) \to (w)}{\text{Lim}} (\psi(u_1, \ldots, u_n) - y) = \psi(w_1, \ldots, w_n)$], so ist mit (f_ν) auch das System $(f_\nu, \psi(f_1, f_2, \ldots, f_n))$ rhythmisch.

Leicht zeigt man:

SATZ 5. *Ist (f_ν) rhythmisch und hat (12) wenigstens eine Lösung x, so hat (12) unendlich viele Lösungen x.*

Mittels 7 Hilfssätzen wird gezeigt:

SATZ 6. (HAUPTSATZ.) *(f_ν) ist dann und nur dann rhythmisch, wenn (Δf_ν) rhythmisch ist.*

11. Sind f_1 und f_2 rhythmisch, so braucht weder (f_1, f_2) noch $f_1 + f_2$ rhythmisch zu sein. Deshalb wird der Begriff „*absolut rhythmisch*" eingeführt: Die Funktion f heißt absolut rhythmisch, wenn für jedes rhythmische System (g_ν) das System (g_ν, f) rhythmisch ist. $f_1 + f_2$ ist mit f_1 und f_2 absolut rhythmisch; $f(x)$ ist dann und nur dann absolut rhythmisch, wenn $\varDelta f$ es ist. Ein System absolut rhythmischer Funktionen ist rhythmisch. Jedes Polynom ist absolut rhythmisch.

Satz 7. (Polynomsatz.) *Sind* $n \geqq 1$, $m \geqq 1$, α_ν *und* β_ν *feste Zahlen mit* $\alpha_\nu < \beta_\nu$ $(\nu = 1, 2, \ldots, n)$, *und besitzt das System der* $2n$ *simultanen Ungleichungen*

$$\alpha_1 < f_1(x_1, \ldots, x_m) - y_1 < \beta_1$$

$$\alpha_2 < f_2(x_1, \ldots, x_m, y_1) - y_2 < \beta_2$$

$$- \; - \; - \; - \; - \; - \; - \; - \; - \; -$$

$$\alpha_n < f_n(x_1, \ldots, x_m, y_1, \ldots, y_{n-1}) - y_n < \beta_n,$$

wo f_ν $(\nu = 1, 2, \ldots, n)$ *ein Polynom in* $x_1, \ldots, x_m, y_1, \ldots, y_{\nu-1}$ *darstellt, wenigstens eine ganzzahlige Lösung, so hat es unendlich viele solchen Lösungen.*

Verschiedene Anwendungen, u. a. auf simultane Approximation reeller Zahlen mit Nebenbedingungen:

Satz 8. *Sind* $\varepsilon, \vartheta_1, \ldots, \vartheta_n$ *positive Zahlen, sind* $\chi_2(x_1, y_1)$, $\chi_3(x_1, x_2, y_1, y_2), \ldots, \chi_n(x_1, \ldots, x_{n-1}, y_1, \ldots, y_{n-1})$ $n - 1$ *nicht-identisch-verschwindende Polynome ohne konstantes Glied mit nicht-negativen ganzrationalzahligen Koeffizienten, so gibt es unendlich viele Systeme rationaler Zahlen* $\dfrac{y_1}{x_1}, \ldots, \dfrac{y_n}{x_n}$ *mit positiven Nennern* x_ν *derart, daß*

$$x_2 = \chi_2(x_1, y_1),$$

$$x_3 = \chi_3(x_1, x_2, y_1, y_2),$$

$$- \; - \; - \; - \; - \; - \; - \; - \; -$$

$$x_n = \chi_n(x_1, \ldots, x_{n-1}, y_1, \ldots, y_{n-1}),$$

$$\left| \vartheta_\nu - \frac{y_\nu}{x_\nu} \right| < \frac{\varepsilon}{x_\nu} \qquad\qquad (\nu = 1, 2, \ldots, n).$$

12. Einige Nachteile des Begriffs der rhythmischen Systeme werden durch die Einführung neuer Begriffe („vergleichbare Systeme", „Translationen") beseitigt. Diese Begriffe werden ausführlich untersucht. Da aber die Anwendungen noch ausstehen, gehen wir nicht weiter darauf ein. Es werden verschiedene interessante Sätze in Aussicht gestellt, z. B. solche des folgenden Typus: Zu jedem $\varepsilon > 0$ gibt es unendlich viele Bruchpaare $\dfrac{y_1}{x_1}, \dfrac{y_2}{x_2}$ mit

$$\left| \pi - \frac{y_1}{x_1} \right| < \frac{\varepsilon}{x_1}; \qquad \left| \sqrt{5} - \frac{y_2}{x_2} \right| < \frac{\varepsilon}{x_2}, \qquad x_2 = 2 x_1 y_1 - 3.$$

Literaturverzeichnis.

Die am Schluß einer jeden Arbeit in Klammern angegebenen Zahlen bezeichnen die Stelle, an der sich das Zitat in diesem Buch befindet, ($IV2$) bedeutet also Kapitel IV, Nummer **2**. Die mit * versehenen Arbeiten waren mir nicht zugänglich.

ARWIN, A. [1]: Periodically closed chains of reduced fractions. Ann. of Math. (2) Bd. 24 (1923) S. 39—68 ($III6; IV2$); [2]: A contribution to the theory of closed chains. Ann. of Math. (2) Bd. 25 (1924) S. 91—117 ($III6; IV2$); [3]: On continued fractions in the theory of binary forms. Ann. of Math. (2) Bd. 26 (1925) S. 247 bis 272 ($IV2$); [4]: Some further theorems concerning the formation of chains. Ann. of Math. (2) Bd. 28 (1926) S. 43—52 ($IV2$); [5]: Einige periodische Kettenbruchentwicklungen. J. reine angew. Math. Bd. 155 (1926) S. 111—128 ($IV2$); [6]: Einige Probleme aus der Theorie der Kettenformationen. 7. Kongreß Skand. Math., Oslo 1929 (1930) S. 55—64 ($IV2$); [7]: Two-dimensional chains. Amer. J. Math. Bd. 53 (1931) S. 91—102 ($IV2$).

AURIC, A. [1]: Essai sur la théorie des fractions continues. J. Math. pures appl. (5) Bd. 8 (1902) S. 387—431 ($III20; IV4$); [2]: Sur la généralisation des fractions continues. I. C. R. Acad. Sci., Paris Bd. 135 (1902) S. 950—952; II. C. R. Acad. Sci., Paris Bd. 141 (1905) S. 499—500; III. C. R. Acad. Sci., Paris Bd. 174 (1922) S. 24—27 ($IV2$); [3]: Sur le développement en fraction continue d'un nombre algébrique. C. R. Acad. Sci., Paris Bd. 146 (1908) S. 1203—1205 ($IV6$); [4]: Sur le développement en fraction continue des nombres algébriques. C. R. Acad. Sci., Paris Bd. 174 (1922) S. 279—281 ($IV2$).

BACHMANN, P. [1]: Zur Theorie von Jacobi's Kettenbruch-Algorithmen. J. reine angew. Math. Bd. 75 (1872) S. 25—35 ($IV2$); [2]: Vorlesungen über die Natur der Irrationalzahlen. (151 S.) Leipzig u. Berlin: Teubner 1892 ($III6; IV2,6,7,18$); [3]: Zahlentheorie. Bd. IV. Die Arithmetik der quadratischen Formen. 2. Abteilung. Herausgegeben von R. Haussner. (537 S.) Leipzig u. Berlin: Teubner 1923 ($I2, 6; II1ff.; III6ff.; IV1, 2$).

BACON, H. M. [1]: An Extension of Kronecker's Theorem. Ann. of Math. Bd. 35 (1934) S. 776—786 ($VII6$).

BARBIER, E. [1]: Sur une généralisation de la théorie des réduites. C. R. Acad. Sci., Paris Bd. 98 (1884) S. 1531—1533 ($IV3$).

BARNES, E. W. [1]: The Theory of the Double Gamma Function. Proc. Roy. Soc. Lond. Bd. 66 (1900) S. 265—268 (abstract); Philos. Trans. Roy. Soc., Lond. A Bd. 196 (1901) S. 265—387 ($IX9$).

BATEMAN, H. [1]: The linear difference equation of the third order and a generalization of a continued fraction. Quart. J. Math. Bd. 41 (1910) S. 302—308 ($IV2$).

BAUER, G. N., and H. L. SLOBIN [1]: Some Transcendental Curves and Numbers. Rend. Circ. mat. Palermo Bd. 36 (1913_{II}) S. 327—332 ($IV18$); [2]: Algebraic and transcendental numbers. Rend. Circ. mat. Palermo Bd. 38 (1914_{II}) S. 353 bis 356 ($IV18$).

BEER, F. [1]: Kriterien für die Irrationalität von Functionalwerten. Inaug.-Diss. Göttingen 1899 (61 S.) ($IV8$).

BEHNKE, H. [1]: Über die Verteilung von Irrationalitäten mod 1. Abh. math. Semin. Hamburg Univ. Bd. 1 (1922) S. 252—267 ($IX7. 14$); [2]: Über analytische Funktionen und algebraische Zahlen. Abh. math. Semin. Hamburg.

Univ. Bd. 2 (1923) S. 81—111 (*IX 7, 12, 14*); [**3**]: Zur Theorie der diophantischen Approximationen. I. Abh. math. Semin. Hamburg. Univ. Bd. 3 (1924) S. 261—318; II. Der Real- und Imaginärteil von $\sigma(x;\alpha)$. Abh. math. Semin. Hamburg. Univ. Bd. 4 (1926) S. 33—46 (*III 4; VIII 4; IX 2, 4, 5, 7, 8, 15, 18, 19, 20, 25; X 2*); [**4**]: Zur Theorie der diophantischen Approximationen. Jber. Deutsch. Math.-Vereinig. Bd. 34 (1925) S. 177—181 (*IX 7*).

BENDIXSON, I. O. [**1**]: Sur les équations différentielles linéaires à solutions périodiques. Öfversigt Kongl. Svenska Vetenskaps-Akad. Förhandlingar Bd. 53 (1896) S. 193—205 (*IV 8*).

BERGSTRÖM, V. [**1**]: Beiträge zur Theorie der endlich dimensionalen Moduln und der Diophantischen Approximationen. Medd. mat. Semin. Univ. Lund Bd. 2 (1935) 97 S. (*I 13; II 10; VII 4; VIII 8, 9*).

BERNSTEIN, F. [**1**]: Über eine Anwendung der Mengenlehre auf ein aus der Theorie der säkularen Störungen herrührendes Problem. Math. Ann. Bd. 71 (1912) S. 417—439 (*I 18; III 28; VIII 8*); [**2**]: Über geometrische Wahrscheinlichkeit und über das Axiom der beschränkten Arithmetisierbarkeit der Beobachtungen. Math. Ann. Bd. 72 (1912) S. 585—587 (*III 28*).

BERNSTEIN, F., u. O. SZÁSZ [**1**]: Über Irrationalität unendlicher Kettenbrüche mit einer Anwendung auf die Reihe $\sum\limits_{0}^{\infty}\nu\, q^{\nu^2}x^\nu$. Math. Ann. Bd. 76 (1915) S. 295 bis 300 (*IV 6, 7*).

BERWICK, W. E. H. [**1**]: The classification of ideal numbers that depend on a cubic irrationality. Proc. London Math. Soc. (2) Bd. 12 (1912) S. 393—429 (*IV 2*); [**2**]: Solution of a problem in linear diophantine approximation. Messenger Math. Bd. 45 (1916) S. 154—160 (*VII 8*).

BESICOVITCH, A. S. [**1**]: Sets of fractional dimensions. II. On the sum of digits of real numbers represented in the dyadic system. Math. Ann. Bd. 110 (1934) S. 321—330 (*IX 27*); IV. On rational approximation to real numbers. J. London Math. Soc. Bd. 9 (1934) S. 126—131 (*III 31*).

BIEBERBACH, L., u. I. SCHUR [**1**]: Über die Minkowskische Reduktionstheorie der positiven quadratischen Formen. S.-B. preuß. Akad. Wiss. 1928 S. 510 bis 535 (*II 9; VII 6*).

BLICHFELDT, H. F. [**1**]: A new principle in the geometry of numbers, with some applications. Trans. Amer. Math. Soc. Bd. 15 (1914) S. 227—235 (*II 11, 12, 16, 18; V 7*); [**2**]: Some diophantine approximations. Bull. Amer. Math. Soc. Bd. 22 (1916) S. 172, 173 (*II 16*); [**3**]: A further reduction of the known maximum limit to the least value of quadratic forms. Bull. Amer. Math. Soc. Bd. 23 (1917) S. 401—402 (*II 18*); [**4**]: A second principle in the geometry of numbers. Bull. Amer. Math. Soc. Bd. 24 (1918) S. 417, 418 (*II 14, 18*); [**5**]: Reports on the theory of the geometry of numbers. Bull. Amer. Math. Soc. Bd. 25 (1919) S. 449—453 (*II 11*); [**6**]: Notes on geometry of numbers. Bull. Amer. Math. Soc. Bd. 27 (1921) S. 150, 152—153 (*II 14*); [**7**]: The approximate solution in integers of a set of linear equations. Bull. Amer. Math. Soc. Bd. 27 (1921) S. 411—412 (*VII 7*); [**8**]: On the approximate solutions in integers of a set of linear equations. Proc. Nat. Acad. Sci. U.S.A. Bd. 7 (1921) S. 317—319 (*VII 7*); [**9**]: Notes on diophantine approximations. Bull. Amer. Math. Soc. Bd. 28 (1922) S. 284—285 (*V 8*); [**10**]: Note on quadratic forms. Bull. Amer. Math. Soc. Bd. 29 (1923) S. 194—195 (*II 18*); [**11**]: On the approximate solution in integers of a set of m linear non-homogeneous equations in $n > m$ unknowns, and the final form of Kronecker's theorem. Bull. Amer. Math. Soc. Bd. 29 (1923) S. 217 (*VII 7*); [**12**]: On the minimum value of positive real quadratic forms in 6 variables. Bull. Amer. Math. Soc. Bd. 31 (1925) S. 386 (*II 18*); [**13**]: The minimum value of positive quadratic forms in seven variables. Bull. Amer. Math. Soc. Bd. 32 (1926) S. 99 (*II 18*); [**14**]: The minimum value of quadratic forms, and the closest packing of spheres. Math. Ann. Bd. 101 (1929) S. 605—608 (*II 18*); [15]: The minimum values of positive quadratic forms in six, seven and eight variables. Math. Z. Bd. 39 (1934) S. 1—15 (*II 18*).

BLUMBERG, H. [1]: Über eine von Herrn Maillet vorgeschlagene Definition der ganzen transzendenten Zahlen. Arch. Math. Physik (3) Bd. 20 (1913) S. 53—57 (*IV 14*); [2]: On a theorem of Kempner concerning transcendental numbers. Bull. Amer. Math. Soc. Bd. 22 (1916) S. 438—439 (*IV 15*); [3]: Note on a theorem of Kempner concerning transcendental numbers. Bull. Amer. Math. Soc. Bd. 32 (1926) S. 351—356 (*IV 15*).

BOHL, P. [1]: Über ein in der Theorie der säkularen Störungen vorkommendes Problem. J. reine angew. Math. Bd. 135 (1909) S. 189—283 (*III 28; VIII 8*); [2]: Bemerkungen zur Theorie der säkularen Störungen. Math. Ann. Bd. 72 (1912) S. 295—296 (*III 28; VIII 8*).

BOEHLE, K. [1]: Über die Transzendenz von Potenzen mit algebraischen Exponenten. (Verallgemeinerung eines Satzes von A. Gelfond.) Math. Ann. Bd. 108 (1933) S. 56—74 (*IV 22*); [2]: Über die Approximation von Potenzen mit algebraischen Exponenten durch algebraische Zahlen. I. Jber. Deutsch. Math.-Vereinig. Bd. 44 (1934) S. 42--44 (kursiv); II. Math. Ann. Bd. 110 (1935) S. 662—678 (*IV 22*).

BÖHMER, P. E. [1]: Über die Transzendenz gewisser dyadischer Brüche. Math. Ann. Bd. 96 (1927) S. 367—377; Berichtigung. Math. Ann. Bd. 96 (1927) S. 735 (*IV 15*).

BOHR, H. [1]: Lösung des absoluten Konvergenzproblems einer allgemeinen Klasse Dirichletscher Reihen. Acta math. Bd. 36 (1913) S. 197—240 (*VII 5*); [2]: Über die Bedeutung der Potenzreihen unendlich vieler Variabeln in der Theorie der Dirichletschen Reihen $\sum \dfrac{a_n}{n^s}$. Nachr. Ges. Wiss. Göttingen 1913 S. 441—488 (*VII 5*); [3]: Einige Bemerkungen über das Konvergenzproblem Dirichletscher Reihen. Rend. Circ. mat. Palermo Bd. 37 (1914$_1$) S. 1—16 (*VII 5*); [4]: Zur Theorie der allgemeinen Dirichletschen Reihen. Math. Ann. Bd. 79 (1919) S. 136—156 (*VII 5*); [5]: Another proof of Kronecker's theorem. Proc. London Math. Soc. (2) Bd. 21 (1922) S. 315—316 (*VII 4*); [6]: Über diophantische Approximationen und ihre Anwendungen auf Dirichlet'sche Reihen, besonders auf die Riemann'sche Zetafunktion. 5. Kongreß Skand. Math., Helsingfors 1922 (1923) S. 131—154 (*VII 5*); [7]: Neuer Beweis eines allgemeinen Kroneckerschen Approximationssatzes. Danske Vid. Selsk., Meddel. Bd. 6 (1924) Nr 8 8 S. (*VII 4*); [8]: Endun engang Kroneckers saetning. (Nochmals der Kroneckersche Satz.) Mat. Tidsskr. B 1933 S. 59—64 (Dänisch) (*VII 4*); [9]: Anwendung einer Landauschen Beweismethode auf den Kroneckerschen Approximationssatz. (Auszug aus einem Briefe an Professor Landau.) Math. Z. Bd. 38 (1934) S. 312—314 (*VII 4*); [10]: Again the Kronecker theorem. J. London Math. Soc. Bd. 9 (1934) S. 5—6 (*VII 4*).

BOHR, H., u. R. COURANT [1]: Neue Anwendungen der Theorie der Diophantischen Approximationen auf die Riemannsche Zetafunktion. J. reine angew. Math. Bd. 144 (1914) S. 249—274 (*VII 5*).

BOHR, H., u. H. CRAMÉR [1]: Die neuere Entwicklung der analytischen Zahlentheorie. Enc. Math. Wiss. Bd. II 3$_{II}$ (1923) Heft 6 S. 722—849 (*VII 5*).

BOHR, H., u. B. JESSEN [1]: One more proof of Kronecker's theorem. J. London Math. Soc. Bd. 7 (1932) S. 274—275 (*VII 4*); [2]: To nye simple Beviser for Kroneckers Saetning. (Zwei neue einfache Beweise des Kroneckerschen Satzes.) Mat. Tidsskr. B 1932 S. 53—58 (Dänisch) (*VII 4*); [3]: Zum Kroneckerschen Satz. Rend. Circ. mat. Palermo Bd. 57 (1933) S. 123—129 (*VII 4*).

BONNESEN, T., u. W. FENCHEL [1]: Theorie der konvexen Körper. (164 S.) Berlin: Julius Springer 1934 (*II 1*).

BOREL, É. [1]: Sur les équations aux dérivées partielles à coefficients constants et les fonctions non analytiques. C. R. Acad. Sci., Paris Bd. 121 (1895) S. 933 bis 935 (*I 11*); [2]: Sur la nature arithmétique du nombre *e*. C. R. Acad. Sci., Paris Bd. 128 (1899) S. 596—599 (*I 11; IV 19*); [3]: Solution de Question 1490. L'Intermédiaire Math. Bd. 6 (1899) S. 214 (*IX 15*); [4]: Leçons sur les séries divergentes. (182 S.) Paris: Gauthier-Villars 1901 (*VII 3*); [5]: Sur l'approximation les uns par les autres des nombres formant un ensemble dénombrable. C. R. Acad. Sci., Paris Bd. 136 (1903) S. 297—299 (*I 11*); [6]: Sur l'approximation des nombres par des nombres rationnels. C. R. Acad. Sci., Paris Bd. 136 (1903) S. 1054—1055 (*I 11; III 13*); [7]: Sur l'approximation des nombres réels par les nombres quadratiques. Bull. Soc. Math. France Bd. 31 (1903) S. 157—184 (*I 11*); [8]: Contribution à l'analyse arithmétique du continu. J. Math. pures appl. (5) Bd. 9 (1903) S. 329—375 (*I 4, 11; III 13, 30; V 3, 4*); [9]: Les probabilités dénombrables et leurs applications arithmétiques. Rend. Circ. mat. Palermo Bd. 27 (1909_1) S. 247—271 (*III 28; IX 27*); [10]: Leçons sur la théorie de la croissance. (168 S.) Paris: Gauthier-Villars 1910 (*III 13*); [11]: Sur un problème de probabilités relatives aux fractions continues. Math. Ann. Bd. 72 (1912) S. 578—584 (*III 28*); [12]: Leçons sur la théorie des fonctions. (Éléments et principes de la théorie des ensembles: applications à la théorie des fonctions.) (259 S.) Paris: Gauthier-Villars 1914 (Speziell: Note V) (*III 28; IX 27*); [13]: Sur l'approximation des nombres incommensurables par les nombres rationnels. C. R. Acad. Sci., Paris Bd. 163 (1916) S. 596—598 (*III 23*); [14]: Méthodes et problèmes de la théorie des fonctions. (128 S.) Paris: Gauthier-Villars 1922 (*I 11; IV 19*); [15]: Sur l'approximation les uns par les autres de nombres rationnels ou incommensurables appartenant à des ensembles énumérables donnés. C. R. Acad. Sci., Paris Bd. 176 (1923) S. 794—795 (*I 11; IV 13*).

BRAUER, A. [1]: Über die Approximation algebraischer Zahlen durch algebraische Zahlen. Jber. Deutsch. Math.-Vereinig. Bd. 38 (1929) S. 47 (kursiv) (*IV 10*); [2]: Über diophantische Gleichungen mit endlich vielen Lösungen. J. reine angew. Math. Bd. 160 (1929) S. 70—99 (*IV 10, 11*); [3]: Über diophantische Gleichungen der Form $g^2(x, y) - \mu h^2(x, y) = \gamma y^n$. J. reine angew. Math. Bd. 161 (1929) S. 1—13 (*IV 11*).

BRAVAIS, A. [1]: Abhandlung über die Systeme von regelmässig auf einer Ebene oder im Raum vertheilten Punkten. J. ÉCOLE polytechn. Bd. 19 (1850) Heft 33 S. 1—128 (Französisch). Deutsche Übersetzung von C. und E. BLASIUS in Ostwald's Klassiker Bd. 90. Leipzig 1897. (Daselbst weitere Arbeiten von BRAVAIS zitiert) (*I 13*).

BRODÉN, T. [1]: Ueber Darstellung von reellen Functionen mit unendlich dicht liegenden Nullstellen durch unendliche Producte, deren Factoren ganze analytische Functionen sind. Math. Ann. Bd. 51 (1899) S. 299—320 (*III 28*); [2]: Wahrscheinlichkeitsbestimmungen bei der gewöhnlichen Kettenbruchentwickelung reeller Zahlen. Öfversigt Kongl. Svenska Vetenskaps-Akad. Förhandlingar Bd. 57 (1900) S. 239—266 (*III 28*).

BRUN, V. [1]: En generalisation av kjedebröken. I. Skr. norske Vid.-Akad., Oslo (1919) Nr 6 29 S.; II. Skr. norske Vid.-Akad., Oslo (1920) Nr 6 24 S. (Norwegisch mit französischem Auszug) (*III 19; IV 2, 3*); [2]: Om kjedebrök. Norsk mat. Tidsskr. Bd. 3 (1921) S. 81—94 (*III 19; IV 3*).

BUCHNER, P. [1]: Annäherung beliebiger komplexer Größen durch ganze Zahlen des Körpers $\sqrt{-2}$. J. reine angew. Math. Bd. 155 (1926) S. 37—60 (*IV 4*).

BUNT, L. N. H. [1]: Bijdrage tot de theorie der convexe puntverzamelingen. Diss. Groningen 1934. Amsterdam: Noord-Hollandsche Uitgeversmij 1934 (Speziell: S. 98—108) (*II 10*).

BURNSIDE, W. [1]: On a property of algebraic numbers. Messenger Math. Bd. 49 (1920) S. 127 (*IV 15*).

BURSTIN, C. [1]: Über eine spezielle Klasse reeller periodischer Funktionen. Mh. Math. Phys. Bd. 26 (1915) S. 229—262 (*III 28; IX 27*).

BUSCHEK, F. [1*]: Diss. Wien 1932 (*II 8*).

CAHEN, E. [1]: Sur la résolution exacte en nombres entiers des équations linéaires à coefficients quelquonques. Bull. Soc. Math. France Bd. 30 (1902) S. 234—242 (*II 10*); [2]: Sur les réduites générales d'Hermite. C. R. Acad. Sci., Paris Bd. 162 (1916) S. 779—782 (*III 23*); [3]: Sur la suite de meilleure approximation absolue pour un nombre. C. R. Acad. Sci., Paris Bd. 165 (1917) S. 262—264 (*III 3*).

CAILLER, C. [1]: Sur la transcendance de „e". Assoc. Franc. Bd. 20$_{II}$ Congrès de Marseille 1891 (1892) S. 83—90 (*IV 18*).

CANTOR, G. [1]: Über eine Eigenschaft des Inbegriffs aller reellen algebraischen Zahlen. J. reine angew. Math. Bd. 77 (1874) S. 258—262; Ges. Abh. Berlin: Julius Springer 1932 S. 116—118 (*I 4; IV 14*).

CARLSON, F. [1]: Sur une propriété arithmétique de quelques fonctions entières. Ark. Mat. Astron. Fys. Bd. 25 A (1935) Nr. 7 S. 1—13 (*IV 8*).

CHARVE, L. [1]: De la réduction des formes quadratiques ternaires positives et de son application aux irrationnelles du troisième degré. Ann. École norm. (2) Bd. 9 supplément (1880) S. 3—156 (*IV 2*).

CHÂTELET, A. [1]: Sur une transformation des fractions continues arithmétiques. C. R. Acad. Sci., Paris Bd. 150 (1910) S. 769—772 (*III 5*); [2]: Contribution à la théorie des fractions continues arithmétiques. Bull. Soc. Math. France Bd. 40 (1912) S. 1—25 (*III 5*); [3]: Leçons sur la théorie des nombres. (156 S.) Paris: Gauthier-Villars 1913 (*I 13; II 1; VII 3, 4*); [4]: Sur une Communication de M. Georges Giraud. C. R. Soc. Math. France 1914 S. 46—48 (*VII 3*).

CHOWLA, S. D. [1]: Note on a trigonometric sum. J. London Math. Soc. Bd. 5 (1930) S. 176—178 (*IX 21*); [2]: Some problems of diophantine approximation. I. Math. Z. Bd. 33 (1931) S. 544—563 (*IX 15, 21*); [3]: Two problems in the theory of lattice points. J. Indian Math. Soc. Bd. 19 (1931) S. 97—108 (*IX 25*).

CHOWLA, S. D., and A. WALFISZ [1]: On a trigonometric sum. Proc. London Math. Soc. (2) Bd. 34 (1932) S. 401—413 (*IX 21*); [2]: Über eine Riemannsche Identität. Acta Arithmet. Bd. 1 (1935) S. 87—112 (*IX 21*).

COLEMAN, J. B. [1]: A Test for the Type of Irrationality Represented by a Periodic Ternary Continued Fraction. Amer. J. Math. Bd. 52 (1930) S. 835—842 (*IV 2*); [2]: The Jacobian algorithm for periodic continued fractions as defining a cubic irrationality. Amer. J. Math. Bd. 55 (1933) S. 585—592 (*IV 2*).

COOPER, R. [1]: The behaviour of certain series associated with limiting cases of elliptic theta-functions. Proc. London Math. Soc. (2) Bd 27 (1928) S 410—426 (*IX 22*).

CORPUT, J. G. VAN DER [1]: Zahlentheoretische Abschätzungen. Math. Ann. Bd. 84 (1921) S. 53—79 (*IX 24*); [2]: Verschärfung der Abschätzung beim Teilerproblem. Math. Ann. Bd. 87 (1922) S. 39—65 (*IX 24*); [3]: Über Summen, die mit den elliptischen ϑ-Funktionen zusammenhängen. I. Math. Ann. Bd. 87 (1922) S. 66—77; II. Math. Ann. Bd. 90 (1923) S. 1—18 (*IX 16*); [4]: Over breuken. Christ. Huygens Bd. 2 (1923) S. 346—357 (*III 14*); [5]: Zahlentheoretische Abschätzungen mit Anwendung auf Gitterpunktprobleme. I. Math. Z. Bd. 17 (1923) S. 250—259; II. Math. Z. Bd. 28 (1928) S. 301—310 (*IX 24*); [6]: Neue zahlentheoretische Abschätzungen. I. Math. Ann. Bd. 89 (1923) S. 215—254; II. Math. Z. Bd. 29 (1929) S. 397—426 (*VIII 10; IX 24*); [7]: Beweis einer approximativen Funktionalgleichung. Math. Z. Bd. 28 (1928) S. 238—300 (*IX 23*); [8]: Zum Teilerproblem. Math. Ann. Bd. 98 (1928) S. 697 bis 716; Berichtigung dazu. Math. Ann. Bd. 100 (1928) S. 480 (*IX 25*); [9]:

Ueber Systeme von linear-homogenen Gleichungen und Ungleichungen. Akad. Wetensch. Amsterdam, Proc. Bd. 34 (1931) S. 368—371 (*II 10*); [10]: Ueber Diophantische Systeme von linear-homogenen Gleichungen und Ungleichungen. Akad. Wetensch. Amsterdam, Proc. Bd. 34 (1931) S. 372—382 (*II 10*); [11]: Konstruktion der Minimalbasis für spezielle Diophantische Systeme von linear-homogenen Gleichungen und Ungleichungen. Akad. Wetensch. Amsterdam, Proc. Bd. 34 (1931) S. 515—523 (*II 10*); [12]: Diophantische Ungleichungen. I. Zur Gleichverteilung modulo Eins. Acta math. Bd. 56 (1931) S. 373—456; II. Rhythmische Systeme, A und B. Acta math. Bd. 59 (1932) S. 209—328; II. C und D, III. Abschätzungen, erscheinen demnächst in Acta math. (*I 6; VIII 5, 7, 9, 10, 11; X 10 ff.*); [13]: Zur Methode der stationären Phase. I. Compositio math. Bd. 1 (1934) S. 15—38 (*IX 26*); [14]: Verallgemeinerung einer Mordellschen Beweismethode in der Geometrie der Zahlen. Acta Arithmet. Bd. 1 (1935) S. 62—66 (*II 3, 15*); [15]: Verteilungsfunktionen. I. Akad. Wetensch. Amsterdam, Proc. Bd. 38 (1935) S. 813—821 (*VIII, 3*).

CORPUT, J. G. VAN DER, et J. F. KOKSMA [1]: Sur l'ordre de grandeur de la fonction $\zeta(s)$ de Riemann dans la bande critique. Ann. Fac. Sci. Univ. Toulouse (3) Bd. 22 (1930) S. 1—39 (*IX 25*).

CSILLAG, P. [1]: Über die Verteilung iterierter Summen von positiven Nullfolgen mod 1. Acta Litt. Sci. Szeged Bd. 4 (1929) S. 151—154 (*VIII 4, 11*); [2]: Über die gleichmäßige Verteilung nichtganzer positiver Potenzen mod 1. Acta Litt. Sci. Szeged Bd. 5 (1930) S. 13—18 (*VIII 4, 11*).

DAUS, P. H. [1]: Normal ternary continued fraction expansions for the cube roots of integers. Amer. J. Math. Bd. 44 (1922) S. 279—296 (*IV 2*); [2]: Normal Ternary Continued Fraction Expansions for Cubic Irrationalities. Amer. J. Math. Bd. 51 (1929) S. 67—98 (*IV 2*).

DELAUNAY, B. [1]: Interprétation géométrique de la généralisation de l'algorithme des fractions continues donnée par Voronoï. C. R. Acad. Sci., Paris Bd. 176 (1923) S. 554—556 (*IV 3*).

DENJOY, A. [1]: Sur les systèmes complets de fractions. Bull. Soc. Math. France Bd. 39 (1911) S. 175—222 (*III 14*).

DICKSON, L. E. [1]: History of the theory of numbers. Bd. II. Carnegie Instit. Washington Nr 256 II. New York: Stechert 1920 oder 1934 (*I 2, 6; II 10, 17; III 8; IV 11*); [2]: Algebren und ihre Zahlentheorie. (308 S.) Zürich u. Leipzig: Orell Füssli 1927 (*IV 4*); [3]: Studies in the theory of numbers. Chicago: Univ. Press 1930 (*III 8*); [4]: Einführung in die Zahlentheorie. (Autorisierte deutsche Ausgabe von: „Introduction to the Theory of Numbers".) Herausgegeben von E. Bodewig. (175 S.) Leipzig u. Berlin: Teubner 1931 (*III 8; IV 9, 11*).

DINES, L. L. [1]: Linear inequalities and some related properties of functions. Bull. Amer. Math. Soc. Bd. 36 (1930) S. 393—405 (*II 10*).

DINES, L. L., and N. H. McCOY [1]: On Linear Inequalities. Trans. Roy. Soc. Canada (3) Bd. 27 (1933) S. 37—70 (*II 10*).

DIRICHLET, G. P. L.: Siehe bei LEJEUNE DIRICHLET, G. P.

DÖRGE, K. [1]: Über die ganzen rationalen Lösungspaare von algebraischen Gleichungen in zwei Variablen. Diss. Berlin 1925. Maschinenschrift 15 S. (*IV 11; X 9*); [2]: Ein Beitrag zur Theorie der diophantischen Gleichungen mit zwei Unbekannten. Math. Z. Bd. 24 (1926) S. 193—198 (*IV 11; X 9*).

DÖRRIE, H. [1]: Triumph der Mathematik. Nr 25. S. 128—137. Breslau: Ferd. Hirt 1933 (*IV 18*).

EISENSTEIN, G. [1]: Transformations remarquables de quelques séries. I. J. reine angew. Math. Bd. 27 (1844) S. 193—197; II. J. reine angew. Math. Bd. 28 (1844) S. 36—40 (*IV 6*).

ENRIQUES, F. [1]: Fragen der Elementargeometrie. Bd. II. Deutsche Ausgabe von H. Fleischer. (348 S.) Leipzig: Teubner 1907. (*IV 18*).

ESTERMANN, T. [1]: A proof of Kronecker's theorem by induction. J. London Math. Soc. Bd. 8 (1933) S. 18—20 (*VII 4*).

FABER, G. [1]: Über arithmetische Eigenschaften analytischer Funktionen. Math. Ann. Bd. 58 (1904) S. 545—557 (*IV 15*); [2]: Über stetige Funktionen. II. Math. Ann. Bd. 69 (1910) S. 372—443 (*IX 27*).

FATOU, P. [1]: Sur l'approximation des incommensurables et les séries trigonométriques. C. R. Acad. Sci., Paris Bd. 139 (1904) S. 1019—1021 (*III 3, 14, 17*); [2]: Séries trigonométriques et séries de Taylor. Acta math. Bd. 30 (1906) S. 335—400 (*I 18; IX 19*).

FORD, L. R. [1]: Sur l'approximation des irrationnelles complexes. C. R. Acad. Sci., Paris Bd. 162 (1916) S. 459—461 (*III 25; IV 4*); [2]: A Geometrical Proof of a Theorem of Hurwitz. Proc. Edinburgh Math. Soc. Bd. 35 (1916) S. 59—65 (*III 15, 24*); [3]: Rational approximations to irrational complex numbers. Trans. Amer. Math. Soc. Bd. 19 (1918) S. 1—42 (*III 25; IV 4*); [4]: On the closeness of approach of complex rational fractions to a complex irrational number. Trans. Amer. Math. Soc. Bd. 27 (1925) S. 146—154 (*IV 4*).

FOWLER, R. H. [1]: On the distribution of the set of points $(\lambda_n \theta)$. Proc. London Math. Soc. (2) Bd. 14 (1915) S. 189—206 (*IX 30*).

FRANEL, J. [1]: Question 485. L'Intermédiaire Math. Bd. 2 (1895) S. 383 (*IX 7*); [2]: Question 1260. L'Intermédiaire Math. Bd. 5 (1898) S. 77 (*IX 7*); [3]: Question 1547. L'Intermédiaire Math. Bd. 6 (1899) S. 149 (*IX 7*); [4]: Les suites de Farey et le problème des nombres premiers. Nachr. Ges. Wiss. Göttingen 1924 S. 198—201 (*III 14*).

FROBENIUS, G. [1]: Über die Markoffschen Zahlen. S.-B. preuß. Akad. Wiss. 1913 S. 458—487 (*III 8, 10*).

FUJIWARA, M. [1]: Eine Folgerung aus einem Satze von Minkowski in der Geometrie der Zahlen. Sci. Rep. Tôhoku Univ. (1) Bd. 4 (1915) S. 57—63 (*II 6*); [2]: Bemerkung zur Theorie der Approximation der irrationalen Zahlen durch rationale Zahlen. Tôhoku Math. J. Bd. 11 (1916) S. 239—242 (*III 15*); [3]: Bemerkung zur Theorie der Approximation der irrationalen Zahlen durch rationale Zahlen. Tôhoku Math. J. Bd. 14 (1918) S. 109—115 (*III 15; IV 4*); [4]: Über Irrationalität unendlicher Kettenbrüche. Sci. Rep. Tôhoku Univ. (1) Bd. 8 (1919) S. 1—10 (*IV 6*); [5]: Zahlengeometrische Untersuchung über die extremen Formen für die indefiniten quadratischen Formen. Math. Ann. Bd. 85 (1922) S. 21—25 (*III 8*); [6]: Anwendung der Geometrie der Zahlen auf die bilinearen Formen. Sci. Rep. Tôhoku Univ. (1) Bd. 11 (1922) S. 501 bis 507; [7]: Zur Theorie der binären indefiniten quadratischen Formen. Tôhoku Math. J. Bd. 23 (1924) S. 76—89 (*III 8*); [8]: Remarks on the theory of approximation of irrational numbers by rational numbers. Jap. J. Math. Bd. 1 (1924) S. 15—16 (*III 15*); [9]: Bemerkung zur Theorie der Approximation der irrationalen Zahlen durch rationale Zahlen. I. Sci. Rep. Tôhoku Univ. (1) Bd. 13 (1924) S. 1—6; II. Sci. Rep. Tôhoku Univ. (1) Bd. 13 (1924) S. 7—11 (*III 15*); [10]: Approximation of an irrational number by rational numbers. Proc. Imp. Acad. Jap. Bd. 2 (1926) S. 1—3 (*III 10, 16*); [11]: A new elementary proof of a theorem of Minkowski. Proc. Imp. Acad. Jap. Bd. 2 (1926) S. 97—99 (*VI 4*); [12]: On the System of Linear Inequalities and Linear Integral Inequality. Proc. Imp. Acad. Jap. Bd. 4 (1928) S. 330—333 (*II 10*); [13]: On the system of linear inequalities. Proc. Imp. Acad. Jap. Bd. 6 (1930) S. 297 bis 298 (*II 10*).

FUKASAWA, S.: Siehe bei MORIMOTO, S.

FÜRSTENAU, E. [1*]: Ueber Kettenbrüche höherer Ordnung. Jber. Kgl. Realgymn., Wiesbaden 1874 (*IV 2*).

FURTWÄNGLER, PH. [1]: Über Kriterien für die algebraischen Zahlen. S.-B. Akad. Wiss. Wien Bd. 126 (1917) S. 299—309 (*IV 3*); [2]: Über die simultane Approximation von Irrationalzahlen. I. Math. Ann. Bd. 96 (1927) S. 169—175; II. Math. Ann. Bd. 99 (1928) S. 71—83 (*IV 3; V 8*).

FURTWÄNGLER, PH., u. M. ZEISEL [1]: Zur Minkowskischen Parallelepipedapproximation. Mh. Math. Phys. Bd. 30 (1920) S. 177—198 (*II 5; IV 3*).

GEGENBAUER, L. [1]: Über transcendente Functionen, deren sämmtliche Wurzeln transcendente Zahlen sind. S.-B. Akad. Wiss. Wien Bd. 108 (1899) S. 423 bis 435 (*IV 18*).

GELBCKE, M. [1]: Über einen asymptotischen Ausdruck für die Summe der gebrochenen Teile einer Funktion zweier Argumente. J. Soc. Phys.-Math., Leningrad Bd. 1 (1927) S. 281—298 (Russisch mit deutschem Auszug) (*IX 25, 26*).

GELFOND, A. [1]: Sur les nombres transcendants. C. R. Acad. Sci., Paris Bd. 189 (1929) S. 1224—1226 (*IV 22*); [2]: Sur les propriétés arithmétiques des fonctions entières. Tôhoku Math. J. Bd. 30 (1929) S. 280—285 (*IV 22*); [3]: Sur le développement des fonctions entières d'ordre fini en série d'interpolation de Newton. Atti Accad. naz. Lincei, Rend. (6) Bd. 11 (1930) S. 377—381 (*IV 22*); [4]: Sur les fonctions entières, qui prennent des valeurs entières dans les points β^n, β est un nombre entier positif et $n = 1, 2, 3, \ldots$ Rec. math. Soc. math. Moscou Bd. 40 (1933) S. 42—47 (Russisch mit französischem Auszug) (*IV 22*); [5]: Sur le septième problème de D. Hilbert. C. R. Acad. Sci. URSS 1934$_{\mathrm{II}}$ S. 1—3 (Russisch), S. 4—6 (Französisch); Bull. Acad. Sci. URSS Bd. 7 (1934) S. 623—640 (*IV 22*); [6]: Sur quelques résultats nouveaux dans la théorie des nombres transcendants. C. R. Acad. Sci., Paris Bd. 199 (1934) S. 259 (*IV 22*); [7]: Über eine notwendige und hinreichende Bedingung für die Transzendenz von Zahlen. (Russisch ohne Jahreszahl und Zeitschrifttitel) (*IV 16*); [8]: Sur les approximations des nombres transcendants par des nombres algébriques. C. R. Acad. Sci, URSS 1935$_{\mathrm{II}}$ S. 177—179 (Russisch), S. 180 bis 182 (Französisch) (*IV 22*).

GIGLI, D. [1*]: Dei numeri trascendenti. (68 S.) Pavia: Tipografia mutilati 1923 (*IV 15*).

GILL, B. P. [1]: An analogue for algebraic functions of the Thue-Siegel theorem. Bull. Amer. Math. Soc. Bd. 35 (1929) S. 436 (*IV 9*); [2]: An analogue for algebraic functions of the Thue-Siegel theorem. Ann. of Math. (2) Bd. 31 (1930) S. 207—218 (*IV 9*).

GIRAUD, G. [1]: Sur la résolution approchée en nombres entiers d'un système d'équations linéaires non homogènes. C. R. Soc. Math. France 1914 S. 29—32 (*VII 3*).

GIUDICE, F. [1]: Sulle frazioni continue numeriche. Period. Mat. Bd. 11 (1896) S. 13—20, 48—55 (*IV 6*).

GLAISHER, J. W. L. [1]: On Lambert's proof of the irrationality of π, and on the irrationality of certain other quantities. Rep. British Assoc. Advanc. Sci., Trans. 1871 S. 12—16 (*IV 6*); [2]: On arithmetic irrationality. Philos. Mag. (4) Bd. 45 (1873) S. 191—198 (*IV 6*); [3]: On the transformation of continued products into continued fractions. Proc. London Math. Soc. Bd. 5 (1874) S. 78—88 (*IV 6*); [4]: On certain transformations of Lejeune-Dirichlet's in the theory of numbers and similar theorems. Quart. J. Math., Oxford Ser. Bd. 43 (1912) S. 123—142 (*IX 9*).

GORDAN, P. [1]: Sur la transcendance du nombre e. C. R. Acad. Sci., Paris Bd. 116 (1893) S. 1040—1041 (*IV 18*); [2]: Transcendenz von e und π. Math. Ann. Bd. 43 (1893) S. 222—225 (*IV 18*).

GRACE, J. H. [1]: The Classification of Rational Approximations. Proc. London Math. Soc. (2) Bd. 15 (1916) S. XVIII—XIX (abstract) (*III 11, 18*); [2]: The classification of rational approximations. Proc. London Math. Soc. (2) Bd. 17 (1918) S. 247—258 (*III 11, 18*); [3]: Note on a diophantine approximation. Proc. London Math. Soc. (2) Bd. 17 (1918) S. 316—319 (*VI 4*).

GRAVE, D. [1]: Über eine Verallgemeinerung des Satzes von Axel Thue. C. R. Acad. Sci. URSS 1933 S. 263—264 (Russisch mit deutscher Übersetzung) (*IV 11*).

GRÖNWALL, H. [1]: Note sur les fonctions et les nombres algébriques. Öfversigt Kongl. Svenska Vetenskaps-Akad. Förhandlingar Bd. 54 (1897) S. 199—203 (*IV 15*); [2]: Deux théorèmes sur les nombres transcendants. Öfversigt Kongl. Svenska Vetenskaps-Akad. Förhandlingar Bd. 54 (1897) S. 623—632 (*IV 15*); [3]: Sur les nombres transcendants. II. Öfversigt Kongl. Svenska Vetenskaps-Akad. Förhandlingar Bd. 55 (1898) S. 153—156 (*IV 15*).

GYLDÉN, H. [1]: Om sannolikheten af inträdande divergens vid användande af de hittills brukliga methoderna att an analytiskt framställa planetariska störingar. Öfversigt Kongl. Svenska Vetenskaps-Akad. Förhandlingar Bd. 45 (1888) S. 77—87 (*III 28*); [2]: Om sannolikheten af att påträffa stora tal vid utvecklingen af irrationela decimalbråk i kedjibråk. Öfversigt Kongl. Svenska Vetenskaps-Akad. Förhandlingar Bd. 45 (1888) S. 349—358 (*III 28*); [3]: Quelques remarques relativement à la représentation de nombres irrationnels au moyen des fractions continues. C. R. Acad. Sci., Paris Bd. 106 (1888) S. 1584—1587, 1777—1781 (*III 28*).

HACKS, J. [1]: Über Summen von größten Ganzen. Acta math. Bd. 10 (1887) S. 1—52 (*IX 9*).

HADAMARD, J. [1]: Observations à propos de la Communication précédente. C. R. Acad. Sci., Paris Bd. 176 (1923) S. 727—728 (*IV 13*).

HAJÓS, G. [1]: Ein neuer Beweis eines Satzes von Minkowski. Acta Litt. Sci. Szeged Bd. 6 (1934) S. 224—225 (*II 1*).

HARDY, G. H., and J. E. LITTLEWOOD [1]: Some problems of Diophantine approximation. I. Proc. 5th Int. Congress Math. Cambridge Bd. I (1912) S. 223—229 (*IX 7*); II. Some results concerning Diophantine Approximations. Proc. London Math. Soc. (2) Bd. 11 (1912) S. XXI—XXII (abstract) (*IX 7*); III. The fractional part of $n^k\theta$. Acta math. Bd. 37 (1914) S. 155—191 (*I 18; III 17; VI 1, 6, 8; VII 4; VIII 8, 9, 12; IX 7, 8, 16, 27, 28, 29*); IV. The trigonometrical series associated with the elliptic ϑ-functions. Acta math. Bd. 37 (1914) S. 193—239 (*IX 16, 17, 19*); V. A remarkable trigonometrical series. Proc. Nat. Acad. Sci. U.S.A. Bd. 2 (1916) S. 583—586 (*IX 23*); VI. The series $\sum e(\lambda_n)$ and the distribution of the points $(\lambda_n \alpha)$. Proc. Nat. Acad. Sci. U.S.A. Bd. 3 (1917) S. 84—88 (*VIII 9*); VII. The Lattice-Points of a Right-Angled Triangle. I. Proc. London Math. Soc. (2) Bd. 19 (1920) S. XXIII—XXIV (abstract); Proc. London Math. Soc. (3) Bd. 20 (1922) S. 15—36 (*IX 7, 8, 9*); VIII. The lattice-points of a right-angled triangle. II. Abh. math. Semin. Hamburg. Univ. Bd. 1 (1922) S. 212—249 (*III 2; IX 7, 8, 9, 15*); IX. A further note on the trigonometrical series associated with the elliptic theta-functions. Proc. Cambridge Philos. Soc. Bd. 21 (1923) S. 1—5 (*IX 17, 19*); X. The analytic properties of certain Dirichlet's series associated with the distribution of numbers to modulus unity. Trans. Cambridge Philos. Soc. Bd. 22 (1923) S. 519 bis 533 (*IX 14*); XI. The analytic character of the sum of a Dirichlet's series considered by Hecke. Abh. math. Semin. Hamburg. Univ. Bd. 3 (1924) S. 57 bis 68 (*IX 13*); XII. An additional note on the trigonometrical series associated with the elliptic theta-functions. Acta math. Bd. 47 (1926) S. 189—198 (*IX 16*); XIII. A series of cosecants. Bull. Calcutta Math. Soc. Commemoration Vol. XX (1930) S. 251—266 (*IX 15*); [2]: Dirichlet's Series with Lines of Singularities. Proc. London Math. Soc. (2) Bd. 20 (1922) S. I—II (abstract) (*IX 14*).

HAUSDORFF, F. [1]: Grundzüge der Mengenlehre. Leipzig: Veit u. Co 1914 (*IX 27, 29*).

HAVILAND, E K., and A. WINTNER [1]: A note on the Kronecker-Weyl theorem. Amer. J. Math. Bd. 56 (1934) S. 17—24 (*VII 4; VIII 14*).

HEATH, A. C. [1]: On the approximation to irrational numbers by rationals. Math. Gaz. Bd. 13 (1927) S. 362—366 (*III 8*).

HEAWOOD, P. J. [1]: The classification of rational approximations. Proc. London Math. Soc. (2) Bd. 20 (1922) S. VI—VII (abstract); S. 233—250 (*III 8, 11*).

HECKE, E. [1]: Eine neue Art von Zetafunktionen und ihre Beziehungen zur Verteilung der Primzahlen. I. Math. Z. Bd. 1 (1918) S. 357—376; II. Math. Z. Bd. 6 (1920) S. 11—51 (*IX 12*); [2]: Über analytische Funktionen und die Verteilung von Zahlen mod. Eins. Abh. math. Semin. Hamburg. Univ. Bd. 1 (1922) S. 54—76 (*IX 7, 10, 12*); [3]: Analytische Funktionen und algebraische Zahlen. I. Abh. math. Semin. Hamburg. Univ. Bd. 1 (1922) S. 102—126; II. Abh. math. Semin. Hamburg. Univ. Bd. 3 (1924) S. 213—236 (*IX 13*); [4]: Theorie der algebraischen Zahlen. Leipzig: Akad. Verlagsges. 1923 (*II 6*).

HENSEL, K. [1]: Über die arithmetischen Eigenschaften der algebraischen und transzendenten Zahlen. Jber. Deutsch. Math.-Vereinig. Bd. 14 (1905) S. 545 bis 558 (*IV 14*).

HERMITE, CH. [1]: Oeuvres. Bd. I, III. (Publiées par É. Picard.) Paris: Gauthier-Villars 1905, 1912 (*IV 4*); [2]: Correspondance d'Hermite et de Stieltjes. Bd. I, II. (Publiée par MM. B. Baillaud et H. Bourget.) (934 S.) Paris: Gauthier-Villars 1905 (*I 16; IV 2, 7, 18; VI 4*); [3]: Lettres de M. Ch. Hermite à M. Jacobi sur différents objets de la théorie des nombres. J. reine angew. Math. Bd. 40 (1850) S. 261—278, 279—290, 291—307, 308—315; Oeuvres I S. 100—121, 122 bis 135, 136—155, 155—163; Opuscula Mathematica de Jacobi. Bd. II (*I 2, 8; II 17, 18; III 21; IV 2*); [4]: Sur l'introduction des variables continues dans la théorie des nombres. J. reine angew. Math. Bd. 41 (1851) S. 191—216; Oeuvres I S. 164—192 (*II 17; III 21; IV 2*); [5]: Sur l'irrationalité de la base des logarithmes hyperboliques. Rep. British Assoc. Advanc. Sci., Trans. 43th meeting (1873) S. 22—23; Oeuvres III S. 127—130 (*IV 7, 17*); [6]: Extrait d'une lettre de Monsieur Ch. Hermite à Monsieur Paul Gordan. J. reine angew. Math. Bd. 76 (1873) S. 303—311; Oeuvres III S. 135—145 (*IV 7, 17*); [7]: Extrait d'une lettre de Mr Ch. Hermite à Mr Borchhardt. J. reine angew. Math. Bd. 76 (1873) S. 342—344; Oeuvres III S. 146—149 (*IV 7, 17*); [8]: Sur la fonction exponentielle. C. R. Acad. Sci., Paris Bd. 77 (1873) S. 18—24, 74—79, 226 bis 233, 285—293; Oeuvres III S. 150—181 (*IV 17*); [9]: Sur une extension donnée à la théorie des fractions continues par M. Tchebycheff. (Extrait d'une lettre à M. Borchhardt.) J. reine angew. Math. Bd. 88 (1879) S. 10—15; Oeuvres III S. 513—519 (*VI 2, 3*).

HESSENBERG, G. [1]: Transzendenz von e und π. (106 S.) Leipzig: Teubner 1912 (*IV 18*).

HILBERT, D. [1]: Ueber die Transcendenz der Zahlen e und π. Nachr. Ges. Wiss. Göttingen 1893 S. 113—116; Math. Ann. Bd. 43 (1893) S. 216—220 (*IV 18*). [2]: Mathematische Probleme. Nachr. Ges. Wiss. Göttingen 1900 S. 253—297 (*IV 14, 22*); [3]: Die Theorie der algebraischen Zahlkörper. Jber. Deutsch. Math.-Vereinig. Bd. 4 (1897) S. 177—546 (Speziell: S. 211 ff.) (*II 6*).

HILBERT, D., u. A. HURWITZ [1]: Über die diophantischen Gleichungen vom Geschlecht Null. Acta math. Bd. 14 (1890) S. 217—224 (*IV 11*).

HILLE, E. [1]: Note on a power series considered by Hardy and Littlewood. J. London Math. Soc. Bd. 4 (1929) S. 176—182 (*IX 23*).

HOFREITER, N. [1]: Über Extremformen. Mh. Math. Phys. Bd. 40 (1933) S. 129—152 (*II 18*); [2]: Zur Geometrie der Zahlen. I. Mh. Math. Phys. Bd. 40 (1933) S. 181—192; II. Mh. Math. Phys. Bd. 42 (1935) S. 101—112 (*II 18*); [3]: Über einen Approximationssatz von Minkowski. Mh. Math. Phys. Bd. 40 (1933) S. 351—392; Berichtigung dazu. Mh. Math. Phys. Bd. 42 (1935) S. 210 (*II 8, 9*); [4]: Verallgemeinerung der Sellingschen Reduktionstheorie. Mh. Math. Phys. Bd. 40 (1933) S. 393—406 (*II 9*); [5]: Quadratische Zahlkörper ohne euklidischen Algorithmus. Math. Ann. Bd. 110 (1934) S. 195—196 (*IV 4*); [**6**]: Über die Approximation von komplexen Zahlen. Mh. Math. Phys. Bd. 42 (1935) 16 S. (*IV 4; V 8*).

HUMBERT, G. [**1**]: Démonstration des inégalités fondamentales de Minkowski pour n formes linéaires à n variables. (D. Hilbert, Théorie des corps de nombres algébriques. Note III.) Ann. Fac. Sci. Univ. Toulouse (3) Bd. 3 (1911) S. 8—13 (*II 7*); [**2**]: Sur l'approximation des irrationnelles réelles. C. R. Acad. Sci., Paris Bd. 161 (1915) S. 717—721 (*III 22*); [**3**]: Sur les fractions continues et les formes quadratiques binaires indéfinies. C. R. Acad. Sci., Paris Bd. 162 (1916) S. 23—26 (*III 8, 24*); [**4**]: Sur les réduites d'Hermite. C. R. Acad. Sci., Paris Bd. 162 (1916) S. 67—73 (*III 22*); [**5**]: Sur la méthode d'approximation d'Hermite. J. Math. pures appl. (7) Bd. 2 (1916) S. 79—103 (*III 22*); [**6**]: Sur les fractions continues ordinaires et les formes quadratiques binaires indéfinies. J. Math. pures appl. (7) Bd. 2 (1916) S. 104—154 (*III 8, 22, 24*); [**7**]: Remarques sur certaines suites d'approximation. J. Math. pures appl. (7) Bd. 2 (1916) S. 155—167 (*III 15, 24*); [**8**]: Sur la fraction continue de Stephen Smith. C. R. Acad. Sci., Paris Bd. 165 (1917) S. 211—217 (*III 24*); [**9**]: Sur la réduction (mod 2) des formes quadratiques binaires. C. R. Acad. Sci., Paris Bd. 165 (1917) S. 253—257 (*III 24*); [**10**]: Quelques propriétés des formes quadratiques binaires indéfinies. I. C. R. Acad. Sci., Paris Bd. 165 (1917) S. 298—304; II. C. R. Acad. Sci., Paris Bd. 165 (1917) S. 321—327 (*III 24*); [**11**]: Sur le développement, en fraction continue de Stephen Smith, des irrationnelles quadratiques. I. C. R. Acad. Sci., Paris Bd. 165 (1917) S. 689—694; II. C. R. Acad. Sci., Paris Bd. 165 (1917) S. 737—742 (*III 24*).

HURWITZ, A. [**1**]: Ueber arithmetische Eigenschaften gewisser transcendenter Functionen. I. Math. Ann. Bd. 22 (1883) S. 211—229; II. Math. Ann. Bd. 32 (1888) S. 583—588 (*IV 8*); [**2**]: Über die Entwicklung complexer Grössen in Kettenbrüche. Acta math. Bd. 11 (1888) S. 187—200 (*IV 4*); [**3**]: Über eine besondere Art der Kettenbruch-Entwicklung reeller Grössen. Acta math. Bd. 12 (1889) S. 367—405 (*III 20, 25; IV 4*); [**4**]: Über die angenäherte Darstellung der Irrationalzahlen durch rationale Brüche. Math. Ann. Bd. 39 (1891) S. 279—284 (*III 9*); [**5**]: Ueber die Kettenbruch-Entwicklung der Zahl e. Phys.-ökon. Ges., Königsberg 1891 (*III 6; IV 6*); [**6**]: Beweis der Transcendenz der Zahl e. Nachr. Ges. Wiss. Göttingen 1893 S. 153—155; Math. Ann. Bd. 43 (1893) S. 220—222; C. R. Acad. Sci., Paris Bd. 116 (1893) S. 788—790 (*IV 18*); [**7**]: Ueber die angenäherte Darstellung der Zahlen durch rationale Brüche. Math. Ann. Bd. 44 (1894) S. 417—436 (*III 14, 17; IV 3*); [**8**]: Ueber die Reduction der binären quadratischen Formen. Math. Ann. Bd. 45 (1894) S. 85 bis 117 (*III 24; IV 3*); [**9**]: Zur Theorie der algebraischen Zahlen. Nachr. Ges. Wiss. Göttingen 1895 S. 324—331; [**10**]: Über die Kettenbrüche, deren Teilnenner arithmetische Reihen bilden. Vjschr. naturforsch. Ges. Zürich Bd. 41 (1896) S. 34—64 (*III 6; IV 6*); [**11**]: Über lineare Formen mit ganzzahligen Variabeln. Nachr. Ges. Wiss. Göttingen 1897 S. 139—145 (*II 7*); [**12**]: Über eine Aufgabe der unbestimmten Analysis. Arch. Math. Physik (3) Bd. 11 (1906) S. 185—196 (*III 10*). — Die vollständige Bibliographie der Arbeiten Hurwitz' befindet sich bei D. HILBERT: Adolf Hurwitz. Math. Ann. Bd. 83 (1921) S. 161—172.

HURWITZ, J. [**1***]: Ueber eine besondere Art der Kettenbruch-Entwicklung complexer Grössen. Diss. Halle (E. Karras) 1895 (49 S.) (*IV 4*).

HUSQUIN DE RHÉVILLE [**1**]: Sur une représentation géométrique du développement en fraction continue ordinaire. Nouv. Ann. Math. (3) Bd. 16 (1897) S. 61—62 (*III 19*).

INGHAM, A. E. [**1**]: Note on a certain powerseries. Ann. of Math. (2) Bd. 31 (1930) S. 241—250 (*IX 23*).

ITIHARA, T., and K. ÔISHI [1]: On transcendental numbers. Tôhoku Math. J. Bd. 37 (1933) S. 209—221 (*IV 18*).

IZUMI, S. [1]: On transcendental numbers. Proc. Imp. Acad. Jap. Bd. 3 (1927) S. 390—391 (*IV 15*); [2]: On Transcendental Numbers. Tôhoku Math. J. Bd. 29 (1928) S. 250—253 (*IV 15*).

JACOBI, C. G. J. [1]: Gesammelte Werke. Bd. II, VI. Berlin: Reimer 1882, 1891; [2]: Über die vierfach periodischen Funktionen zweier Variabeln, auf die sich die Theorie der Abelschen Transzendenten stützt. J. reine angew. Math. Bd. 13 (1834) S. 55—78 (Latein). Deutsche Übers. herausgegeben von H. Weber, Ostwalds Klassiker Bd. 64. Leipzig 1895; Werke II S. 23—50 (*I 6*); [3]: Allgemeine Theorie der kettenbruchähnlichen Algorithmen, in welchen jede Zahl aus *drei* vorhergehenden gebildet wird. Herausgegeben von E. Heine. J. reine angew. Math. Bd. 69 (1868) S. 29—64; Werke VI S. 385—426 (*IV 2, 3*).

JACOBSTHAL, E. [1]: Zum Minkowskischen Satze über lineare Formen. S.-B. Berlin. Math. Ges. Bd. 22 (1923) S. 33—37 (*II 7*); [2]: Der Minkowskische Linearformensatz. S.-B. Berlin. Math. Ges. Bd. 33 (1934) S. 62—64 (*II 7*).

JAMET, V. [1]: Sur le nombre *e*. Nouv. Ann. Math. (3) Bd. 10 (1891) S. 215—218 (*IV 18*); [2]: Sur un théorème de M. Lindemann. Ann. Fac. Sci. Univ. Marseille Bd. 11 (1900) S. 93—102 (*IV 18*); [3]: Sur la transcendance des nombres *e* et π. Enseignement math. Bd. 2 (1900) S. 355—362 (*IV 18*).

JANSEN, H. [1*]: Lückenlose Ausfüllung des R_n mit gitterförmig angeordneten *n*-dimensionalen Quadern. Diss. Kiel 1909 (49 S.) (*II 5*).

JARNÍK, V. [1]: Zur metrischen Theorie der diophantischen Approximationen. Prace mat. fiz. Bd. 36 (1928) S. 91—106 (*III 31*); [2]: Diophantische Approximationen und Hausdorffsches Maß. Rec. math. Soc. math. Moscou Bd. 36 (1929) S. 371—382 (*III 4, 31*); [3]: Über die simultanen diophantischen Approximationen. Math. Z. Bd. 33 (1931) S. 505—543 (*III 4, 31; V 9, 12*); [4]: Ein Existenzsatz aus der Theorie der diophantischen Approximationen. Prace mat. fiz. Bd. 39 (1932) S. 135—144 (*III 4, 31; V 9*); [5]: Zur Theorie der diophantischen Approximationen. Mh. Math. Phys. Bd. 39 (1932) S. 403—438 (*III 4, 31; V 10*). — Es sind hier nicht die vielen Arbeiten JARNÍKS über Gitterpunktprobleme (mehrdimensionale Ellipsoide) zitiert; diese enthalten oft *Anwendungen* der obigen Abhandlungen.

JARNÍK, V., u. E. LANDAU [1]: Untersuchungen über einen van der Corputschen Satz. Math. Z. Bd. 39 (1935) S. 745—767 (*IX 24*).

JORDAN, C. [1]: Cours d'analyse de l'École Polytechnique. Bd. I. Calcul différentiel. Paris 1882 (*IV 18*).

KAGAN, B. [1*]: Neuer Beweis der Transcendenz von *e* und π. Spaczinski's Bote 1900 Nr 286 S. 223—231, Nr 287 S. 251—266; 1901 Nr 290 S. 25—35, Nr 291 S. 55—63 (Russisch) (*IV 18*).

KAKEYA, S. [1]: On a diophantine approximation. Sci. Rep. Tôhoku Univ. Bd. 2 (1913) S. 33—54 (*VII 3, 5*); [2]: On a System of Linear Forms with Integral Variables. Tôhoku Math. J. Bd. 4 (1914) S. 120—131 (*VII 3, 5*); [3]: On an extended Diophantine Approximation. Sci. Rep. Tôhoku Univ. Bd. 4 (1915) S. 105—109 (*VIII 9*).

KALUZA, TH. [1]: Über vollmonotone Folgen mit stetiger Belegungsfunktion. Math. Z. Bd. 28 (1928) S. 200—202 (*VIII 14*).

KELLER, O. H. [1]: Über die lückenlose Erfüllung des Raumes mit Würfeln. J. reine angew. Math. Bd. 163 (1931) S. 231—248 (*II 5*).

KEMPNER, A. J. [1]: On transcendental numbers. Bull. Amer. Math. Soc. Bd. 22 (1916) S. 282, 284—285 (*IV 15*); [2]: Generalization of a theorem on transcendental numbers. Bull. Amer. Math. Soc. Bd. 23 (1916) S. 59, 64—65 (*IV 15*); [3]: On transcendental numbers. Trans. Amer. Math. Soc. Bd. 17 (1916) S. 476

bis 482 (*IV 15*); [4]: A Theorem on Lattice-Points. Ann. of Math. (2) Bd. 19 (1917) S. 127—136 (*III 19; VII 8*).

KHINTCHINE, A. [1*]: Über eine Eigenschaft der Kettenbrüche und ihre arithmetischen Anwendungen. Bull. Inst. polytechn. à Ivanowo-Wosniessensk Bd. 5 (1922) S. 27—41 (*III 29*); [2]: Über dyadische Brüche. Math. Z. Bd. 18 (1923) S. 109—116 (*IX 27, 29*); [3]: Ein Satz über Kettenbrüche, mit arithmetischen Anwendungen. Math. Z. Bd. 18 (1923) S. 289—306; Bemerkung dazu. Math. Z. Bd. 22 (1925) S. 316 (*III 29; VIII 8; IX 8*); [4]: Einige Sätze über Kettenbrüche, mit Anwendungen auf die Theorie der Diophantischen Approximationen. Math. Ann. Bd. 92 (1924) S. 115—125 (*III 29, 30*); [5]: Über die angenäherte Auflösung linearer Gleichungen in ganzen Zahlen. Rec. math. Soc. math. Moscou Bd. 32 (1925) S. 203—218 (*VI 7; VII 1, 2*); [6]: Zur Theorie der diophantischen Approximationen. Rec. math. Soc. math. Moscou Bd. 32 (1925) S. 277—278 (*III 30; V 3*); [7]: Bemerkung zur metrischen Theorie der Kettenbrüche. Rec. math. Soc. math. Moscou Bd. 32 (1925) S. 326—329 (*III 29*); [8]: Zwei Bemerkungen zu einer Arbeit des Herrn Perron. Math. Z. Bd. 22 (1925) S. 274—284 (*V 1, 2*); [9*]: Über eine Frage aus der Theorie der Diophantischen Approximationen. Bull. Inst. polytechn. à Ivanowo-Wosniessensk Bd. 8$_{II}$ (1925) S. 32—37 (Russisch mit deutschem Auszug) (*VIII 8*); [10]: Über eine Klasse linearer Diophantischer Approximationen. Rend. Circ. mat. Palermo Bd. 50 (1926) S. 170—195 (*I 18; III 17; V 1, 5; VI 4, 6; VII 7*); [11]: Zur metrischen Theorie der diophantischen Approximationen. Math. Z. Bd. 24 (1926) S. 706—714 (*III 30; V 11*); [12]: Über diophantische Approximationen höheren Grades. Rec. math. Soc. math. Moscou Bd. 34 (1927) S. 109—112 (*X 2*); [13]: Über die angenäherte Auflösung linearer Gleichungen in ganzen Zahlen. Rec. math. Soc. math. Moscou Bd. 35 (1928) S. 31—33 (*VII 2*); [14]: Metrische Kettenbruchprobleme. Compositio math. Bd. 1 (1935) S. 361—382 (*III 29*); [15]: Neuer Beweis und Verallgemeinerung eines Hurwitzschen Satzes. Math. Ann. Bd. 111 (1935) S. 631—637 (*III 9; VI 2*).

KLEIN, F. [1]: Ueber eine geometrische Auffassung der gewöhnlichen Kettenbruchentwicklung. Nachr. Ges. Wiss. Göttingen 1895 S. 357—359 (*III 19*); Französische Übersetzung in [2]: Sur une représentation géométrique du développement en fraction continue ordinaire. Nouv. Ann. Math. (3) Bd. 15 (1896) S. 327—331 (*III 19*); auch [3]: Ausgewählte Kapitel der Zahlentheorie. Bd. I. Einleitung. Vorlesung 1895/1896 herausgegeben von A. Sommerfeld. Göttingen 1896 (*III 19*); [4]: Elementarmathematik vom höheren Standpunkte aus. Bd. I. Arithmetik — Algebra — Analysis. Bearb. von E. Hellinger u. Fr. Seyfarth. (309 S.) Berlin: Julius Springer 1933⁴ (*IV 18*).

KLOOSTERMAN, H. D. [1]: Diophantische Approximaties. Christ. Huygens Bd. 3 (1924) S. 247—272 (*VII 4; VIII 6*).

KNICHAL, V. [1]: Dyadische Entwicklungen und Hausdorffsches Mass. Mém. Soc. Roy. Sci., Bohême 1933 (1934) Nr 14 19 S. (*IX 27*).

KNOPP, K. [1]: Mengentheoretische Behandlung einiger Probleme der diophantischen Approximationen und der transfiniten Wahrscheinlichkeiten. Math. Ann. Bd. 95 (1926) S. 409—426 (*III 27, 28; IX 27*).

KOKSMA, J. F. [1]: Over stelsels Diophantische ongelijkheden. Diss. Groningen 1930. (137 S.) Groningen: Noordhoff 1930 (*IX 5; X 4, 5*); [2]: Benaderingsproblemen bij irrationale getallen. Inaugureele rede Vrije Universiteit Amsterdam 1930. Groningen: Noordhoff 1930; [3]: Ein mengentheoretischer Satz aus dem Gebiete der diophantischen Approximationen. Akad. Wetensch. Amsterdam, Proc. Bd. 35 (1932) S. 959—969 (*X 6*); [4]: Approximationen reeller Zahlen mit Nebenbedingungen. Nieuw Arch. Wiskde (2) Bd. 17 (1932) S. 322—339 (*IX 5; X 5*); [5]: Wiskundige Opgaven Nr 101—106. Wisk. Opgaven Wisk. Gen., Amsterdam Bd. 15 (1933) S. 186—216 (*X 4, 5*); [6]: Asymptotische verdeeling van reëele getallen modulo 1. I. Mathematica (Leiden) Bd. 1 (1933) S. 245—248; II. Mathematica (Leiden) Bd. 2 (1933) S. 1—6; III. Mathematica (Leiden) Bd. 2 (1933) S. 107—114 (*VIII 4*); [7]: Diophantische Approximationen von Irrationalzahlen mit Kettenbruchnennern von eingeschränktem Wachstum. Math. Z. Bd. 36 (1933) S. 739—779 (*III 4; IX 5, 18; X 5*); [8]: Benadering van irrationale getallen met behulp van kettingbreuken. I. Mathematica (Leiden) Bd. 2 (1934) S. 212—220; II. Mathematica (Leiden) Bd. 3 B (1934) S. 122—128; III. Erscheint demnächst in Mathematica (Leiden) (*III 8*); [9]: Ein mengentheoretischer Satz über die Gleichverteilung modulo Eins. Compositio math. Bd. 2 (1935) S. 250—258 (*VIII 12*); [10]: Metrisches zur Theorie der Diophantischen Approximationen. Erscheint demnächst in Akad. Wetensch. Amsterdam, Proc. (*X 6*).

Koksma, J. F., u. J. Popken [1]: Zur Transzendenz von e^{π}. J. reine angew. Math. Bd. 168 (1932) S. 211—230 (*IV 22*).

Kollros, L. [1*]: Un algorithme pour l'approximation simultanée de deux grandeurs. Diss. Zürich 1904. (48 S.) 1905 (*IV 3*).

Korkine, A., et G. Zolotareff [1]: Sur les formes quadratiques positives quaternaires. Math. Ann. Bd. 5 (1872) S. 581—583 (*II 18*); [2]: Sur les formes quadratiques. Math. Ann. Bd. 6 (1873) S. 366—389 (*II 18; III 8*); [3]: Sur les formes quadratiques positives. Math. Ann. Bd. 11 (1877) S. 242—292 (*II 18*).

Kostandi, G. V. [1*]: Sur les nombres transcendants de Liouville. Mém. sci. École sup., Odessa 1922 S. 49—59 (*IV 15*); [2*]: Développement des nombres irrationnels en fractions continues des ordres supérieures. Ber. wiss. Forschgsinst. Odessa Bd. 1 (1923) S. 31—42 (Russisch) (*IV 2*).

Kowner, S. S. [1]: Über einen Satz von Tschebyscheff-Minkowski. Rec. math. Soc. math. Moscou Bd. 32 (1925) S. 528—541 (*II 5, 9*).

Krawtchouk, M. [1*]: Sur un théoréme de Minkowski. Mém. Scient., J. inst. scient. Kieff Bd. 2 (1924) S. 66—70 (Ukrainisch mit französischem Auszug) (*II 7*).

Kronecker, L. [1]: Werke. Bd. III$_1$. Herausgegeben von K. Hensel. (473 S.) Leipzig u. Berlin: Teubner 1899; [2]: Sur les unités complexes. C. R. Acad. Sci., Paris Bd. 96 (1883) S. 93—98, 148—152, 216—221; Werke III$_1$ S. 3—19 (*I 2*); [3]: Additions au Mémoire sur les unités complexes. C. R. Acad. Sci., Paris Bd. 99 (1884) S. 765—771; Werke III$_1$ S. 23—30 (*I 2*); [4]: Die Periodensysteme von Functionen reeller Variabeln. S.-B. preuß. Akad. Wiss. 1884 S. 1071—1080; Werke III$_1$ S. 32—47 (*I 2*); [5]: Näherungsweise ganzzahlige Auflösung linearer Gleichungen. S.-B. preuß. Akad. Wiss. 1884 S. 1179—1193, 1271—1299; Werke III$_1$ S. 47—110 (*I 2; VI 2; VII 3*).

Kuroda, S. [1]: Verschärfung des Thue-Siegelschen Satzes über die Approximation algebraischer Zahlen. Proc. Imp. Acad. Jap. Bd. 10 (1934) S. 619—622. Vgl. das Mahlersche Referat in Zbl. Math. Bd. 10 (1935) S. 342 (*IV 9*).

Kurosu, K. [1]: Note on the theory of approximation of irrational numbers by rational numbers. Tôhoku Math. J. Bd. 21 (1922) S. 247—260 (*III 11, 15*); [2]: Notes on some points in the theory of continued fractions. Jap. J. Math. Bd. 1 (1924) S. 17—21; Corrigendum dazu. Jap. J. Math. Bd. 2 (1926) S. 64.

Kusmin, R. O. [1]: Über einige trigonometrische Ungleichungen. J. Soc. Math.-Phys., Leningrad Bd. 1 (1927) S. 233—239 (Russisch mit französischem Auszug) (*IX 24*); [2]: Sur la théorie des inégalités simultanées de Diophante. J. Soc. Math.-Phys., Leningrad Bd. 2 (1929) Heft 2 S. 1—12 (Russisch mit französischem Auszug) (*IX 5; X 2*); [3]: Sur une nouvelle classe de nombres transcendants. Bull. Acad. Sci. URSS (7) Bd. 3 (1930) S. 585—597 (Russisch) (*IV 22*); [4]: Sur quelques approximations transcendantes de Diophante. C. R. Acad. Sci. URSS (1933) S. 9—17 (Russisch mit französischer Übersetzung) (*X 8*).

Laguerre, E. [1]: Sur la fonction exponentielle. Bull. Soc. Math. France Bd. 8 (1880) S. 11—18 (*IV 17*).

LAMBERT, J. H. [1]: Mémoire sur quelques propriétés remarquables des quantités transcendantes circulaires et logarithmiques. Histoire Acad. roy. sci. et belles lettr., Berlin Année 1761 (1768) S. 265—322 (*IV 6*); [2]: Vorläufige Kenntnisse für die, so die Quadratur und Rectification des Circuls suchen. Berlin 1770. Beyträge zum Gebrauche der Mathematik und deren Anwendung Bd. II S. 140 bis 169. Abgedruckt in F. Rudio [1] S. 133—155 (*IV 6*).

LANDAU, E. [1]: Der Minkowskische Satz über die Körperdiskriminante. Nachr. Ges. Wiss. Göttingen 1922 S. 80—82 (*II 7*); [2]: Über diophantische Approximationen. Scripta Univ. Bibl. Hierosolymitanarum Bd. 1 (1923) S. 1—4 (*VII 4, 6*); [3]: Bemerkung zu der vorstehenden Abhandlung von Herrn Franel. Nachr. Ges. Wiss. Göttingen 1924 S. 202—206 (*III 14*); [4]: Die Winogradowsche Methode zum Beweise des Waring-Hilbert-Kamkeschen Satzes. Acta math. Bd. 48 (1926) S. 217—253 (*IX 5, 24*); [5]: Vorlesungen über Zahlentheorie. Bd. I, II, III. (1009 S.) Leipzig: Hirzel 1927 (*III 14, 17; IV 9, 11, 18; VIII 9; IX 5, 24*); [6]: Über das Vorzeichen der Gaussschen Summe. Nachr. Ges. Wiss. Göttingen 1928 S. 19—20 (*IX 24*); [7]: Über eine trigonometrische Summe. Nachr. Ges. Wiss. Göttingen 1928 S. 21—24 (*IX 24*); [8]: Über die neue Winogradoffsche Behandlung des Waringschen Problems. Math. Z. Bd. 31 (1930) S. 319—338 (*IX 5*); [9]: Neuer Beweis eines Minkowskischen Satzes. J. reine angew. Math. Bd. 165 (1931) S. 1—3 (*II 8*); [10]: Einführung in die elementare und analytische Theorie der algebraischen Zahlen und der Ideale. Leipzig und Berlin: Teubner 1927[2] (Speziell: S. 34 ff.) (*II 6*).

LEBESGUE, H. [1]: Sur certaines démonstrations d'existence. Bull. Soc. Math. France Bd. 45 (1917) S. 132—144 (*IX 27*).

LEGENDRE, A. M. [1]: Éléments de géométrie. Note IV. Paris 1855[14]. Abgedruckt in Rudio [1] S. 156—166 (*IV 6*); [2]: Zahlentheorie. Bd. I, II. Deutsch von H. Maser. (895 S.) Leipzig: Teubner 1893[2] (*III 3, 6*).

LEHMER, D. N. [1]: Certain divisibility theorems concerning the convergents of Hurwitzian continued fractions. Bull. Amer. Math. Soc. Bd. 23 (1917) S. 401, 402 (*III 6*); [2]: On Jacobi's extension of the continued fraction algorithm. Bull. Amer. Math. Soc. Bd. 24 (1918) S. 417—418 (*IV 2*); [3]: Arithmetical theory of certain Hurwitzian continued fractions. Bull. Amer. Math. Soc. Bd. 24 (1918) S. 417, 418—419 (*III 6*); [4]: Arithmetical theory of certain Hurwitzian continued fractions. Amer. J. Math. Bd. ٠ (1918) S. 375—390 (*III 6*); [5]: Arithmetical theory of certain Hurwitzian continued fractions. Proc. Nat. Acad. Sci. U.S.A. Bd. 4 (1918) S. 214—218 (*III 6*); [6]: On Jacobi's extension of continued fraction algorithm. Proc. Nat. Acad. Sci. U.S.A. Bd. 4 (1918) S. 360—364 (*IV 2*); [7]: Inverse ternary continued fractions. Bull. Amer. Math. Soc. Bd. 37 (1931) S. 565—569 (*IV 2*); [8]: On Ternary Continued Fractions. Tôhoku Math. J. Bd. 37 (1933) S. 436—445 (*IV 2*).

LEJEUNE DIRICHLET, G. P. [1]: Werke. Bd. I, II. Berlin: Reimer 1889, 1897 (*IX 9*); [2]: Verallgemeinerung eines Satzes aus der Lehre von den Kettenbrüchen nebst einigen Anwendungen auf die Theorie der Zahlen. S.-B. preuß. Akad. Wiss. 1842 S. 93—95; Werke I S. 635—638 (*I 2, 8*); [3]: Ueber ein die Division betreffendes Problem. S.-B. preuß. Akad. Wiss. 1851 S. 20—25; J. reine angew. Math. Bd. 47 (1854) S. 151—154; Werke II S. 97—104 (*VIII 3*).

LEONCINI, N. M. [1]: Sopra la risoluzione dei triangoli. Period. Mat. (2) Bd. 1 (XIV, 1899) S. 149—150 (*IV 18*).

LERCH, M. [1]: Question 1547. L'Intermédiaire Math. Bd. 11 (1904) S. 145—146 (*VIII 8; IX 7*).

LETTENMEYER, F. [1]: Neuer Beweis des allgemeinen Kroneckerschen Approximationssatzes. Proc. London Math. Soc. (2) Bd. 20 (1922) S. II—III (abstract); (2) Bd. 21 (1923) S. 306—314 (*VII 4*).

LEVI, B. [1]: Un teorema del Minkowski sui sistemi di forme lineari a variabili intere. Rend. Circ. mat. Palermo Bd. 31 (1911) S. 318—340 (*II 5*); [2]: Sui numeri di Liouville e su un corpo non numerabile di numeri reali. Atti Accad. naz. Lincei, Rend. (5) Bd. 32_I (1923) S. 600—603 (*IV 15*).

LINDELÖF, E. [1]: Le calcul des résidus et ses applications à la théorie des fonctions. (143 S.) Paris: Gauthier-Villars 1905 (*IX 16*).

LINDEMANN, F. [1]: Ueber die Zahl π. Math. Ann. Bd. 20 (1882) S. 213—225 (*IV 17*); [2]: Über die Ludolph'sche Zahl. S.-B. preuß. Akad. Wiss. 1882 S. 679—682 (*IV 17*); [3]: Sur le rapport de la circonférence au diamètre et sur les logarithmes népériens des nombres commensurables ou des irrationnelles algébriques. C. R. Acad. Sci., Paris Bd. 95 (1882) S. 72—74 (*IV 17*).

LIOUVILLE, J. [1]: Sur l'irrationalité du nombre e. J. Math. pures appl. (1) Bd. 5 (1840) S. 192. Addition à la note sur l'irrationalité du nombre e. J. Math. pures appl. (1) Bd. 5 (1840) S. 193 (*IV 7*); [2]: Sur des classes très étendues de quantités dont la valeur n'est ni algébrique, ni même reductible à des irrationelles algébriques. C. R. Acad. Sci., Paris Bd. 18 (1844) S. 883—885, 910—911; J. Math. pures appl. (1) Bd. 16 (1851) S. 133—142 (*IV 9, 15*).

LITTLEWOOD, J. E. [1]: On a class of conditionally convergent infinite products. Proc. London Math. Soc. (2) Bd. 8 (1910) S. 195—199 (*IX 15*).

MACDUFFEE, C. C., and E. D. JENKINS [1]: A substitute for the Euclid algorithm in algebraic fields. Ann. of Math. (2) Bd. 36 (1935) S. 40—45 (*IV 4*).

MACMILLAN, W. D. [1]: Convergence of the series $\displaystyle\sum_{i=0}^{\infty}\sum_{j=0}^{\infty}\frac{x^i y^j}{i - j\gamma}$ (γ irrational). Bull. Amer. Math. Soc. Bd. 22 (1916) S. 26—32 (*VIII 8; IX 15*); [2]: A theorem relating to irrational numbers. Bull. Amer. Math. Soc. Bd. 22 (1916) S. 426, 431 (*VIII 8*); [3]: A theorem connected with irrational numbers. Amer. J. Math. Bd. 38 (1916) S. 387—396 (*VIII 8*).

MAHLER, K. [1]: Über einen Satz von Mellin. Math. Ann. Bd. 100 (1928) S. 384 bis 398 (*IX 13*); [2]: Arithmetische Eigenschaften der Lösungen einer Klasse von Funktionalgleichungen. Math. Ann. Bd. 101 (1929) S. 342—366; Berichtigung dazu. Math. Ann. Bd. 103 (1930) S. 532 (*IX 12*); [3]: Zur Fortsetzbarkeit gewisser Dirichletscher Reihen. Math. Ann. Bd. 102 (1930) S. 30 bis 48 (*IX 13*); [4]: Ueber das Verschwinden von Potenzreihen mehrerer Veränderlichen in speziellen Punktfolgen. Math. Ann. Bd. 103 (1930) S. 573—587; [5]: Über Beziehungen zwischen der Zahl e und den Liouvilleschen Zahlen. Math. Z. Bd. 31 (1930) S. 729—732 (*IV 15, 21*); [6]: Arithmetische Eigenschaften einer Klasse transzendental-transzendenter Funktionen. Math. Z. Bd. 32 (1930) S. 545—585 (*IV 14*); [7]: Ein Beweis des Thue-Siegelschen Satzes über die Approximation algebraischer Zahlen für binomische Gleichungen. Math. Ann. Bd. 105 (1931) S. 267—276 (*IV 9*); [8]: Zur Approximation der Exponentialfunktion und des Logarithmus. I. J. reine angew. Math. Bd. 166 (1932) S. 118 bis 136; II. J. reine angew. Math. Bd. 166 (1932) S. 137—150 (*IV 16, 19, 21*); [9]: Über das Maß der Menge aller S-Zahlen. Math. Ann. Bd. 106 (1932) S. 131 bis 139 (*IV 21*); [10]: Ein Beweis der Transzendenz der P-adischen Exponentialfunktion. J. reine angew. Math. Bd. 169 (1932) S. 61—66 (*IV 4, 21*); [11]: Zur Approximation algebraischer Zahlen. I. Über den größten Primteiler binärer Formen. Math. Ann. Bd. 107 (1933) S. 691—730; II. Über die Anzahl der Darstellungen ganzer Zahlen durch Binärformen. Math. Ann. Bd. 108 (1933) S. 37—55; III. Über die mittlere Anzahl der Darstellungen grosser Zahlen durch binäre Formen. Acta math. Bd. 62 (1933) S. 91—166 (*IV 4, 12*); [12]: Über die rationalen Punkte auf Kurven vom Geschlecht Eins. J. reine angew. Math. Bd. 170 (1934) S. 168—178 (*IV 4, 12*); [13]: Zur Approximation

P-adischer Irrationalzahlen. Nieuw Arch. Wiskde (2) Bd. 18 (1934) S. 22—34 (*IV 4*); [**14**]: Eine arithmetische Eigenschaft der rekurrierenden Reihen. Mathematica (Leiden) Bd. 3 (1934) S. 153—156 (*IV 4, 12*); [**15**]: Über Diophantische Approximationen im Gebiete der p-adischen Zahlen. Jber. Deutsch. Math.-Vereinig. Bd. 44 (1934) S. 250—255 (*II 5; IV 4*); [**16**]: Über eine Klassen-Einteilung der p-adischen Zahlen. Mathematica (Leiden) Bd. 3 (1935) S. 177—185 (*IV 4, 21*); [**17**]: Eine arithmetische Eigenschaft der Taylor-koeffizienten rationaler Funktionen. Akad. Wetensch. Amsterdam, Proc. Bd. 38 (1935) S. 50—60 (*IV 4, 12*); [**18**]: Über transzendente P-adische Zahlen. Compositio math. Bd. 2 (1935) S. 259—275 (*IV 4, 10, 22*).

MAIER, W. [**1**]: Potenzreihen irrationalen Grenzwertes. J. reine angew. Math. Bd. 156 (1927) S. 93—148 (*IV 8*).

MAILLET, E. [**1**]: Introduction à la théorie des nombres transcendants et des propriétés arithmétiques des fonctions. (274 S.) Paris: Gauthier-Villars 1906 (*III 4; IV 14, 15, 18, 21*); [**2**]: Sur la classification des irrationnelles. C. R. Acad. Sci., Paris Bd. 143 (1906) S. 26—28 (*IV 15, 21*); [**3**]: Sur certains nombres transcendants. C. R. Acad. Sci., Paris Bd. 143 (1906) S. 873—874 (*IV 15*); [**4**]: Sur les nombres transcendants dont le développement en fraction continue est quasi-périodique, et sur les nombres de Liouville. Bull. Soc. Math. France Bd. 34 (1906) S. 213—227 (*IV 15*); [**5**]: Sur les fractions continues arithmétiques et les nombres transcendants. J. Math. pures appl. (6) Bd. 3 (1907) S. 299 bis 336 (*IV 15*); [**6**]: Sur diverses propriétés des nombres transcendants de Liouville. Bull. Soc. Math. France Bd. 35 (1907) S. 27—47 (*IV 15*); [**7**]: Sur les équations indéterminées en nombres transcendants de Liouville. Mém. Acad. Sci., Toulouse (10) Bd. 7 (1907) S. 1—3 (*IV 15*); [**8**]: Sur les nombres de Liouville et les fractions continues quasi-périodiques. Ass. Franç., Congrès de Lyon 1906 Bd. 35 (1907) S. 52—53 (*IV 15*); [**9**]: Sur les fractions continues arithmétiques et les nombres transcendants. C. R. Acad. Sci., Paris Bd. 144 (1907) S. 1020—1022 (*IV 15*); [**10**]: Sur un théorème de M. A. Thue. Nouv. Ann. Math. (4) Bd. 16 (1916) S. 338—345 (*IV 11*); [**11**]: Sur une catégorie d'équations indéterminées n'ayant en nombres entiers qu'un nombre fini de solutions. Nouv. Ann. Math. (4) Bd. 18 (1918) S. 281—292 (*IV 11*); [**12**]: Détermination des points entiers des courbes algébriques unicursales à coefficients entiers. C. R. Acad. Sci., Paris Bd. 168 (1919) S. 217—220 (*IV 11*); [**13**]: Détermination des points entiers des courbes algébriques unicursales à coefficients entiers dans l'espace à k dimensions. J. École. polytechn. (2) Bd. 20 (1920) S. 115—156 (*IV 11*); [**14**]: Sur quelques propriétés des nombres transcendants. C. R. Acad. Sci., Paris Bd. 170 (1920) S. 983—986 (*IV 15*); [**15**]: Nombres transcendants de Liouville. (Question 5119.) I. L'Intermédiaire Math. (2) Bd. 1 (1922) S. 136—137; II. L'Intermédiaire Math. (2) Bd. 4 (1925) S. 83 (*IV 15*).

MANDELBROJT, S. [**1**]: La recherche des points singuliers d'une fonction analytique représentée par une série de puissances. J. Math. pures appl. (9) Bd. 5 (1926) S. 197—210 (*IV 15*); [**2**]: Les nombres transcendants et les fonctions analytiques. C. R. Acad. Sci., Paris Bd. 182 (1926) S. 305—307 (*IV 15*); [**3**]: A class of transcendental numbers. Bull. Amer. Math. Soc. Bd. 33 (1927) S. 413—415 (*IV 15*); [**4***]: Remarques sur les nombres transcendants. C. R. Congrès Soc. Savants Bd. 10 (1928) S. 10 (*IV 15*).

MARKOFF, A. A. [**1**]: Sur les formes quadratiques binaires indéfinies. I. Math. Ann. Bd. 15 (1879) S. 381—407; II. Math. Ann. Bd. 17 (1880) S. 379—400 (*III 8, 10*); [**2***]: Beweis der Transcendenz der Zahlen e und π. St. Petersburg 1883 (Russisch) (*IV 18*); [**3***]: Sur les nombres entiers dépendant d'une racine cubique d'un nombre entier ordinaire. Mém. Acad. Sci. St. Pétersbourg (7) Bd. 38 (1892) S. 1—37 (*IV 2*); [**4***]: Über Sylvesters Beweis der Transzendenz von π. Math. Ges., St. Petersburg (1899) S. 9—10 (Russisch) (*IV 18*).

MAUNSELL, F. G. [1]: Some notes on extended continued fractions. Proc. London Math. Soc. (2) Bd. 30 (1928) S. 127—132 (*IV 2*).

MAYR, K. [1]: Wahrscheinlichkeitsfunktionen und ihre Anwendungen. Mh. Math. Phys. Bd. 30 (1920) S. 17—43 (*II 15*).

McKINNEY, TH. E. [1]: Concerning a Certain Type of Continued Fractions Depending on a Variable Parameter. Amer. J. Math. Bd. 29 (1907) S. 213—278 (*III 20*).

MERTENS, F. [1]: Über die Transcendenz der Zahlen e und π. S.-B. Akad. Wiss. Wien Bd. 105 (1896) S. 839—855 (*IV 18*).

MEYER, FR. [1]: Ueber kettenbruchähnliche Algorithmen. Verh. 1. Int. Math. Kongreß, Zürich 1897 S. 168—181 (*IV 2*); [2]: Zur Theorie der kettenbruchähnlichen Algorithmen. Phys.-ökon. Ges., Königsberg Bd. 38 (1897) S. 57—66 (*IV 2*).

MINKOWSKI, H. [1]: Geometrie der Zahlen. (256 S.) Leipzig u. Berlin: Teubner 1910; unveränderter Nachdruck 1925 (*II 1 ff.; III 20; IV 3; V 7*); [2]: Diophantische Approximationen. (235 S.) Leipzig u. Berlin: Teubner 1927 (*I 1; II 1 ff.; III 20; IV 4; V 7; VI 4*); [3]: Gesammelte Abhandlungen. Bd. I, II. Leipzig u. Berlin: Teubner 1911 (*II 1 ff.*); [4]: Ueber die positiven quadratischen Formen und über kettenbruchähnliche Algorithmen. J. reine angew. Math. Bd. 107 (1891) S. 278—297; Ges. Abh. I S. 243—260 (*II 17; IV 3*); [5]: Théorèmes arithmétiques. (Extrait d'une lettre à M. Hermite.) C. R. Acad. Sci., Paris Bd. 112 (1891) S. 209—212; Ges. Abh. I S. 261—263; [6]: Extrait d'une lettre adressée à M. Hermite. Bull. Sci. math. (2) Bd. 17 (1893) S. 24—29; Ges. Abh. I S. 266—270 (*II 2*); [7]: Généralisation de la théorie des fractions continues. (Zur Theorie der Kettenbrüche.) Ann. École norm. (3) Bd. 13 (1896) S. 41—60; Ges. Abh. I S. 278—292 (*II 5, 8; IV 3; VI 4*); [8]: Ein Kriterium für die algebraischen Zahlen. Nachr. Ges. Wiss. Göttingen 1899 S. 64 bis 88; Ges. Abh. I S. 293—315 (*IV 3*); [9]: Ueber die Annäherung an eine reelle Grösse durch rationale Zahlen. Math. Ann. Bd. 54 (1900) S. 91—124; Ges. Abh. I S. 320—352 (*II 8; III 20; VI 4*); [10]: Quelques nouveaux théorèmes sur l'approximation des quantités à l'aide de nombres rationnels. Bull. Sci. math. (2) Bd. 25 (1901) S. 72—76; Ges. Abh. I S. 353—356 (*II 5, 16; IV 4*); [11]: Über periodische Approximationen algebraischer Zahlen. Acta math. Bd. 26 (1902) S. 333—351; Ges. Abh. I S. 357—371 (*IV 3*); [12]: Dichteste gitterförmige Lagerung kongruenter Körper. Nachr. Ges. Wiss. Göttingen 1904 S. 311—355; Ges. Abh. II S. 3—42 (*II 5, 16; V 7*); [13]: Zur Geometrie der Zahlen. Verh. 3. Int. Math. Kongreß, Heidelberg 1904 S. 164—173; Ges. Abh. II S. 43—52 (*III 6; IV 3*); [14]: Diskontinuitätsbereich für arithmetische Aequivalenz. J. reine angew. Math. Bd. 129 (1905) S. 220—274; Ges. Abh. II S. 53—100 (*II 9*).

MINNIGERODE, B. [1]: Bemerkung über irrationale Zahlen. Math. Ann. Bd. 4 (1871) S. 497—498 (*IV 14*).

MITCHELL, U. G. [1]: Topics for Club Programs. The number π. Amer. Math. Monthly Bd. 26 (1919) S. 209—212 (*IV 18*).

MORDELL, L. J. [1]: On a simple summation of the series $\sum\limits_{s=0}^{n-1} e^{\frac{2s^2\pi i}{n}}$. Messenger Math. Bd. 48 (1918) S. 54—56 (*IX 16*); [2]: The value of the definite integral $\int\limits_{-\infty}^{+\infty} \frac{e^{at^2+bt}}{e^{ct}+d}\,dt$. Quart. J. Math., Oxford Ser. Bd. 48 (1920) S. 329—342 (*IX 16*); [3]: On the reciprocity formula for the Gauss's sums in the quadratic field. Proc. London Math. Soc. (2) Bd. 20 (1922) S. 289—296 (*IX 16*); [4]: The approximate functional formula for the thetafunction. J. London Math. Soc. Bd. 1 (1926) S. 68—72 (*IX 16*); [5]: Minkowski's theorem on the product of two linear forms. J. London Math. Soc. Bd. 3 (1928) S. 19—22 (*II 8*); [**6**]: Note on some linear diophantine inequalities. Proc. Cambridge Philos. Soc. Bd. 26 (1930) S. 489—490 (*II 8*); [**7**]: The Lattice Points in a Parallelogram. Math. Ann. Bd. 103 (1930) S. 38—47 (*II 7, 8*); [**8**]: On a sum analogous to a Gauss's sum. Quart. J. Math., Oxford Ser. Bd. 3 (1932) S. 161—167; [**9**]: Minkowski's theorem on homogeneous linear forms. J. London Math. Soc. Bd. 8 (1933) S. 179—182 (*II 7*); [**10**]: The definite integral $\int_{-\infty}^{+\infty} \dfrac{e^{ax^2+bx}}{e^{cx}+d}\, dx$ and the analytic theory of numbers. Acta math. Bd. 61 (1933) S. 323—360 (*IX 16*); [**11**]: On Some Arithmetical Results in the Geometry of Numbers. Compositio math. Bd. 1 (1934) S 248—253 (*II 3, 7*).

Mordoukhay-Boltowskoy, D. [**1***]: Zur Theorie der transzendenten Zahlen. C. R. et Mém. Soc. Nat. Varsovie Bd. 25 (1913) S. 49—59 (*IV 15*); [**2**]: Sur le logarithme d'un nombre algébrique. C. R. Acad. Sci., Paris Bd. 176 (1923) S. 724 bis 727 (*IV 13, 15*); [**3**]: Sur certaines catégories de nombres transcendants. C. R. Acad. Sci., Paris Bd. 177 (1923) S. 475—478 (*IV 15*); [**4**]: Sur la transcendance de c^e et de certains autres nombres. C. R. Acad. Sci., Paris Bd. 179 (1924) S. 1020—1023 (*IV 21*); [**5**]: Sur l'impossibilité d'une relation algébrique entre π et e. C. R. Acad. Sci., Paris Bd. 179 (1924) S. 1239—1240 (*IV 21*); [**6**]: Über einige Eigenschaften transzendenter Zahlen erster Klasse. Rec. math. Soc. math. Moscou Bd. 34 (1927) S. 55—99 (Russisch mit französischem Auszug) (*IV 15*); [**7**]: Das Theorem über die Hypertranszendenz der Funktion $\zeta(s, x)$ und einige Verallgemeinerungen. Tôhoku Math. J. Bd. 35 (1932) S. 19 bis 34 (*IV 14*); [**8**]: Sur les nombres transcendants dont les approximations successives sont définies par des équations algébriques. Rec. math. Soc. math. Moscou Bd. 41 (1934) S. 221—232 (Russisch mit französischem Auszug) (*IV 14, 21*); [**9**]: Über einige Eigenschaften der transzendenten Zahlen. Tôhoku Math. J. Bd. 40 (1935) S. 99—127 (*IV 16, 21*).

Morimoto, S. (hieß früher S. Fukasawa; die unter diesem Namen publizierten Abhandlungen sind mit S. F. versehen) [**1**]: Über ganzwertige ganze Funktionen. (S. F.) Tôhoku Math. J. Bd. 27 (1926) S. 41—52 (*IV 22*); [**2**]: Über die Kleinsche geometrische Darstellung des Kettenbruchs. (S. F.) Jap. J. Math. Bd. 2 (1926) S. 101—114 (*III 10, 15, 16, 19*); [**3**]: Über die Grössenordnung des absoluten Betrages von einer linearen inhomogenen Form. I. (S. F.) Jap. J. Math. Bd. 3 (1926) S. 1—26 (*VI 5, 8*); II. (S. F.) Jap. J. Math. Bd. 3 (1926) S. 91—106 (*VI 5, 8*); III. (S. F.) Jap. J. Math. Bd. 4 (1927) S. 41—48 (*III 17; VI 4, 5, 6*); IV. (S. F.) Jap. J. Math. Bd. 4 (1927) S. 147—167 (*VI 5, 8*); V. Über das Hardy-Littlewoodsche Problem. Jap. J. Math. Bd. 5 (1928) S. 295—316 (*VI 8*); VI. Zusammenhang zwischen den beiden Methoden. Jap. J. Math. Bd. 6 (1929) S. 349—362 (*VI 8*); [**4**]: Das Problem der besten Approximation der irrationalen Zahlen durch rationale Zahlen. (S. F.) Jap. J. Math. Bd. 3 (1926) S. 87—89 (*III 3, 19*); [**5**]: On the extension of Klein's geometrical interpretation of continued fraction. (S. F.) Proc. Imp. Acad. Jap. Bd. 2 (1926) S. 100—102 (*VI 4, 5*); [**6**]: On the extension of a theorem of Minkowski. (S. F.) Proc. Imp. Acad. Jap. Bd. 2 (1926) S. 305—306 (*VI 5*); [**7**]: On the Order of the Absolute Values of a Linear Form. III. Proc. Imp. Acad. Jap. Bd. 3 (1927) S. 315—316 (*VI 5*); IV. Proc. Imp. Acad. Jap. Bd. 5 (1929) S. 403—406 (*VI 8*); [**8**]: Note on the Approximation of an Irrational Number by Rational Numbers. Proc. Phys.-Math. Soc. (3) Bd. 10 (1928) S. 171—174 (*III 17*); [**9***]: Referat über eine Arbeit A. Khintchines. J. Phys.-Math. Soc. Jap. Bd. 1 (1928) S. 385—392 (*III 17*); [**10**]: Über die Fehler der Annäherung durch die endlichen Dezimalbrüche (nach der sogenannten Shishagonyû-Methode). Jap. J. Math. Bd. 5 (1928) S. 127—133; [**11**]: On a problem proposed by Hardy and Littlewood. Proc. Imp. Acad. Jap. Bd. 4 (1928) S. 347—349 (*VI 8*); [12]: Beweise einiger Sätze in der Kettenbruchstheorie durch die Humbertsche geometrische Darstellung. Jap. J. Math. Bd. 7 (1930) S. 305—314 (*III 3, 15, 24*); [13]: Über die Größenordnung des absoluten Betrages von einer linearen inhomogenen Form: Untersuchung des Hardy-Littlewoodschen Problems. Tôhoku Math. J. Bd. 38 (1933) S. 7—33 (*VI 8*).

MORITZ, R. E. [1]: Extension of Hurwitz's proof for the transcendence of e to the transcendence of π. Ann. of Math. (2) Bd. 2 (1901) S. 57—59 (*IV 18*).

MYRBERG, P. J. [1]: Un théorème sur les fractions continues. C. R. Acad. Sci., Paris Bd. 178 (1924) S. 370—373 (*III 28*); [2]: Quelques applications des fractions continues. C. R. Acad. Sci., Paris Bd. 178 (1924) S. 1785—1788 (*III 28*); [3]: Einige Anwendungen der Kettenbrüche in der Theorie der binären quadratischen Formen und der elliptischen Modulfunktionen. Ann. Acad. Sci. Fennicae A Bd. 23 (1924) Nr 10 34 S, (*III 28*).

NAGELL, T. [1]: L'analyse indéterminée de degré supérieur. (63 S.) Paris: Gauthier-Villars 1929 (*IV 11*); [2]: Om diofantiske ligninger med to ubekjente. (Über Diophantische Gleichungen mit zwei Unbekannten.) Norsk mat. Tidsskr. Bd. 15 (1933) S. 1—14 (Norwegisch) (*IV 11*).

NEUMANN, J. VON [1*]: Gleichmäßig dichte Zahlenfolgen. Mat. fiz. Lap. Bd. 32 (1925) S. 32—40 (Ungarisch mit deutschem Auszug) (*VIII 3*); [2]: Ein System algebraisch unabhängiger Zahlen. Math. Ann. Bd. 99 (1928) S. 134—141 (*IV 15*); [3]: Zum Beweise des Minkowskischen Satzes über Linearformen. Math. Z. Bd. 30 (1929) S. 1—2 (*II 4*).

NICOLADONI, E. [1*]: Diss. Wien 1931 (*II 8*).

NIELAND, L. W. [1]: Zum Kreisproblem. Math. Ann. Bd. 98 (1928) S. 717—736; Berichtigung dazu. Math. Ann. Bd. 100 (1928) S. 480 (*IX 25*); [2]: Zur Theorie der Gitterpunkte mit komplexen Gewichten. Math. Ann. Bd. 101 (1929) S. 591 bis 604 (*IX 25*); [3]: Over eenige roosterpuntproblemen. Diss. Groningen 1933. (68 S.) Groningen: Noordhoff 1933 (*IX 25*).

NIELSEN, J. [1]: Om strukturen af en vektormodul med endelig basis. Med anvendelse paa Diofantiske approksimationer. (Über die Struktur eines Vektormoduls mit endlicher Basis. Mit Anwendung auf Diophantische Approximationen.) Mat. Tidsskr. B (1932) S. 29—42 (Dänisch) (*I 13; VII 4*).

NOETHER, E. [1]: Die allgemeinsten Bereiche aus ganzen transzendenten Zahlen. Math. Ann. Bd. 77 (1916) S. 103—128 (*IV 14*).

NORTON, H. T. J. [1]: A problem in diophantine approximation. Proc. London Math. Soc. (2) Bd. 16 (1917) S. 294—300 (*X 2*); [2]: On uniform diophantine approximation. Messenger Math. Bd. 49 (1919) S. 51—57 (*VIII 8; X 2*).

ÔISHI, K. [1]: Diophantine approximation. Proc. Phys.-Math. Soc. Jap. (3) Bd. 8 (1926) S. 119 (*VII 5*).

OPPENHEIM, A. [1]: The approximate functional equation for the multiple theta-function and the trigonometric sums associated therewith. Proc. London Math. Soc. (2) Bd. 28 (1928) S. 476—483 (*IX 21*); [2]: Note on some linear diophantine inequalities. Proc. Cambridge Philos. Soc. Bd. 27 (1931) S. 24—25 (*II 8*); [3]: Quadratic fields with and without Euclid's algorithm. Math. Ann. Bd. 109 (1934) S. 349—352 (*IV 4*).

ORE, Ö. [1]: Algebraiske og transcendente tal. (Algebraische und transzendente Zahlen.) Norsk mat. Tidsskr. Bd. 6 (1924) S. 1—8 (Norwegisch) (*IV 9, 11, 15*); [2]: Über die arithmetischen Eigenschaften gewisser Reihen. Avh. Norske Vid. Akad. Oslo 1925 Nr 1 17 S. (*IV 15*); [3]: Les corps algébriques et la théorie des idéaux. Mém. Sci. math. Nr 64 (1934) 72 S. (*IV 1, 2, 3, 11*).

OSS, S. L. VAN [1]: Over een stelling van Minkowski. Handelingen 15. Nat. Gen. Congres, Amsterdam 1915 S. 192—193 (*II 5*).

OSTROWSKI, A. [1]: Bemerkungen zur Theorie der Diophantischen Approximationen. I. Abh. math. Semin. Hamburg. Univ. Bd. 1 (1922) S. 77—98; II. Bemerkung dazu. Abh. math. Semin. Hamburg. Univ. Bd. 1 (1922) S. 250—251; III. Bemerkungen dazu. Abh. math. Semin. Hamburg. Univ. Bd. 4 (1926) S. 224 (*IX 4, 7, 8, 9, 11, 18*); [2]: Mathematische Miszellen. IX. Notiz zur Theorie der Diophantischen Approximationen. Jber. Deutsch. Math.-Vereinig. Bd. 36 (1927) S. 178—180 (*IX 10*); [3]: Mathematische Miszellen. XVI. Zur Theorie der linearen Diophantischen Approximationen. Jber. Deutsch. Math.-Vereinig. Bd. 39 (1930) S. 34—46 (*IX 10*); [4]: Berührungsmaße, nullwinklige Kreisbogendreiecke und die Modulfigur. Jber. Deutsch. Math.-Vereinig. Bd. 44 (1934) S. 56—75 (*III 24*); [5]: Über die Existenz einer endlichen Basis bei Systemen von Potenzprodukten. Math. Ann. Bd. 81 (1920) S. 21—24 (*II 10*).

Paley, R. E. A. C., and H. D. Ursell [1]: Continued Fractions in Several Dimensions. Proc. Cambridge Philos. Soc. Bd. 26 (1930) S. 127—144 (*IV 2*).

Papkow, P. S. [1*]: Der euklidische Algorithmus im quadratischen Zahlkörper mit beliebiger Klassenzahl. Oeuvres sci. Univ. État, Rostoff sur Don Bd. 1 (1934) S. 15—60 (Russisch mit deutscher Zusammenfassung) (*IV 4*); [2*]: Über eine Anwendung des euklidischen Algorithmus im quadratischen Zahlkörper mit beliebiger Klassenzahl. Oeuvres sci. Univ. État, Rostoff sur Don Bd. 1 (1934) S. 61—78 (Russisch mit deutscher Zusammenfassung) (*IV 4*).

Perna, A. [1*]: Intorno ai numeri trascendenti di Liouville. Ann. Ist. tecn., Napoli Bd. 30 (1913) 11 S. (*IV 15*); [2]: Sui numeri trascendenti in generale e sulla loro costruzione in base al criterio di Liouville. Giorn. Mat. Battaglini Bd. 52 (1914) S. 305—365 (*IV 15, 21*).

Perron, O. [1]: Grundlagen für eine Theorie des Jacobischen Kettenbruchalgorithmus. Math. Ann. Bd. 64 (1907) S. 1—76 (*IV 2*); [2]: Über die Konvergenz der Jacobi-Kettenalgorithmen mit komplexen Elementen. S.-B. Bayer. Akad. Wiss. Bd. 37 (1907) S. 401—482 (*IV 2, 6*); [3]: Über eine Verallgemeinerung des Stolzschen Irrationalitätssatzes. I. S.-B. Bayer. Akad. Wiss. Bd. 38 (1908) S. 181—199; II. S.-B. Bayer. Akad. Wiss. 1920 S. 291 bis 295 (*IV 2, 6*); [4]: Über lineare Differenzen- und Differentialgleichungen. Math. Ann. Bd. 66 (1909) S. 446—487 (*IV 8*); [5]: Irrationalzahlen. (186 S.) Berlin u. Leipzig: Göschen 1921 (*I 8; III 6, 15; VII 3*); [6]: Über diophantische Approximationen. Math. Ann. Bd. 83 (1921) S. 77—84 (*V 1, 8, 9*); [7]: Über die Approximation irrationaler Zahlen durch rationale. I. S.-B. Heidelberg. Akad. Wiss. 1921 Abh. 4 (17 S.); II. S.-B. Heidelberg. Akad. Wiss. 1921 Abh. 8 (12 S.) (*III 7 ff.*); [8]: Die Lehre von den Kettenbrüchen. (524 S.) Leipzig u. Berlin: Teubner 1929² (*III 1 ff.; IV 6*); [9]: Über die Approximation einer komplexen Zahl durch Zahlen des Körpers $K(i)$. I. Math. Ann. Bd. 103 (1930) S. 533—544; II. Math. Ann. Bd. 105 (1931) S. 160—164 (*IV 4*); [10]: Über einen Approximationssatz von Hurwitz und über die Approximation einer komplexen Zahl durch Zahlen des Körpers der dritten Einheitswurzeln. S.-B. Bayer. Akad. Wiss. 1931 S. 129—154 (*III 9; IV 4*); [11]: Eine Abschätzung für die untere Grenze der absoluten Beträge der durch eine reelle oder imaginäre binäre quadratische Form darstellbaren Zahlen. Math. Z. Bd. 35 (1932) S. 563—578 (*IV 4*); [12]: Über mehrfach transzendente Erweiterungen des natürlichen Rationalitätsbereichs. S.-B. Bayer. Akad. Wiss. 1932 S. 79—86 (*IV 10, 14*); [13]: Quadratische Zahlkörper mit Euklidischem Algorithmus. Math. Ann. Bd. 107 (1932) S. 489—495 (*IV 4*); [14]: Diophantische Approximationen in imaginären quadratischen Zahlkörpern, insbesondere im Körper $\mathfrak{K}(i\sqrt{2})$. Math. Z. Bd. 37 (1933) S. 749—767 (*IV 4*); [15]: Ein Satz über Jacobi-Ketten zweiter Ordnung. Ann. Scuola norm. super. Pisa (2) Bd. 4 (1935) S. 133—138 (*IV 2*).

Pétrovitch, M. [1]: Remarque sur l'intégrale $\int u v d x$. Enseignement math. Bd. 20 (1919) S. 268—270 (*IV 18*); [2]: Intégrales définies s'exprimant par les nombres transcendants de Liouville. C. R. Soc. Math. France 1928 S. 31—35 (*IV 15*).

PHILLIPS, E. [1]: The zeta-function of Riemann: Further developments of van der Corput's method. Quart. J. Math., Oxford Ser. Bd. 4 (1933) S. 209—225 (*IX 25*).

PILLAI, S. S. [1]: On the inequality "$0 < a^x - b^y \leqq n$". J. Indian Math. Soc. Bd. 19 (1931) S. 1—11 (*IV 13*).

PINCHERLE, S. [1]: Contributo alla generalizzazione delle frazioni continue. Mem. Ist. Bologna Bd. 4 (1894) S. 297—320 (*IV 2*).

PIPPING, N. [1]: Zur Theorie der arithmetischen Kriterien für die reellen algebraischen Zahlen. Diss. Helsingfors 1917. (100 S.) (*II 2; IV 2, 3*); [2]: Das Kriterium Lagrange's für die reellen quadratischen Irrationalzahlen. Öfversigt Finska Vet.-Soc., Förhandlingar Bd. 61 A (1918/19) 10 S. (*III 6; IV 2*); [3]: Un critérium pour les nombres algébriques réels, fondé sur une généralisation directe de l'algorithme d'Euclide. C. R. Acad. Sci., Paris Bd. 170 (1920) S. 1155—1156. Deutsche Übersetzung in: Ein Kriterium für die reellen algebraischen Zahlen, auf eine direkte Verallgemeinerung des Euklidischen Algorithmus gegründet. Acta Acad. Åboens. Bd. 1 (1921) 16 S. (*IV 2*); [4]: Über eine Verallgemeinerung des Euklidischen Algorithmus. Acta Acad. Åboens. Bd. 1 (1922) 14 S. (*IV 2*); [5]: Zur Theorie der Diagonalkettenbrüche. Acta Acad. Åboens. Bd. 3 (1924) 22 S. (*III 20*); [6]: Einige Sätze über konvexe Körper in Beziehung zu Punktgittern. Soc. Sci. Fennicae Comment. phys.-math. Bd. 2 (1925) Nr 27 14 S. (*II 2*); [7]: Zur Theorie der Diophantischen Approximationen. Ann. Acad. Sci. Fennicae A Bd. 32 (1929) Nr 4 51 S (Lindelöf-Festschrift) (*II 2, 5, 8*); [8]: Über konvexe Figuren mit Mittelpunkt in Beziehung zu Punktgittern. Acta Acad. Åboens. Bd. 6 (1931) 49 S. (*II 2*); [9]: Arithmetische Kriterien für reelle algebraische Zahlen. Acta Acad. Åboens. Bd. 7 (1933) 32 S. (*IV 2*); [10]: Ein neues Kriterium für die reellen kubischen Irrationalzahlen. Acta Acad. Åboens. Bd. 8 (1934) 20 S. (*IV 2*); [11]: Ein neues Kriterium für die reellen algebraischen Zahlen n:ten Grades. Acta Acad. Åboens. Bd. 8 (1934) 14 S. (*IV 2*).

POINCARÉ, H. [1]: Sur une mode nouveau de représentation géométrique des formes quadratiques définies ou indéfinies. J. École polytechn. Bd. 28 (1880) Heft 47 S. 177—245 (*III 19*); [2]: Sur une généralisation des fractions continues. C. R. Acad. Sci., Paris Bd. 99 (1884) S. 1014—1016 (*III 19; IV 3*); [3]: Sur les propriétés arithmétiques des courbes algébriques. J. Math. pures appl. (5) Bd. 7 (1901) S. 161—233 (*IV 11*).

PÓLYA, G. [1]: Über eine neue Weise, bestimmte Integrale in der analytischen Zahlentheorie zu gebrauchen. Nachr. Ges. Wiss. Göttingen 1917 S. 149—159 (*VIII 3*); [2]: Sur les séries entières satisfaisant à une équation différentielle algébrique. C. R. Acad. Sci., Paris Bd. 201 (1935) S. 444—445 (*IV 23*).

PÓLYA, G., u. G. SZEGÖ [1]: Aufgaben und Lehrsätze aus der Analysis. Bd. I (Speziell Abschnitt II; Kap. 4). Berlin: Julius Springer 1925 (*VIII 4*).

POPKEN, J. [1]: Sur la nature arithmétique du nombre e. C. R. Acad. Sci., Paris Bd. 186 (1928) S. 1505—1507 (*IV 19*); [2]: Zur Transzendenz von e. Math. Z. Bd. 29 (1929) S. 525—541 (*IV 19*); [3]: Zur Transzendenz von π. Math. Z. Bd. 29 (1929) S. 542—548 (*IV 19*).; [4]: Ueber eine trigonometrische Summe. Akad. Wetensch. Amsterdam, Proc. Bd. 35 (1932) S. 668—680 (*IX 24*); [5]: Über arithmetische Eigenschaften analytischer Funktionen. Diss. Groningen 1935. (121 S.) Amsterdam: Noord-Hollandsche Uitgeversmy 1935 (*IV 7, 8, 23*).

POPKEN, J., u. K. MAHLER [1]: Ein neues Prinzip für Transzendenzbeweise. Akad. Wetensch. Amsterdam, Proc. Bd. 38 (1935) S. 864—871 (*IV 23*).

POSSÉ, K. A. [1*]: Sur la transcendance des nombres e et π. Bull. Inst. polytechn. St. Pétersbourg 1894 (Russisch) (*IV 18*).

PRINGSHEIM, A. [1]: Über die Convergenz unendlicher Kettenbrüche. S.-B Bayer. Akad Wiss. Bd. 28 (1898) S. 295—324 (*IV 6*); [2]: Über die ersten Beweise der Irrationalität von e und π. S.-B. Bayer. Akad. Wiss. Bd. 28 (1898) S. 325

bis 337 (*IV 6*); [**3**]: Kritisch-historische Bemerkungen zur Funktionentheorie. V. Über einen Gaußschen Beweis der Irrationalität von tang x bei rationalem x. S.-B. Bayer. Akad. Wiss. 1932 S. 193—200 (*IV 6*).

RABINOWITSCH, G. [**1**]: Eindeutigkeit der Zerlegung in Primzahlfaktoren in quadratischen Zahlkörpern. J. reine angew. Math. Bd. 142 (1913) S. 153—164 (*IV 4*).

RADEMACHER, H. [**1**]: Zu dem Borelschen Satz über die asymptotische Verteilung der Ziffern in Dezimalbrüchen. Math. Z. Bd. 2 (1918) S. 306—311. Nachträgliche Bemerkung. Math. Z. Bd. 3 (1919) S. 317 (*IX 27*).

RADO, R. [**1**]: A proof of Minkowski's theorem on homogeneous linear forms. J. London Math. Soc. Bd. 9 (1934) S. 164—165 (*II 7*); [**2**]: A remark on Minkowski's theorem about linear forms. J. London Math. Soc. Bd. 10 (1935) S. 115 (*II 5, 7*).

RAJCHMAN, A. [**1**]: Sur la multiplication des séries trigonométriques et sur une classe remarquable d'ensembles fermés. Math. Ann. Bd. 95 (1926) S. 389—408 (*VIII 8*).

RAMANUJAN, S. [**1**]: Question 784. Lösung von A. A. Krishnaswamy Aiyangar. J. Indian Math. Soc. Bd. 18 (1930) S. 214—217 (*VIII 8*).

RATNER, E. [**1**]: Ueber eine Eigenschaft gewisser linearer irreductibler Differentialgleichungen. Math. Ann. Bd. 32 (1888) S. 566—582 (*IV 8*).

REMAK, R. [**1**]: Neuer Beweis eines Minkowskischen Satzes. J. reine angew. Math. Bd. 142 (1913) S. 278—282 (*II 8*); [**2**]: Theorie der Wabenzellen und Minkowskischer Satz über das Produkt inhomogener Linearformen. S.-B. Berlin. math. Ges. Bd. 20 (1921) S. 56—58 (*II 9*); [**3**]: Verallgemeinerung eines Minkowskischen Satzes. I. Math. Z. Bd. 17 (1923) S. 1—34; II. Math. Z. Bd. 18 (1923) S. 173—200 (*II 9*); [**4**]: Über indefinite binäre quadratische Minimalformen. Math. Ann. Bd. 92 (1924) S. 155—182 (*III 8*); [**5**]: Über die geometrische Darstellung der indefiniten binären quadratischen Minimalformen. Jber. Deutsch. Math.-Vereinig. Bd. 33 (1925) S. 228—245 (*III 8*); [**6**]: Vereinfachung eines Blichfeldtschen Beweises aus der Geometrie der Zahlen. Math. Z. Bd. 26 (1927) S. 694—699 (*II 18*); [**7**]: Über den Euklidischen Algorithmus in reell-quadratischen Zahlkörpern. Jber. Deutsch. Math.-Vereinig. Bd. 44 (1934) S. 238—250 (*IV 4*); [**8**]: Bemerkungen zu der Arbeit des Herrn Hofreiter: „Über einen Approximationssatz von Minkowski". Mh. Math. Phys. Bd. 42 (1935) S. 211—214 (*II 9*).

REMOUNDOS, G. [**1**]: Sur quelques points de la théorie des nombres. Ann. École norm. Sup. (3) Bd. 23 (1906) S. 367—386 (*IV 18*).

RICCI, G. [**1**]: Un' osservazione su un classico teorema di Liouville relativo all' irrazionalità del numero e. Boll. Un. Mat. Ital. Bd. 13 (1934) S. 89—92 (*IV 7*).

RIESZ, F. [**1**]: Sur la résolution approchée de certaines congruences. C. R. Acad. Sci., Paris Bd. 139 (1904) S. 459—462 (*VII 3*).

ROUCHÉ, E. [**1**]: Note sur l'impossibilité de la quadrature du cercle. Nouv. Ann. Math. (3) Bd. 2 (1883) S. 5—16 (*IV 18*).

ROUCHÉ, E., et C. DE COMBEROUSSE [**1**]: Traité de Géométrie. Bd. II. Paris: Gauthier-Villars 1900 (*IV 18*).

RUDIO, F. [**1**]: Archimedes, Huygens, Lambert, Legendre. Vier Abhandlungen über die Kreismessung. (166 S.) Leipzig: Teubner 1892 (*IV 6*).

RUNGE, C. [**1**]: Ueber ganzzahlige Lösungen von Gleichungen zwischen zwei Veränderlichen. J. reine angew. Math. Bd. 100 (1887) S. 425—435 (*IV 11*).

RUZIEWICS, S. [**1**]: Sur une démonstration du théorème de M. Borel concernant les probabilités dénombrables. Prace mat. fiz. Bd. 42 (1934) (4 S.) (*IX 27*).

RYCHLÍK, K. [**1**]: Geometrische Veranschaulichung der Kettenbrüche. Čas. math. fys. Bd. 40 (1911) S. 225—236 (Tschechisch) (*III 19*).

SANG, E. [**1**]: On the approximation to the roots of cubic equations by the help of recurring chain fractions. Proc. Edinburgh Philos. Soc. Bd. 12 (1885) S. 387 bis 388; Trans. Edinburgh Philos. Soc. Bd. 32 (1885) S. 311—326 (*IV 2*).

SCARPIS, U. [1]: Una proprietà degli archi le cui funzioni goniometriche sono razionali. Period. Mat. (2) Bd. 5 (1903) S. 280—283 (*IV 18*).

SCHATUNOWSKY, J. [1*]: Der größte gemeinschaftliche Teiler von algebraischen Zahlen zweiter Ordnung mit negativer Diskriminante und die Zerlegung dieser Zahlen in Primfaktoren. Diss. Straßburg. Leipzig 1912 (*IV 4*).

SCHERRER, W. [1]: Ein Satz über Gitter und Volumen. Math. Ann. Bd. 86 (1922) S. 99—107 (*II 11*); [2]: Ein Satz über Gitter und Volumen. Diss. Zürich 1923 (11 S.) (*II 11*); [3]: Zur Geometrie der Zahlen. Math. Ann. Bd. 89 (1923) S. 255—259 (*II 2, 8; VII 8*).

SCHMIDT, TH. [1*]: Über die Zerlegung des n-dimensionalen Raumes in gitterförmig angeordnete Würfel. Schr. math. Semin. und Inst. angew. Math., Univ. Berlin Bd. 1 (1933) S. 186—212 (*II 5*).

SCHNEIDER, TH. [1]: Transzendenzuntersuchungen periodischer Funktionen. I. Transzendenz von Potenzen. J. reine angew. Math. Bd. 172 (1934) S. 65—69; II. Transzendenzeigenschaften elliptischer Funktionen. J. reine angew. Math. Bd. 172 (1934) S. 70—74 (*IV 22*); [2]: Zur Approximation algebraischer Zahlen. Einladung 11. Deutschen Phys. Math.-Tag, Stuttgart 1935 S. 22 (*IV 9*).

SCHOLZ, A. [1]: Zur simultanen Approximation von Irrationalzahlen. Math. Ann. Bd. 103 (1930) S. 48—51 (*V 8*).

SCHOENBERG, I. [1]: Über die asymptotische Verteilung reeller Zahlen mod 1. Math. Z. Bd. 28 (1928) S. 171—199 (*VIII 3, 14, 15*); [2]: Über total monotone Folgen mit stetiger Belegungsfunktion. Math. Z. Bd. 30 (1929) S. 761—767 (*VIII 14*).

SCHOTTKY, F. [1]: Zu den Beweisen des Lindemannschen Satzes. (Math. Abh. Schwarz 50jähr. Doktorjubiläum.) S. 384—389. Berlin: Julius Springer 1914 (*IV 18*).

SCHUH, F. [1]: Transcendentie der getallen e en π. Christ. Huygens Bd. 4 (1926) S. 366—377 (*IV 18*).

SCHUR, I. [1]: Zur Theorie der indefiniten binären quadratischen Formen. S.-B. preuß. Akad. Wiss. 1913 S. 212—231 (*III 8*).

SEALE, R. Q. [1]: A new proof of Minkowski's theorem on the product of two linear forms. Bull. Amer. Math. Soc. Bd. 41 (1935) S. 419—426 (*II 8; VI 4*).

SEGAL, B. [1]: Application of the theorem concerning the fractional parts of a function to a certain additive problem. C. R. Acad. Sci. URSS 1933 S. 5—8 (Russisch mit englischer Zusammenfassung) (*X 8*); [2]: On a theorem analogous to Waring's theorem. C. R. Acad. Sci. URSS 1933 S. 47—49 (Russisch mit englischer Zusammenfassung) (*X 8*); [3]: A general theorem concerning some properties of an arithmetical function. C. R. Acad. Sci. URSS 1933 S. 95—99 (Russisch mit englischer Zusammenfassung) (*X 8*).

SELLING, E. [1]: Ueber die binären und ternären quadratischen Formen. J. reine angew. Math. Bd. 77 (1874) S. 143—229 (*II 9; IV 2*).

SHIBATA, K. [1]: On the approximation of irrational numbers by rational numbers. Jap. J. Math. Bd. 1 (1924) S. 9—13. Vorläufige Mitteilung zu: On the approximation of irrational numbers by rational numbers. Tôhoku Math. J. Bd. 23 (1924) S. 328—337. Corrigenda dazu: Tôhoku Math. J. Bd. 24 (1925) S. 196 (*III 10*); [2]: Approximation of an irrational number by rational numbers. Proc. Imp. Acad. Jap. Bd. 2 (1926) S. 46—48 (*III 10, 16*); [3]: On the Order of the Approximation of Irrational Numbers by Rational Numbers. Tôhoku Math. J. Bd. 30 (1929) S. 22—50 (*III 12*); [4]: On the condition for the fraction of approximation. J. Tôkyô phys. school Bd. 40 (1931) S. 601—607 (*III 3*).

SIEGEL, C. L. [1]: Approximation algebraischer Zahlen. Math. Z. Bd. 10 (1921) S. 173—213; Jb. philos. Fak. Göttingen 1921 S. 291—296 (*IV 9, 10*); [2]: Über Näherungswerte algebraischer Zahlen. Math. Ann. Bd. 84 (1921) S. 80

bis 99 ($IV\ 9,\ 10$); [3]: Über den Thueschen Satz. Norske Vid. Selsk., Skr. 1921_{II} Nr 16 12 S. ($IV\ 9,\ 10$); [4]: Neuer Beweis des Satzes von Minkowski über lineare Formen. Math. Ann. Bd. 87 (1922) S. 36—38 ($II\ 7$); [5]: Über die Diskriminanten total reeller Körper. Nachr. Ges. Wiss. Göttingen 1922 S. 17—24 ($II\ 7$); [6]: Über einige Anwendungen Diophantischer Approximationen. Abh. preuß. Akad. Wiss. 1929 Nr 1 70 S. ($IV\ 8,\ 11,\ 19,\ 20$); [7]: Über die Perioden elliptischer Funktionen. J. reine angew. Math. Bd. 167 (1932) S. 62—69 ($IV\ 22$); [8]: Über Riemanns Nachlaß zur analytischen Zahlentheorie. Quell. Stud. Gesch. Math. B Bd. 2 (1932) S. 45—80 ($IX\ 16$).

Sierpiński, W. [1]: Un théorème sur les nombres irrationnels. Bull. int. Acad. Polon. Sci. (Cracovie) A 1909_{II}. S. 725—727 ($VIII\ 8$); [2*]: Sur une propriété caractéristique des nombres rationnels. C. R. Soc. Sci. Varsovie Bd. 2 (1909) S. 274—276 (Polnisch mit französischem Auszug) ($VIII\ 8$); [3*]: Sur un théorème de la théorie des approximations rationnelles. C. R. Soc. Sci. Varsovie Bd. 2 (1909) S. 331—335 (Polnisch mit französischem Auszug) ($III\ 17$); [4*]: Sur une propriété caractéristique des nombres irrationnels. C. R. Soc. Sci. Varsovie Bd. 2 (1909) S. 358—359 (Polnisch mit französischem Auszug) ($VIII\ 8$); [5]: Sur une propriété caractéristique des nombres rationnels. Prace mat. fiz. Bd. 21 (1910) S. 1—6 (Polnisch) ($VIII\ 8$); [6]: Sur la valeur· asymptotique d'une certaine somme. Bull. int. Acad. Polon. Sci. (Cracovie) A 1910_I S. 9—11 ($VIII\ 8$); [7]: Démonstration élémentaire du théorème de M. Borel sur les nombres absolument normaux et détermination effective d'un tel nombre. Bull. Soc. Math. France Bd. 45 (1917) S. 125—132 ($IX\ 27$).

Skolem, Th. [1]: Untersuchungen über die möglichen Verteilungen ganzzahliger Lösungen gewisser Gleichungen. Norske Vid. Selsk., Skr. 1921 Nr 17 57 S. ($IV\ 11$; $X\ 9$); [2]: Über ganzzahlige Lösungen einer Klasse unbestimmter Gleichungen. Norsk Math. For. Skr. Bd. 1 (1922) Nr 10· 12 S. ($IV\ 11$; $X\ 9$); [3]: Über die Dichte der Gitterpunkte in asymptotischen Umgebungen gewisser unendlicher Kurvenzweige. 6. Kongreß Skand. Math. Kopenhagen 1925 (1926) S. 207—227 ($IV\ 11$; $X\ 9$); [4]: Einige Sätze über ganzzahlige Lösungen gewisser Gleichungen und Ungleichungen. Math. Ann. Bd. 95 (1926) S. 2—68 ($III\ 17$; $IV\ 11$; $X\ 9$); [5]: Einige Sätze über gewisse Reihenentwicklungen und exponentiale Beziehungen mit Anwendung auf diophantische Gleichungen. Skr. norske Vid.-Akad., Oslo 1933 Nr 6 61 S. Vgl. dazu das Mahlersche Referat in Zbl. Math. Bd. 8 (1934) S. 105 bis 107 ($IV\ 12$).

Skopin, J. [1]: Über die Verteilung der Bruchteile für ein System ganzer Polynome. Bull. Acad. Sci. URSS (7) 1934 S. 547—560 (Russisch mit deutscher Zusammenfassung) ($IX\ 5$; $X\ 2$).

Smith, H. J. S. [1]: The Collected Mathematical Papers. Bd. II. (719 S.) Oxford: Clarendon Press 1894; [2]: Note on continued fractions. Messenger Math. (2) Bd. 6 (1876) S. 1—14; Rep. British Assoc. Advanc. Sci., Trans. 1875; Collected Papers II S. 134—147 ($III\ 3,\ 19$); [3]: Mémoire sur les équations modulaires. Atti Accad. naz. Lincei, Mem. (3) Bd. 1 (1877) S. 136—149; Collected Papers II S. 224—241 ($III\ 24$).

Späth, H. [1]: Zur Transzendenz von e und π, Math. Ann. Bd. 98 (1928) S. 737 bis 744 ($IV\ 18$).

Speiser, A. [1]: Eine geometrische Figur zur Zahlentheorie. Actes Soc. Helvétique Sci. nat. 1923 S. 113 ($III\ 25$); [2]: Über die Minima Hermitescher Formen. J. reine angew. Math. Bd. 167 (1932) S. 88—97 ($III\ 25$; $IV\ 4$).

Stäckel, P. [1]: Ueber arithmetische Eigenschaften analytischer Functionen. Math. Ann. Bd. 46 (1895) S. 513—520 ($IV\ 14$); [2]: Ueber die Gestalt der Bahncurven bei einer Klasse dynamischer Probleme. Math. Ann. Bd. 54 (1900) S. 86—90 ($VII\ 5$).

Stainville. [1*]: Mélanges d'analyse algébrique. 1815 ($IV\ 7$).

STEINHAUS, H. [1]: A divergent trigonometrical series. J. London Math. Soc. Bd. 4 (1929) S. 86—88 (*IX 23*).

STERN, M. A. [1]: Theorie der Kettenbrüche und ihre Anwendung. I. J. reine angew. Math. Bd. 10 (1833) S. 1—22; II. J. reine angew. Math. Bd. 10 (1833) S. 154—166; III. J. reine angew. Math. Bd. 10 (1833) S. 241—274; IV. J. reine angew. Math. Bd. 10 (1833) S. 364—376; V. J. reine angew. Math. Bd. 11 (1834) S. 33—66; VI. J. reine angew. Math. Bd. 11 (1834) S. 142—168; VII. J. reine angew. Math. Bd. 11 (1834) S. 277—306; VIII. J. reine angew. Math. Bd. 11 (1834) S. 311—350 (*IV 6*); [2]: Ueber die Kennzeichen der Convergenz eines Kettenbruchs. J. reine angew. Math. Bd. 37 (1848) S. 255—272; [3]: Ueber Irrationalität des Werthes gewisser Reihen. J. reine angew. Math. Bd. 37 (1848) S. 95—96 (*IV 7*); [4]: Zur Theorie der periodischen Kettenbrüche. J. reine angew. Math. Bd. 53 (1857) S. 1—102; [5]: Lehrbuch der algebraischen Analysis. Leipzig-Heidelberg: Winter 1860 (*IV 6*); [6]: Ueber Irrationalität von Reihen. J. reine angew. Math. Bd. 95 (1883) S. 197—200 (*IV 7*).

STIELTJES, TH. J. [1]: Oeuvres Complètes. Bd. II. (Publiées par les soins de la Soc. math. d'Amsterdam.) Groningen: Noordhoff 1918; [2]: Sur une fonction exponentielle. C. R. Acad. Sci., Paris Bd. 110 (1890) S. 267—270; Oeuvres II S. 231—233 (*IV 18*).

STOKES, R. W. [1]: A geometric theory of solution of linear inequalities. Trans. Amer. Math. Soc. Bd. 33 (1931) S. 782—805 (*II 10*).

STOLZ, O. [1]: Vorlesungen über allgemeine Arithmetik. Bd. II. Arithmetik der complexen Zahlen mit geometrischen Anwendungen. Leipzig: Teubner 1886 (*IV 6*).

STÖRMER, C. [1]: Sur une propriété arithmétique des logarithmes des nombres algébriques. Bull. Soc. Math. France Bd. 28 (1900) S. 146—157 (*IV 13*); [2]: Quelques propriétés arithmétiques des intégrales elliptiques et leurs applications à la théorie des fonctions entières transcendantes. Acta math. Bd. 27 (1903) S. 185—208 (*IV 13*).

STRIDSBERG, E. [1]: Sur.quelques propriétés arithmétiques de certaines fonctions transcendantes. Acta math. Bd. 33 (1910) S. 233—292 (*IV 8*).

SYLVESTER, J. J. [1]: The Collected Mathematical Papers. Bd. II, IV. Cambridge: Un. Press 1908, 1912; [2]: Sur la fonction $E(x)$. C. R. Acad. Sci., Paris Bd. 50 (1860) S. 732—734; Coll. Papers II S. 179—180 (*IX 9*); [3]: Sur le rapport de la circonférence au diamètre. C. R. Acad. Sci., Paris Bd. 111 (1890) S. 778 bis 780; Coll. Papers IV S. 680—681 (*IV 18*); [4]: Preuve que π ne peut pas être racine d'une équation algébrique à coefficients entiers. C. R. Acad. Sci., Paris Bd. 111 (1890) S. 866—871; Coll. Papers IV S. 682—686 (*IV 18*).

SZÁSZ, O. [1]: Über Irrationalität gewisser unendlicher Reihen. Math. Ann. Bd. 76 (1915) S. 485—489 (*IV 6*).

TAKAHASHI, S. [1]: On the System of Linear Forms. Jap. J. Math. Bd. 9 (1932) S. 19—26 (*II 10*).

TAMBS LYCHE, R. [1]: Sur le symbole $\left[\begin{smallmatrix} x \\ r \end{smallmatrix}\right]$. Norske Vid. Selsk., Forh. Bd. 1 (1928) Nr 35 3 S. (*IV 15; IX 15*); [2]: Sur une propriété que ne peut avoir aucun nombre algébrique réel et irrationnel. Norske Vid. Selsk., Forh. Bd. 1 (1928) Nr 36 2 S. (*IV 15; IX 15*).

TCHEBYCHEF, P. L. [1]: Oeuvres. Bd. I. Publiées par A. Markoff et N. Sonin. (714 S.) St. Pétersbourg: Acad. Imp. Sci. 1899; [2]: Sur une question arithmétique. Denkschr. Akad. Wiss. St. Petersburg 1866 Nr 4 (Russisch); Oeuvres I S. 637—684 (Französische Übersetzung von D. Sélivanoff) (*VI 2*).

TEIXEIRA, F. G. [1]: Sur les problèmes célèbres de la géométrie élémentaire non résolubles avec la règle et le compas. Inst. Coimbra 1915 S. 83—104 (*IV 18*).

THOMAS, L. H. [1]: An extended form of Kronecker's theorem with an application which shows that Burger's theorem on adiabatic invariants is statistically true for an assembly. Proc. Cambridge Philos. Soc. Bd. 22 (1925) S. 886—903 (*VII 5, 6*).

Thue, A. [1]: Bemerkungen über gewisse Näherungsbrüche algebraischer Zahlen. Norske Vid. Selsk., Skr. 1908 Nr 3 34 S. (*IV 9*); [2]: Om en generel i store hele tal ulösbar ligning. Norske Vid. Selsk., Skr. 1908 Nr 7 15 S. (*IV 9, 11*); [3]: Über Annäherungswerte algebraischer Zahlen. J. reine angew. Math. Bd. 135 (1909) S. 284—305 (*IV 9*); [4]: Über eine Eigenschaft, die keine transcendente Grösse haben kann. Norske Vid. Selsk., Skr. 1912$_{II}$ Nr 20 15 S. (*IV 15*). — Bibliographie von A. Thue: Norsk mat. Tidsskr. Bd. 4 (1922) S. 46—49.

Tietze, H. [1]: Einige Kettenbruch-Konvergenzkriterien. Mh. Math. Phys. Bd. 21 (1910) S. 344—360 (*IV 6*); [2*]: Über Kriterien für Konvergenz und Irrationalität unendlicher Kettenbrüche. Gratulationsschrift A. Pringsheim, S. 234 ff. Leipzig 1910 (*IV 6*); [3]: Über Kriterien für Konvergenz und Irrationalität unendlicher Kettenbrüche. Math. Ann. Bd. 70 (1911) S. 236—265 (*III 20; IV 6*); [4]: Über die raschesten Kettenbruchentwicklungen reeller Zahlen. Mh. Math. Phys. Bd. 24 (1913) S. 209—242 (*III 20*).

Titchmarsh, E. C. [1]: A Theorem on Trigonometrical Series. Proc. London Math. Soc. (2) Bd. 24 (1925) S. XXII—XXIII; [2]: The Zeta-function of Riemann. Cambridge Tracts in Math. and Math. Physics 1930 (*VII 5; VIII 8*); [3]: On van der Corput's method and the zeta-function of Riemann. I. Quart. J. Math., Oxford Ser. Bd. 2 (1931) S. 161—173; II. Quart. J. Math., Oxford Ser. Bd. 2 (1931) S. 313—320; III. Quart. J. Math., Oxford Ser. Bd. 3 (1932) S. 133—141; IV. Quart. J. Math., Oxford Ser. Bd. 5 (1934) S. 98—105; V. Quart. J. Math., Oxford Ser. Bd. 5 (1934) S. 195—210; VI. Quart. J. Math., Oxford Ser. Bd. 6 (1935) S. 106—112 (*IX 25*); [4]: On Epstein's zeta-function. Proc. London Math. Soc. (2) Bd. 36 (1934) S. 485—500 (*IX 26*); [5]: The lattice-points in a circle. Proc. London Math. Soc. (2) Bd. 38 (1934) S. 96—115 (*IX 26*).

Tropfke, J. [1]: Geschichte der Elementar-Mathematik in systematischer Darstellung. Bd. II. Leipzig: Veit 1903 (*IV 18*).

Tschakaloff, L. [1]: Arithmetische Eigenschaften der unendlichen Reihe
$$\sum_{\nu=0}^{\infty} \frac{x^{\nu}}{a^{\frac{\nu(\nu-1)}{2}}}.$$
Math. Ann. Bd. 80 (1919) S. 62—74 (*IV 7*); [2]: Arithmetische Eigenschaften der unendlichen Reihe $\displaystyle\sum_{\nu=0}^{\infty} x^{\nu} a^{-\frac{\nu(\nu-1)}{2}}$. Math. Ann. Bd. 84 (1921) S. 100—114 (*IV 7*).

Uspensky, J. V. [1*]: Einige Anwendungen der kontinuierlichen Parameter in der Zahlentheorie. (214 S.) St. Petersburg 1910 (*III 21; IV 3*); [2]: On a problem arising out of the theory of a certain game. Amer. Math. Monthly Bd. 34 (1917) S. 516—521 (*VII 5*).

Vahlen, K. Th. [1]: Ueber Näherungswerthe und Kettenbrüche. J. reine angew. Math. Bd. 115 (1895) S. 221—233 (*III 3, 14, 20*); [2]: Beweis des Lindemann'schen Satzes über die Exponentialfunction. Math. Ann. Bd. 53 (1900) S. 457 bis 460 (*IV 18*); [3]: Konstruktionen und Approximationen in systematischer Darstellung. Leipzig: Teubner 1912 (*IV 18*).

Väisälä, K. [1]: Zur Theorie des Jacobischen Kettenbruchalgorithmus zweiter Ordnung. Ann. Acad. Sci. Fennicae A Bd. 32 (1929) Nr 8 16 S. (Lindelöf-Festschrift) (*IV 2*).

Valiron, G. [1]: Sur la méthode d'approximation d'Hermite. C. R. Acad. Sci., Paris Bd. 174 (1922) S. 1530—1533 (*III 24*).

Varopoulos, Th. [1]: Sur les fonctions algébroïdes et les fonctions croissantes. C. R. Acad. Sci., Paris Bd. 171 (1920) S. 991—992 (*IV 18*); [2]: Sur quelques points de la théorie des nombres. C. R. Acad. Sci., Paris Bd. 172 (1921) S. 355 bis 356 (*IV 18*); [3]: Sur quelques points de la théorie des fonctions et de la théorie des nombres. C. R. Acad. Sci., Paris Bd. 172 (1921) S. 651—653 (*IV 18*).

VEBLEN, O. [1]: The transcendence of π and e. Amer. Math. Monthly Bd. 11 (1904) S. 219—223 (*IV 18*).

VENSKE, O. [1]: Ueber eine Abänderung des ersten Hermite'schen Beweises für die Transcendenz der Zahl e. Nachr. Ges. Wiss. Göttingen 1890 S. 335—338 (*IV 18*).

VIJAYARAGHAVAN, T. T. [1]: A note on diophantine approximation. J. London Math. Soc. Bd. 2 (1927) S. 13—17 (*VI 6; VII 7*).

VINOGRADOFF, I. M. [1]: Eine neue Methode, die asymptotischen Ausdrücke der arithmetischen Funktionen zu finden. Bull. Acad. Sci. URSS (6) Bd. 11 (1917) S. 1347—1348 (Russisch) (*VIII 13*); [2]: Über die Bruchteile eines ganzen Polynoms. Bull. Acad. Sci. URSS (6) Bd. 20 (1926) S. 585—600 (Russisch) (*VIII 13; IX 5*); [3]: Analytischer Beweis des Satzes über die Verteilung der Bruchteile eines ganzen Polynoms. Bull. Acad. Sci. URSS (6) Bd. 21 (1927) S. 567—578 (Russisch) (*IX 4, 5; X 2*); [4]: Über die Verteilung der Bruchteile der Werte einer Funktion einer Veränderlichen. J. Soc. Phys.-Math. Léningrade Bd. 1 (1927) S. 56—65 (Russisch mit französischem Auszug) (*IX 25*); [5]: Über die Verteilung der Bruchteile der Werte einer Funktion zweier Veränderlichen. Ann. Inst. polytechn., Leningrad Bd. 30 (1927) S. 31—52 (Russisch mit französischem Auszug) (*IX 25, 26*); [6]: Über die Anwendungen der endlichen trigonometrischen Summen auf das Problem der Verteilung der gebrochenen Teile eines ganzen Polynoms. Trav. Inst. phys.-math. Stekloff Bd. 4 (1933) S. 5—8 (Russisch) (*IX 5*); [7]: Einige Sätze über die Verteilung der Indices und der primitiven Wurzeln. Trav. Inst. phys.-math. Stekloff Bd. 5 (1934) S. 87—93 (Russisch) (*IX 5*); [8]: A new solution of Waring's problem. C. R. Acad. Sci. URSS 1934$_{II}$ S. 337—341 (Russisch mit englischer Zusammenfassung) (*IX 5*); [9]: Sur quelques nouveaux résultats en théorie analytique des nombres. C. R. Acad. Sci., Paris Bd. 199 (1934) S. 174—175 (*IX 5*); [10]: On some new problems of the theory of numbers. C. R. Acad. Sci. URSS 1934$_{III}$ S. 1—6 (Russisch mit englischer Übersetzung) (*IX 5*); [11]: Some theorems of the analytical theory of numbers. C. R. Acad. Sci. URSS 1934$_{IV}$ S. 185—187 (Russisch mit englischer Zusammenfassung) (*IX 5*); [12]: A new evaluation of $G(n)$ in Waring's problem. C. R. Acad. Sci. URSS 1934$_{IV}$ S. 249—251 (Russisch), S. 251—253 (Englisch) (*X 2*); [13]: Sur l'approximation au moyen des fractions rationnelles, dont les dénominateurs sont des puissances de nombres entiers. C. R. Acad. Sci. URSS 1935$_{II}$ S. 1—5 (Russisch mit französischem Auszug) (*X 2*).

VORONOI, G. T. [1*]: Über die ganzen algebraischen Zahlen, die von einer Wurzel einer Gleichung dritten Grades abhängen. (188 S.) St. Petersburg 1894 (Russisch) (*IV 2*); [2*]: Über eine Verallgemeinerung des Kettenbruch-Algorithmus. Warschau 1896 (Russisch) (*IV 3*).

WALFISZ, A. [1]: Über Gitterpunkte in mehrdimensionalen Ellipsoiden. I. Math. Z. Bd. 19 (1924) S. 300—307; II. Math. Z. Bd. 26 (1927) S. 106—124; III. Math. Z. Bd. 27 (1928) S. 245—268; IV. Math. Z. Bd. 35 (1932) S. 212—229 (*IX 18*); [2]: Über ein Ramanujansches Teilerproblem. Prace mat. fiz. Bd. 35 (1928) S. 101—126 (Polnisch mit deutscher Zusammenfassung) (*IX 25*); [3]: Über einige neuere Ergebnisse der Gitterpunktlehre. Prace mat. fiz. Bd. 36 (1929) S. 107—135 (*IX 25*); [4]: Ein metrischer Satz über Diophantische Approximationen. Fundam. Math. Bd. 16 (1930) S. 361—385 (*III 30*); [5]: Über einige trigonometrische Summen. I. Math. Z. Bd. 33 (1931) S. 564—601; II. Math. Z. Bd. 35 (1932) S. 774—788 (*IX 15, 21*); [6]: Über eine trigonometrische Summe. J. London Math. Soc. Bd. 6 (1931) S. 169—172 (*IX 15, 21*);

[7]: Zur Theorie der diophantischen Näherungen. C. R. Soc. Sci. Varsovie Bd. 24 (1932) S. 116—122 (*IX 15, 21*).

WEBER, H. [1]: Lehrbuch der Algebra. Bd. II S. 822—844. Braunschweig: Vieweg 1899^2 (*IV 18*).

WEBER, H., u. J. WELLSTEIN [1]: Der Minkowskische S*** über die Körperdiskriminante. Math. Ann. Bd. 73 (1913) S. 275—28° (*II 7*); [2]: Enzyklopädie der Elementarmathematik. Bd. I S. 546—558. Leipzig u. Berlin: Teubner 1922^4 (*IV 18*).

WEIERSTRASS, K. [1]: Mathematische Werke. Bd. II. Berlin: Mayer & Müller 1895; [2]: Zu Lindemann's Abhandlung „Über die Ludolph'sche Zahl". S.-B. preuß. Akad. Wiss. 1885 S. 1067—1085; Math. Werke II S. 341—362 (*IV 18*).

WEIL, A. [1]: L'arithmétique sur les courbes algébriques. Acta math. Bd. 52 (1928) S. 281—315 (*IV 11*).

WEYL, H. [1]: Über die Gibbs'sche Erscheinung und verwandte Konvergenzphänomene. Rend. Circ. mat. Palermo Bd. 30 (1910$_{II}$) S. 377—407 (*VIII 8*); [2]: Über ein Problem aus dem Gebiet der Diophantischen Approximationen. Nachr. Ges. Wiss. Göttingen 1914 S. 234—244 (*VII 4, 5; VIII 7, 8; IX 7*); [3]: Über die Gleichverteilung von Zahlen mod. Eins. Math. Ann. Bd. 77 (1916) S. 313—352 (*I 18; VII 4, 5; VIII 5, 7, 8, 9, 12; IX 7*); [4]: Zur Abschätzung von $\zeta(1 + ti)$. Math. Z. Bd. 10 (1921) S. 88—101 (*VIII 9*).

WIENER, N. [1]: The quadratic variation of a function and its Fourier coefficients. J. Math. Physics, Massachusetts Inst. Technol. Bd. 3 (1924) S. 72—94 (*VIII 14*).

WILTON, J. R. [1]: The approximate functional formula for the theta function. J. London Math. Soc. Bd. 2 (1927) S. 177—180 (*IX 16*); [2]: A proof of Poisson's summation formula. J. London Math. Soc. Bd. 5 (1930) S. 276—279; [3]: On Dirichlet's divisor problem. Proc. Roy. Soc. London A Bd. 134 (1931) S. 192—202 (*IX 21*); [4]: Voronoï's summation formula. Quart. J. Math., Oxford Ser. Bd. 3 (1932) S. 26—32 (*IX 21*); [5]: An approximate functional equation with applications to a problem of Diophantine approximation. J. reine angew. Math. Bd. 169 (1933) S. 219—237 (*IX 21*); [6]: An approximate functional equation of simple type. I. J. London Math. Soc. Bd. 9 (1934) S. 194—201; II. Applications to certain trigonometrical series. J. London Math. Soc. Bd. 9 (1934) S. 247—254 (*IX 23*).

WIMAN, A. [1]: Über eine Wahrscheinlichkeitsaufgabe bei Kettenbruchentwickelungen. Öfversigt Kongl. Svenska Vetenskaps-Akad. Förhandlingar Bd. 57 (1900) S. 829—841 (*III 28*); [2*]: Bemerkungen über eine von Gyldén aufgeworfene Wahrscheinlichkeitsfrage. (19 S.) Lund: Hakan Ohlsson 1901 (*III 28*).

WINTNER, A. [1]: On an application of diophantine approximation to the reparfition problems of dynamics. J. London Math. Soc. Bd. 7 (1932) S. 242—246 (*VIII 15*); [2]: Über die statistische Unabhängigkeit der asymptotischen Verteilungsfunktionen inkommensurabler Partialschwingungen. Math. Z. Bd. 36 (1933) S. 618—629 (*VIII 15*); [3]: Upon a statistical method in the theory of diophantine approximations. Amer. J. Math. Bd. 55 (1933) S. 309—331 (*VIII 15*); [4]: On the distribution-function of almost-periodic angular variables. Amer. J. Math. Bd. 55 (1933) S. 606—610 (*VIII 15*); [5]: On the addition of independent distributions. Amer. J. Math. Bd. 56 (1934) S. 8—16 (*VIII 15*); [6]: On the cyclical distribution of the logarithms of the prime numbers. Quart. J. Math., Oxford Ser. Bd. 6 (1935) S. 65—68 (*VIII 4*).

ZEISEL, M. [1]: Zur Minkowski'schen Parallelepipedapproximation. S.-B. Akad. Wiss. Wien Bd. 126 (1917) S. 1221—1247 (*II 5; IV 3*).

ZERMELO, E. [1]: Über ganze transzendente Zahlen. Math. Ann. Bd. 75 (1914) S. 434—442 (*IV 14*).

ZÜLLIG, J. [1]: Geometrische Deutung unendlicher Kettenbrüche und ihre Approximation durch rationale Zahlen. (91 S.) Zürich: Orell Füssli 1928 (*III 25*).

Sachverzeichnis.

Abhängig (bzw. unabhängig):
  linear —, S. 7.
  algebraisch —, S. 62, 63, 65.
Adjacent, S. 33.
Algebraische Näherungsform, S. 59, 61.
Algebraische Zahlen, S. 7, 8, 50ff., 55ff.
Algebraisch abhängig, s. *abhängig*.
Algorithmus:
  Euklidischer Algorithmus, S. 25, 52.
  allgemeinere Algorithmen, S. 49ff.
  JACOBI-Algorithmen, S. 50ff., 86.
Approximation:
  Diophantische Approximationen, S. 1.
  Eigentliche Approximationen
    (I Def. 2), S. 2, 3.
  Scharfe bzw. schwache Approxima-
    tionen, S. 3.
  Simultane Approximationen, S. 1, 5,
    6, 70ff.
  Eine Approximation zulassen
    (I Def. 2), S. 2, 3.
  Eine Approximation realisieren, S. 3.
  Approximationen (mod 1), S. 4.
  Approximationsfehler, S. 1.
  Approximationsfunktion, S. 3.
  Parallelepipedapproximation, S. 16,
    51.
  Approximationen in nicht-reellen
    Körpern, S. 51ff., 70, 72.
Äquivalente Formen, S. 30, 41, 78.
Äquivalente Zahlen (III Def. 2), S. 28.
Aufgaben A 1, A 2, B, S. 4.

Benachbart (adjacent), S. 33.
BLICHFELDTsche Methode, — Gitter-
  punkte, S. 20ff.
BOREL-BERNSTEINscher Satz
  (III Satz 34), S. 46.

Complet (vollständig), S. 34.
VAN DER CORPUTsche „Fundamentale
  Ungleichung" (VIII Satz 12), S. 93, 94.
VAN DER CORPUTscher Polynomsatz
  (X Satz 7), S. 125.

Dicht (mod 1 überall dicht liegen), S. 10.
Dichte (einer Menge) (III Def. 4), S. 44,
  45.

Dimension, s. *Maß*.
DIRICHLETsches Schubfachprinzip,
  s. *Schubfachprinzip*.
Diskrepanz, S. 90, 95, 98ff.

Écart, S. 33.
Echt: echtes System, S. 4; echte Form,
  S. 7.
Eichkörper, S. 12.
Eigentliche Approximation, s. *Ap-
  proximation*.
Eigentlicher Index (V Def. 1, 2), S. 28,
  66.
Eigentliches Zahlensystem (I Def. 4),
  S. 7.
Eindimensionale Probleme, S. 4.
Elementare Methoden (bei der Gleich-
  verteilung mod 1), S. 92, 95ff., 104,
  106.
Extrem: extreme Form, extrem System
  (V Def. 3), S. 66ff., 82.

FAREY-Brüche, S. 9, 35, 42, 51.
Fast alle, S. 11, 45, 74.
Fehlerglied, S. 11, 90, 98ff.
Folge:
  Folgen $\mathfrak{F}$, $\mathfrak{F}^*$, $\mathfrak{F}_c$ (III Def. 1), S. 26, 37ff.
  FIBONACCIsche Folge, S. 25.

GELFOND-SCHNEIDERscher Satz
  (IV Satz 11), S. 64.
Geometrische Methoden, S. 9, 12ff.,
  38ff., 51, 78, 81.
Gitterpunktprobleme, S. 5, 12ff., 98,
  103, 105, 115, 122ff.
Gleichung:
  kanonische Gleichung, S. 8.
  Diophantische Gleichungen, S. 56ff.
Gleichverteilung (mod 1) (VIII Def. 2, 4),
  S. 11, 87, 90, 91ff., 97ff., 118ff. (siehe
  auch bei: *Polynom*, WEYL).
Grenzfall (des MINKOWSKIschen Linear-
  formensatzes), S. 15ff.
Grundaufgabe, S. 1, 10.

HARDY-LITTLEWOODsche approximative Funktionalgleichung (s. IX Satz
  19), S. 110ff., 113ff.
Hauptpunkt, S. 41.

HERMITEsches Prinzip der kontinuierlichen Veränderlichen, S. 40.

Höhe eines Gitterpunktes (I Def. 1), S. 2.

Höhe einer Gleichung, S. 8.

Höhe einer Zahl, S. 8.

Homogene Menge (III Def. 5), S. 44.

Homogene (lineare) Probleme, S. 1, 2, 5 ff.

HUMBERTsche geometrische Methode, S. 35, 40—43, 52.

HURWITZscher Satz (III Satz 13), S. 31.

HURWITZsche Kettenbrüche, s. *Kettenbruch.*

Index (V Def. 1, 2), S. 28, 66.

Irrationalitätsmaß (I Def. 3), S. 7, 27, 55 ff.

Irrationalitätsuntersuchungen, S. 53 ff.

Irrationalzahl, S. 7, 10, 25, 27 (quadratische —, S. 28, 31 ff., 50).

JACOBI-Kettenbruch (JACOBI-Algorithmus), S. 50 ff., 86.

Kanonische Gleichung, S. 8.

Kanonisches Intervall, S. 33.

Kettenbruch:
    Kettenbruchalgorithmus, S. 9, 49 ff. (Analoga dazu, S. 9, 16, 49 ff.).
    Kettenbruchmethode, S. 53.
    Kettenbruch nach nächsten Ganzen, S. 39.
    Diagonalkettenbrüche, S. 39.
    Halbregelmäßige Kettenbrüche, S. 39.
    HURWITZsche Kettenbrüche, S. 28, 29, 53.
    JACOBI-Kettenbrüche, S. 50 ff.
    Parallelkettenbruch, S. 39.
    Periodische Kettenbrüche, S. 28, 50.
    Regelmäßige Kettenbrüche, S. 9, 24 ff.
    SMITHsche Kettenbrüche, S. 43.

KHINTCHINEscher metrischer Satz (III Satz 37, V Satz 17), S. 47, 48, 68, 74.

KHINTCHINEsches Übertragungsprinzip (V Satz 1), S. 66.

KLEINsche geometrische Darstellung, S. 35, 38, 78, 81.

KÖRPER:
    konvexer Körper, S. 12, 22.
    Maximaler M- und $\frac{M}{2}$-Körper, S. 13.
    Körperdiskriminante, S. 17, 72.
    Körpertheorie, S. 107.
    Nicht-reelle Körper, s. *Approximation.*

Kriterien für algebraische Zahlen, S. 28, 49 ff., 55 ff.

KRONECKERscher Approximationssatz (I Satz 5, VI Satz 2, VII Satz 4, 5), S. 10, 76, 83, 92 ff., 97.

LINDEMANNsche Form, S. 60, 62.

Linear abhängig, s. *abhängig.*

Lineare Probleme, S. 4, 5 (speziell I 7), 5—12, 15—20, 24—86 (Kap. III bis VIII), 92, 93, 102—110, 113—114, 123.

LIOUVILLEsches Kriterium (IV Satz 8), S. 58.

LIOUVILLE-Zahl, S. 58 ff.

Lösung, Lösung $(x_1, x_2, \ldots, x_m)$, S. 3.

MAHLERsche Klassifikation, S. 62 ff.

MARKOFF:
    MARKOFFsche Periode, S. 31, 36.
    MARKOFFsche Zahlen, S. 32, 35.
    MARKOFF-HURWITZsche Methode, S. 29 ff.

Maß:
    BOREL-LEBESGUEsches Maß, s. *fast alle* und *metrische Sätze.*
    HAUSDORFFsches Maß (HAUSDORFFsche Dimension), S. 48, 74.

Mehrdimensionale Probleme, S. 4.

Metrische Sätze, S. 11, 43 ff., 68, 74 ff., 94 ff., 116 ff., 120 ff.

MINKOWSKI:
    MINKOWSKIsche Geometrie der Zahlen, S. 5, 9, 12 ff., 38 ff., 51, 52, 70, 77.
    MINKOWSKIscher Linearformensatz (II Satz 5), S. 15 ff., 68.
    MINKOWSKIscher Satz über inhomogene Linearformen (II Satz 8), S. 18 ff., 77.
    MINKOWSKIsches Kriterium für die algebraischen Zahlen, S. 51.
    MINKOWSKIsche Vermutung, S. 16.
    MINKOWSKIsche Sätze über konvexe Körper, S 12, 13, 14.

Moduleinteilung, S. 41 ff.

Modultheorie, S. 8, 9, 84.

MORDELLsche Methode, S. 14.

$M(\theta)$ (Die Funktion $M(\theta)$), S. 29 ff.

Näherungen (gute), S. 26.

Näherungsbrüche, S. 25.

Näherungsform, S. 1, 59, 61, 66 ff.

Näherungsnenner, S. 26.

Nebennäherungsbrüche, S. 26.
Normale Form (VI Def. 1; VII Def. 1),
   S. 80, 81.

P-adische Zahlen, S. 16, 52, 57, 63.
Parallelepipedapproximation, s. *Approximation*.
PERRONsche Systeme, S. 68.
PERRONscher Übertragungssatz
   (V Satz 3), S. 67.
Polynom:
   Polynomsatz, s. *van der Corputscher* —.
   Gleichverteilung (mod 1) von Polynomen: S. 92, 93ff., 99ff., 102ff.,
     110ff., 119ff.
Punktgitter, S. 9.

Quadratische Formen, S. 5, 22ff., 29ff.,
   40ff.
Quadratische Irrationalzahlen, S. 28,
   31ff., 50.

Rhythmische Funktionensysteme
   (X Def. 2), S. 124ff.

Scharf, bzw. schwach, s. *Approximation*.
Schubfachprinzip (DIRICHLETsches —),
   S. 5, 8, 14, 17, 20, 55, 67, 69, 74.
Spitze, S. 41, 42.
Strahldistanz, S. 12.
S-Zahl (MAHLERsche —), S. 62, 68.

TCHEBYCHEFscher Satz (VI Satz 1), S. 76.
Teilnenner, S. 25.
THUEscher Satz (IV Satz 7), S. 56.
THUE-SIEGELscher Satz (IV Satz 5),
   S. 55.
Transzendente Zahl, S. 8.
Transzendenzkriterien, S. 50ff., 58ff.
Transzendenzmaß, S. 8, 58ff.
Typeneinteilung der reellen Zahlen,
   S. 27, 28, 102ff.

Übernormal (VII Def. 1), S. 81ff.
unabhängig, s. *abhängig*.
Ungleichung: S. 1.
   Diophantische Ungleichungen, S. 5,
   118ff.
   VAN DER CORPUTsche „Fundamentale
   Ungleichung" (VIII Satz 12), S. 93ff.

Verschiebungszahl (X Def. 1), S. 124.
Verteilungsfunktion (mod 1) (untere —,
   obere —) (VIII Def. 1, 3), S. 86ff.,
   96ff.
Volumen (eines konvexen Körpers),
   S. 13.

Wabenzellen, S. 19, 20.
Wahrscheinlichkeit, S. 44, 116.
WEYLsches Gleichverteilungskriterium
   (VIII Satz 6), S. 12, 91ff., 99.
WEYLsche Umformung, S. 93, 112.